有机合成工职业技能鉴定指导

主　　编　　方向红　孙文娟

编写人员　（以姓氏笔画为序）

王世亮　方向红　方　星　孙文娟

杜永芳　吴家奎　张元志　陈松林

胡婉玉　钟　静　蒋成义　戴晨伟

中国科学技术大学出版社

内 容 简 介

本书为高职精细化学品生产技术专业学生和企业从事精细化学品生产的员工开展有机合成工职业技能培训鉴定提供指导。本书的内容包括有机合成工国家职业标准、技能鉴定应知内容、仿真考核项目、实操考核项目、模拟试题及答案六个部分，应知内容与专业所学课程紧密对接，符合现代高职教育"五对接"理念，是一本很好的学习指导教程。

本书是安徽职业技术学院化工技术类品牌专业课程改革建设内容之一。

图书在版编目(CIP)数据

有机合成工职业技能鉴定指导/方向红，孙文娟主编. —合肥：中国科学技术大学出版社，2015.2

ISBN 978-7-312-03509-8

Ⅰ. 有… Ⅱ. ①方… ②孙… Ⅲ. 有机合成—职业技能—鉴定—自学参考资料 Ⅳ. O621.3

中国版本图书馆 CIP 数据核字(2014)第 186501 号

出版	中国科学技术大学出版社 安徽省合肥市金寨路 96 号，230026 http://press.ustc.edu.cn
印刷	合肥学苑印务有限公司
发行	中国科学技术大学出版社
经销	全国新华书店
开本	787 mm×1092 mm　1/16
印张	18.25
字数	479 千
版次	2015 年 2 月第 1 版
印次	2015 年 2 月第 1 次印刷
定价	38.00 元

前　言

　　随着各行各业对人才需求的迅速增长,职业院校作为培养和输送各类技术技能应用型人才的基地,在经过迅速扩大办学规模的发展阶段后,现进入调整专业结构、加强内涵建设、提高人才培养质量的发展阶段,以适应社会主义市场经济对各类实用人才的需求。高等职业教育的根本任务是培养有较强实际动手能力和职业能力的技术技能应用型人才,而实际训练是培养这种能力的关键环节。

　　如何检验化工技术类专业学生在毕业时的理论知识和技能水平? 安徽职业技术学院经过多年的教学经验积累,探索出"双证融入,跟班实训,顶岗实习"的人才培养模式,将化学检验工、化工总控工或有机合成工两种职业资格标准融入化工技术类专业课程体系和教学内容中,学生在第一学年学习基础化学类课程,同时进行化学实验技能训练;在第二学年学习专业核心课程,主要是化工单元过程与设备课程的学习,通过开展教、学、做一体化的教学模式"跟班实训"进行化工单元技能训练;同时要求学生在第三学期通过化学检验工中级工职业技能鉴定;在第五学期学生学习专业课程,进行专业对应工种的职业资格技能鉴定,提升学生综合技能;通过组织专业技能竞赛检验学生的专业理论知识和综合技能水平,为第六学期学生"顶岗实习"做准备,为学生顺利毕业进入企业工作岗位奠定基础。

　　本书是在全国石油化工行业职业技能竞赛题库的基础上,根据安徽职业技术学院化工系探索出的"双证融入,跟班实训,顶岗实习"人才培养模式,开发编写的各专业对应工种职业技能鉴定指导系列教程之一。应用化工技术专业对应的双证是化学检验工和化工总控工,精细化学品生产技术专业对应的双证是化学检验工和有机合成工,生物化工工艺专业对应的双证是化学检验工和化工总控工。

　　安徽职业技术学院在安徽省示范性高等职业院校合作委员会(简称"A联盟")的指导下,与兄弟院校合作开发编写出《基础化学》(上下册)和《基础化学实验》(上下册)两套教材,由中国科学技术大学出版社出版发行,现进一步借助安徽职业技术学院化工技术类品牌专业群建设之力,编写出版化工系各专业对应工种职业技能鉴定指导教程。

　　由于化工生产的特殊性,高等职业院校的实践教学受到硬件条件的限制,大多没有与真实生产过程完全相同的生产装置。安徽职业技术学院从实际出发,以化工生产操作为背景,利用多数学校现有的化工单元实训装置,模拟化工产品生产过程,开发出一些基本的生产操作任务,这些操作任务虽不能完全代表真实生产过程中的操作内容,但通过操作训练,能够使学习者对化工生产操作的基本程序、操作要求、操作规范、安全知识等有一个概括的了解,并掌握基本的操作技能。通过毕业前进行化工总控工职业技能培训,要求学生通过专业对应工种职业资格的鉴定,养成化工生产操作人员应当具有的基本工作素质和技能,为顺利进入化工行业工作奠定基础。安徽职业技术学院结合多年开展有机合成工职业技能鉴定和安徽省及全国职业技能大赛石油化工类专业对应的有机合成工(即精细化工生产技术)赛项参赛经验,编写出有机合成工职业技能鉴定指导教程,指导学生在学习了基础化学课程,进行化学实验技能训练之后,在学习化工单元过程与设备理论知识的同时,进行化工单元技能训练,并以有机合成工职业资格为标准进行有机合成工职业技能鉴定的应知应会的综合训练,注重培养理论知识的应用能力和实际动手操作能力,以及化工生产操作人员应当具有的基本素质,充分提升学生的职业技能,为在校化工技术类专业学生和企业员工进行有机合成工技能培训鉴定提供理论综合复习及技能训练指导,也为参加安徽省和全国职业技能大赛石油化工类"精细化工生产技术"赛项的参赛选手提供指导。

全书由方向红,孙文娟担任主编。方向红负责全书编写大纲的构思、统稿审核及项目一和项目三的编写;孙文娟负责书稿整理,组建化工单元过程与设备题库,整理仿真项目资料,并编写项目五;杜永芳、胡婉玉、钟静组建无机化学、有机化学题库,方星组建化学实验技能训练题库,张元志组建分析化学题库,戴晨伟组建仪器分析题库,陈松林组建精细化学品分析与精细有机合成技术题库,王世亮组建精细化工工艺题库,蒋成义组建化工安全环保题库,吴家奎整理项目四实操项目资料。编写过程中,学院领导给予了大力支持,教务处给予了大力帮助,在此一并表示衷心的感谢,并对为出版本书出过力的各位教师表示感谢!

由于编者水平有限,编写时间仓促,书中不妥之处在所难免,敬请读者和同仁指正。

编　者

2014 年 7 月

目　录

项目一　有机合成工国家职业标准

一、职业概况

(一) 职业名称

有机合成工。

(二) 职业定义

使用相关的原材料和化工生产设备,按指定的操作规程,合成有机化学品的人员。

(三) 职业编码

6-03-11-01。

(四) 职业分类

① 生产、运输设备操作人员及有关人员。
② 化工产品生产人员。
③ 精细化工产品生产人员。

(五) 标准发文

劳社厅发[2006]33 号。

(六) 职业描述

① 将原料分别计量、配比、混合或溶解。
② 使用专用机泵将配好的物料送入合成釜中。
③ 操作合成釜,调控温度、压力等工艺参数,进行有机合成反应。
④ 定时取样分析反应物料组分变化或物理常数,确认反应终点。
⑤ 反应后的物料进行特定的单元操作后处理。
⑥ 对产品进行包装储存。

注:职业描述以已颁布的国家职业标准内容为准。

二、有机合成工的鉴定

（一）申报条件

1. 初级（具备以下条件之一者）

① 经本职业初级正规培训达规定标准学时数，并取得结业证书。

② 在本职业连续见习工作 2 年以上。

③ 本职业学徒期满。

2. 中级（具备以下条件之一者）

① 取得本职业初级职业资格证书后，连续从事本职业工作 3 年以上，经本职业中级正规培训达规定标准学时数，并取得结业证书。

② 取得本职业初级职业资格证书后，连续从事本职业工作 5 年以上。

③ 连续从事本职业工作 7 年以上。

④ 取得经劳动和社会保障行政部门审核认定的，以中级技能为培养目标的中等以上职业学校本职业（专业）毕业证书。

3. 高级（具备以下条件之一者）

① 取得本职业中级职业资格证书后，连续从事本职业工作 4 年以上，经本职业高级正规培训达规定标准学时数，并取得结业证书。

② 取得本职业中级职业资格证书后，连续从事本职业工作 6 年以上。

③ 取得高级技工学校或经劳动和社会保障行政部门审核认定的，以高级技能为培养目标的高等职业学校本职业（专业）毕业证书。

④ 取得本职业中级职业资格证书的大专以上本专业或相关专业毕业生，连续从事本职业工作 2 年以上。

4. 技师（具备以下条件之一者）

① 取得本职业高级职业资格证书后，连续从事本职业工作 5 年以上，经本职业技师正规培训达规定标准学时数，并取得结业证书。

② 取得本职业高级职业资格证书后，连续从事本职业工作 7 年以上。

③ 取得本职业高级职业资格证书的高级技工学校本职业（专业）毕业生和大专以上本专业或相关专业的毕业生，连续从事本职业工作 2 年以上。

5. 高级技师（具备以下条件之一者）

① 取得本职业技师职业资格证书后，连续从事本职业工作 3 年以上，经本职业高级技师正规培训达规定标准学时数，并取得结业证书。

② 取得本职业技师职业资格证书后，连续从事本职业工作 5 年以上。

（二）鉴定方式

有机合成工的鉴定分为理论知识考试和技能操作考核。理论知识考试采用闭卷笔试等方式，技能操作考核采用现场实际操作、模拟等方式。理论知识考试和技能操作考核均实行百分制，成绩皆达到 60 分及以上者为合格。技师、高级技师还须进行综合评审。

（三）考评人员与考生配比

理论知识考试考评人员与考生配比为 1∶20，每个标准教室不少于 2 名考评人员；技能操作考核考评员与考生配比为 1∶5，且不少于 3 名考评员；综合评审委员不少于 5 人。

（四）鉴定时间

理论知识考试时间为 120 分钟；技能操作考核时间：初级不少于 40 分钟，中级不少于 50 分钟，高级不少于 40 分钟，技师不少于 30 分钟，高级技师不少于 30 分钟；综合评审时间不少于 30 分钟。

（五）鉴定场所设备

理论知识考试在标准教室进行；技能操作训练场所应具有相应的设备（包括辅助设备），安全设施完善。

项目二　有机合成工技能鉴定应知内容

一、无机化学

(一) 单选题

1. 已知反应:

$$C(s)+O_2(g) \longrightarrow CO_2(g) \qquad \Delta_r H_m^{\ominus} = -393.5 \text{ kJ} \cdot \text{mol}^{-1}$$

$$CO(g)+\frac{1}{2}O_2(g) \longrightarrow CO_2(g) \qquad \Delta_r H_m^{\ominus} = -282.99 \text{ kJ} \cdot \text{mol}^{-1}$$

则反应 $C(s)+\frac{1}{2}O_2(g) \longrightarrow CO(g)$ 的 $\Delta_r H_m^{\ominus}$ 为(　　)。

    A. $-393.52 \text{ kJ} \cdot \text{mol}^{-1}$ B. $-282.99 \text{ kJ} \cdot \text{mol}^{-1}$

    C. $-110.51 \text{ kJ} \cdot \text{mol}^{-1}$ D. 无法确定

2. 平衡体系:

$$CO(g)+H_2O(g) \Longleftrightarrow CO_2(g)+H_2(g) \qquad \Delta_r H_m^{\ominus}<0$$

要使 CO 得到充分利用,可采用的措施是(　　)。

    A. 加水蒸气   B. 升温   C. 加压   D. 加催化剂

3. 下列措施不能使 $C(s)+O_2(g) \Longleftrightarrow CO_2(g)$ 的反应速率增加的是(　　)。

    A. 增加压力   B. 增加固体碳的用量

    C. 将固体碳粉碎成细小的颗粒   D. 升高温度

4. 当溶液的 pH 降低时,下列哪一种物质的溶解度基本不变?(　　)

    A. $Mg(OH)_2$ B. $AgAc$ C. $CaCO_3$ D. $BaSO_4$

5. 在氨水中加入少量固体 NH_4Ac 后,溶液的 pH 将(　　)。

    A. 增大   B. 减小   C. 不变   D. 无法判断

6. 根据下列反应:

$$4Fe^{2+}+4H^++O_2 \longrightarrow 4Fe^{3+}+2H_2O$$

$$2Fe^{3+}+Fe \longrightarrow 3Fe^{2+}$$

$$2Fe^{3+}+Cu \longrightarrow 2Fe^{2+}+Cu^{2+}$$

电极电势值最大的是(　　)。

    A. $E^{\ominus}(Fe^{3+}/Fe^{2+})$ B. $E^{\ominus}(Fe^{2+}/Fe)$

    C. $E^{\ominus}(Cu^{2+}/Cu)$ D. $E^{\ominus}(O_2/H_2O)$

7. 甲醇和水之间存在的分子间作用力是(　　)。

    A. 取向力   B. 氢键

    C. 色散力和诱导力   D. 以上几种作用力都存在

8. 原子中电子的描述不可能的量子数组合是(　　)。

A. $1,0,0,+\dfrac{1}{2}$　　　　　　　　B. $3,1,1,-\dfrac{1}{2}$

C. $2,2,0,-\dfrac{1}{2}$　　　　　　　　D. $4,3,-3,-\dfrac{1}{2}$

9. 在下面的电子结构中,第一电离能最小的原子可能是(　　)。

A. ns^2np^3　　　　B. ns^2np^5　　　　C. ns^2np^4　　　　D. ns^2np^6

10. 下列分子中中心原子是 sp^2 杂化的是(　　)。

A. PCl_3　　　　B. CH_4　　　　C. BF_3　　　　D. H_2O

11. 下列溶液中因盐的水解而显碱性的是(　　)。

A. HCl 溶液　　B. NaAc 溶液　　C. NaOH 溶液　　D. NH_4Ac 溶液

12. 比较 O,S,As 三种元素的电负性和原子半径大小的顺序,正确的是(　　)。

A. 电负性:O>S>As　　　原子半径:O<S<As

B. 电负性:O<S<As　　　原子半径:O<S<As

C. 电负性:O<S<As　　　原子半径:O>S>As

D. 电负性:O>S>As　　　原子半径:O>S>As

13. 下列叙述正确的是(　　)。

A. 离子化合物中可能存在共价键

B. 共价化合物中可能存在离子键

C. 含极性键的分子一定是极性分子

D. 非极性分子中一定存在非极性键

14. 可逆反应:

$$C(s)+H_2O \rightleftharpoons CO(g)+H_2(g) \qquad \Delta_r H_m^{\ominus}>0$$

下列说法正确的是(　　)。

A. 达到平衡时,反应物的浓度和生成物的浓度相等

B. 达到平衡时,反应物的浓度和生成物的浓度不再随时间而变化

C. 由于反应前后分子数相等,所以增加压力对平衡没有影响

D. 加入正催化剂可以使化学平衡向正反应方向移动

15. 根据吕·查得里原理,讨论下列反应:

$$2Cl_2(g)+2H_2O(g) \rightleftharpoons 4HCl(g)+O_2(g) \qquad \Delta_r H_m^{\ominus}>0$$

在一密闭容器中反应达到平衡后,下述讨论错误的是(　　)。

A. 增大容器体积,$n(H_2O,g)$减小

B. 加入 O_2,$n(HCl)$减小

C. 升高温度,$K^{\ominus}$增大

D. 加入 N_2(总压不变),$n(HCl)$减小

16. 在下列四种情况下,$Mg(OH)_2$ 溶解度最大的是(　　)。

A. 在纯水中　　　　　　　　B. 在 $0.1\,mol/L$ 的 HCl 溶液中

C. 在 $0.1\,mol/L$ 的 NaOH 溶液中　　D. 在 $0.1\,mol/L$ 的 $MgCl_2$ 溶液中

17. 根据下列反应:

$$2Fe^{3+}+Cu \rightleftharpoons 2Fe^{2+}+Cu^{2+}$$

$$2Fe^{3+}+Fe \rightleftharpoons 3Fe^{2+}$$

$$Cl_2+2Fe^{2+} \rightleftharpoons 2Fe^{3+}+2Cl^-$$

判断电极电势最大的电对是(　　　)。

　　A. Fe^{3+}/Fe^{2+}　　　　B. Cu^{2+}/Cu　　　　C. Cl_2/Cl^-　　　　D. Fe^{2+}/Fe

18. 下列基态或激发态原子核外电子排布中,错误的是(　　　)。

　　A. $1s^2 2s^2 2p^1$　　　B. $1s^2 2s^2 2p^6 2d^1$　　C. $1s^2 2s^2 2p^4 3s^1$　　D. $1s^2 2s^2 2p^6 3s^2 3p^6 3d^5 4s^1$

19. 在下列性质中,碱金属比碱土金属高(或大)的是(　　　)。

　　A. 熔点　　　　　　　B. 沸点　　　　　　　C. 硬度　　　　　　　D. 半径

20. SiF_4、NH_4^+ 和 BF_4^- 均具有正四面体的空间构型,则其中心原子采取的杂化状态为
(　　　)。

　　A. sp 杂化　　　　　　　　　　　　B. sp^2 杂化

　　C. sp^3 杂化　　　　　　　　　　　　D. sp^3 不等性杂化

21. 下列各组的两种分子间,同时存在色散力、诱导力、取向力、氢键的是(　　　)。

　　A. Cl_2 和 CCl_4　　　　　　　　B. CO_2 和 H_2O

　　C. H_2S 和 H_2O　　　　　　　　D. NH_3 和 H_2O

22. 下列有关氧化值的叙述,正确的是(　　　)。

　　A. 主族元素的最高氧化值一般等于其所在的族数

　　B. 副族元素的最高氧化值都等于其所在的族数

　　C. 副族元素的最高氧化值一定不会超过其所在的族数

　　D. 元素的最低氧化值一定是负数

23. 既有离子键又有共价键的化合物是(　　　)。

　　A. KBr　　　　　　　B. NaOH　　　　　　C. HBr　　　　　　D. N_2

24. 下列碱金属碳酸盐中溶解度最小的是(　　　)。

　　A. 碳酸锂　　　　　B. 碳酸钠　　　　　C. 碳酸铷　　　　　D. 碳酸铯

25. 常温下,下列金属不与水反应的是(　　　)。

　　A. Na　　　　　　　B. Rb　　　　　　　C. Ca　　　　　　　D. Mg

26. 将 H_2O_2 加到用 H_2SO_4 酸化的 $KMnO_4$ 溶液中,放出氧气,H_2O_2 的作用是(　　　)。

　　A. 氧化 $KMnO_4$　　B. 氧化 H_2SO_4　　C. 还原 $KMnO_4$　　D. 还原 H_2SO_4

27. 某一反应在一定条件下的转化率为25%,如加入催化剂,这一反应的转化率将(　　　)。

　　A. 大于25%　　　B. 小于25%　　　C. 不变　　　　　D. 无法判断

28. 当一个化学反应处于平衡时,则(　　　)。

　　A. 平衡混合物中各种物质的浓度都相等

　　B. 正反应速率和逆反应速率都是零

　　C. 反应混合物的组成不随时间而改变

　　D. 反应的焓变是零

29. 下列反应均在恒压下进行,若压缩容器体积,增加其总压力,平衡正向移动的是(　　　)。

　　A. $CaCO_3(s) \longrightarrow CaO(s) + CO_2(g)$　　B. $H_2(g) + Cl_2(g) \longrightarrow 2HCl(g)$

　　C. $2NO(g) + O_2(g) \longrightarrow 2NO_2(g)$　　D. $COCl_2(g) \longrightarrow CO(g) + Cl_2(g)$

30. 要降低反应的活化能,可以采取的手段是(　　　)。

　　A. 升高温度　　　B. 降低温度　　　C. 移去产物　　　D. 使用催化剂

31. pH=1.0 和 pH=3.0 的两种强酸溶液等体积混合后溶液的 pH 是(　　　)。

　　A. 0.3　　　　　　B. 1.0　　　　　　C. 1.3　　　　　　D. 1.5

32. Ag_2CrO_4 的 $K_{sp}=9.0\times10^{-12}$，其饱和溶液中 Ag^+ 浓度为(　　)。

    A. 1.3×10^{-4} mol·dm^{-3}　　　　　　B. 2.1×10^{-4} mol·dm^{-3}

    C. 2.6×10^{-4} mol·dm^{-3}　　　　　　D. 4.2×10^{-4} mol·dm^{-3}

33. 下列各组一元酸，酸性强弱顺序正确的是(　　)。

    A. $HClO>HClO_3>HClO_4$　　　　B. $HClO>HClO_4>HClO_3$

    C. $HClO_4>HClO>HClO_3$　　　　D. $HClO_4>HClO_3>HClO$

34. 在标准条件下，下列反应均向正方向进行：

$$Cr_2O_7^{2-}+6Fe^{2+}+14H^+\!\!=\!\!=\!\!2Cr^{3+}+6Fe^{3+}+7H_2O$$

$$2Fe^{3+}+Sn^{2+}\!\!=\!\!=\!\!2Fe^{2+}+Sn^{4+}$$

其中最强的氧化剂和最强的还原剂是(　　)。

    A. Sn^{2+} 和 Fe^{3+}　　　　　　　　B. $Cr_2O_7^{2-}$ 和 Sn^{2+}

    C. Cr^{3+} 和 Sn^{4+}　　　　　　　　D. $Cr_2O_7^{2-}$ 和 Fe^{3+}

35. $AgCl$ 在水中的溶解度大于 AgI，这主要是因为(　　)。

    A. $AgCl$ 的晶格能比 AgI 的大

    B. 氯的电负性比碘的大

    C. I^- 的变形性比 Cl^- 的大，从而使 AgI 中键的共价成分比 $AgCl$ 的大

    D. 氯的电离能比碘的大

36. 对于反应速率常数 k，下列说法正确的是(　　)。

    A. 速率常数值随反应物浓度增大而增大

    B. 每个反应只有一个速率常数

    C. 速率常数的大小与浓度有关

    D. 速率常数随温度而变化

37. 对于反应：

$$C(s)+H_2O(g)\Longrightarrow CO(g)+H_2(g)\qquad \Delta H>0$$

为了提高 $C(s)$ 的转化率，可采取的措施是(　　)。

    A. 升高反应温度　　　　　　　　B. 降低反应温度

    C. 增大体系的总压力　　　　　　D. 减小 $H_2O(g)$ 的分压

38. 下列叙述错误的是(　　)。

    A. 催化剂不能改变反应的始态和终态

    B. 催化剂不能影响产物和反应物的相对能量

    C. 催化剂不参与反应

    D. 催化剂同等程度地加快正逆反应的速率

39. 反应：

$$2SO_2(g)+O_2(g)\Longrightarrow 2SO_3(g)\qquad \Delta H<0$$

根据勒夏特列原理和生产的实际要求，在硫酸生产中，下列不适宜的条件是(　　)。

    A. 选用 V_2O_5 作催化剂　　　　　B. 空气过量些

    C. 适当的压力和温度　　　　　　D. 低压，低温

40. 勒夏特列原理(　　)。

    A. 只适用于气体间的反应　　　　B. 适用于所有化学反应

    C. 只限于平衡时的化学反应　　　D. 适用于平衡状态下的所有体系

41. 气体反应：

$$A(g) + B(g) \Longrightarrow C(g)$$

在密闭容器中建立化学平衡,如果温度不变,但体积缩小了 $\dfrac{2}{3}$,则平衡常数 $K^{\ominus}$ 为原来的(　　　)。

    A. 3 倍 　　　　　　　B. 9 倍 　　　　　　　C. 2 倍 　　　　　　　D. 不变

42. 下列叙述正确的是(　　　)。

    A. 在化学平衡体系中加入惰性气体,平衡不发生移动

    B. 在化学平衡体系中加入惰性气体,平衡发生移动

    C. 恒压下,在反应之后气体分子数相同的体系中加入惰性气体,化学平衡不发生移动

    D. 在封闭体系中加入惰性气体,平衡向气体分子数增多的方向移动

43. 已知反应 $N_2O_4(g) \Longrightarrow 2NO_2(g)$,在 873 K 时,$K_1 = 1.78 \times 10^4$,转化率为 $a\%$,改变条件,并在 1 273 K 时,$K_2 = 2.8 \times 10^4$,转化率为 $b\%(b > a)$,则下列叙述正确的是(　　　)。

    A. 由于 1 273 K 时的转化率大于 873 K 时的,所以此反应为放热反应

    B. 由于 K 随温度升高而增大,所以此反应的 $\Delta H > 0$

    C. 由于 K 随温度升高而增大,所以此反应的 $\Delta H < 0$

    D. 由于温度不同,反应机理不同,因而转化率不同

44. 实验室制备 Cl_2,需通过下列物质洗涤,正确的一组为(　　　)。

    A. NaOH 溶液,浓 H_2SO_4 　　　　　　　B. 浓 H_2SO_4,NaOH 溶液

    C. NaCl 饱和水溶液,浓 H_2SO_4 　　　　　D. 浓 H_2SO_4,H_2O

45. 比较 O、S、Si 三种元素的电负性和原子半径,正确的是(　　　)

    A. 电负性:O>S>Si　　　原子半径:O<S<Si

    B. 电负性:O<Si<S　　　原子半径:O<Si<S

    C. 电负性:Si<O<S　　　原子半径:Si>O>S

46. 为表示一个原子在第三电子层上有 10 个电子可以写成(　　　)。

    A. 3^{10} 　　　　　　B. $3d^{10}$ 　　　　　　C. $3s^2 3p^6 3d^2$ 　　　　D. $3s^2 3p^6 4s^2$

47. 下列酸中能腐蚀玻璃的是(　　　)。

    A. 盐酸 　　　　　　B. 硫酸 　　　　　　C. 硝酸 　　　　　　D. 氢氟酸

48. 下列说法不正确的是(　　　)。

    A. 氢原子中,电子的能量只取决于主量子数 n

    B. 多电子原子中,电子的能量不仅与 n 有关,还与 l 有关

    C. 波函数由四个量子数确定

    D. $m_s = \pm \dfrac{1}{2}$ 表示电子的自旋有两种方式

49. 在主量子数为 4 的电子层中,能容纳的最多电子数是(　　　)。

    A. 18 　　　　　　B. 24 　　　　　　C. 32 　　　　　　D. 36

50. 有 A、B 和 C 三种主族元素,若 A 元素阴离子与 B、C 元素的阳离子具有相同的电子层结构,且 B 的阳离子半径大于 C,则这三种元素的原子序数大小次序是(　　　)。

    A. B<C<A 　　　　B. A<B<C 　　　　C. C<B<A 　　　　D. B>C>A

51. 下列电负性大小顺序正确的是(　　　)。

    A. H>Li 　　　　　B. As<P 　　　　　C. Si>C 　　　　　D. Mg>Al

52. 下列物质中熔点最高的是(　　　)。
A. Na_2O　　　　B. SrO　　　　C. MgO　　　　D. BaO

53. 下列哪种物质不是电解 $NaCl$ 水溶液的直接产物?(　　)
A. NaH　　　　B. $NaOH$　　　　C. H_2　　　　D. Cl_2□

54. 下列金属单质不能保存在煤油里的是(　　　)。
A. Li　　　　B. Na　　　　C. K　　　　D. Rb

55. 下列物质中与 Cl_2 作用能生成漂白粉的是(　　　)。
A. $CaCO_3$　　　B. $CaSO_4$　　　C. $Mg(OH)_2$　　　D. $Ca(OH)_2$

56. 下列物质热分解温度最高的是(　　　)。
A. $MgCO_3$　　　B. $CaCO_3$　　　C. $SrCO_3$　　　D. $BaCO_3$

57. 以下四种氢氧化物中碱性最强的是(　　　)。
A. $Ba(OH)_2$　　　B. $CsOH$　　　C. $NaOH$　　　D. KOH

58. 高层大气中的臭氧层保护了人类生存的环境,其作用是(　　　)。
A. 消毒　　　　B. 漂白　　　　C. 保温　　　　D. 吸收紫外线

59. 有一能溶于水的混合物,已检出有 Ag^+ 和 Ba^{2+} 存在,则在阴离子中可能存在的是
(　　　)。
A. PO_4^{3-}　　　B. NO_3^-　　　C. CO_3^{2-}　　　D. I^-

60. 黑火药的主要成分是(　　　)。
A. KNO_3　S　C　　　　　　　　B. $NaNO_3$　S　C
C. KNO_3　P　C　　　　　　　　D. KNO_3　S　P

61. 将 H_2O_2 加入 H_2SO_4 酸化的高锰酸钾溶液中,H_2O_2 起什么作用?(　　　)
A. 氧化剂作用　　B. 还原剂作用　　C. 还原 H_2SO_4　　D. 分解成氢和氧

62. 下列干燥剂中,可用来干燥 H_2S 气体的是(　　　)。
A. 浓 H_2SO_4　　　B. P_2O_5　　　C. CaO　　　D. $NaOH(s)$

63. 亚硫酸盐用作漂白织物的去氯剂是利用其(　　　)。
A. 氧化性　　　　B. 还原性　　　　C. 水解性　　　　D. 不稳定性

64. 浓硫酸能使葡萄糖灰化是因为它具有(　　　)。
A. 强氧化性　　　B. 强酸性　　　　C. 脱水性　　　　D. 吸水性

65. 下列哪一组的两种金属遇到冷的浓硝酸、浓硫酸都不发生反应(包括钝态)?(　　　)
A. Au　Ag　　B. Ag　Cu　　C. Cu　Fe　　D. Fe　Al

66. 对于白磷和红磷,以下叙述正确的是(　　　)。
A. 它们都有毒　　　　　　　　　　B. 红磷不溶于水而白磷溶于水
C. 白磷在空气中能自燃,红磷不能　　D. 它们都溶于 CS_2

67. 用盐酸滴定硼砂水溶液至恰好中和时,溶液呈(　　　)。
A. 中性　　　　B. 弱酸性　　　　C. 弱碱性　　　　D. 强碱性

68. CO 对人体的毒性源于它的(　　　)。
A. 氧化性　　　　B. 还原性　　　　C. 加合性　　　　D. 极性

69. $1\ m^3$ 容器中含有 $0.25\ mol\ H_2$ 和 $0.1\ mol\ He$,在 $35\ ℃$ 时 H_2 的分压为(　　　)。
A. $640\ Pa$　　　B. $256\ Pa$　　　C. $896\ Pa$　　　D. 不能确定

70. 一定量的某气体,压力为原来的4倍,绝对温度是原来的2倍,那么气体体积变化的

倍数是(　　　)。

　　A. 8　　　　　　　　B. 2　　　　　　　　C. $\dfrac{1}{2}$　　　　　　　D. $\dfrac{1}{8}$

71. H_2、N_2、O_2三种理想气体分别盛于三个容器中,当温度和密度相同时,这三种气体的压强关系是(　　　)。

　　A. $P_{H_2}=P_{N_2}=P_{O_2}$　　　　　　　　B. $P_{H_2}>P_{N_2}>P_{O_2}$

　　C. $P_{H_2}<P_{N_2}<P_{O_2}$　　　　　　　　D. 不能判断大小

72. 某一温度下,一容器中含有3.0 mol氧气和2.0 mol氮气及1.0 mol氩气,如果混合气体的总压为a kPa,则$P_{O_2}=$(　　　)kPa。

　　A. $a/3$　　　　　　B. $a/6$　　　　　　C. $a/2$　　　　　　D. $a/4$

73. 将100 kPa压力下的氢气150 mL和45 kPa压力的氧气75 mL装入250 mL的真空瓶,则氢气的分压为(　　　)kPa。

　　A. 13.5　　　　　　B. 27　　　　　　　C. 60　　　　　　　D. 72.5

74. 氯的含氧酸的酸性大小顺序是(　　　)。

　　A. $HClO>HClO_2>HClO_3>HClO_4$　　B. $HClO_3>HClO_4>HClO_2>HClO$

　　C. $HClO>HClO_4>HClO_3>HClO_2$　　D. $HClO_4>HClO_3>HClO_2>HClO$

75. 真实气体与理想气体相近的条件是(　　　)。

　　A. 高温高压　　　B. 高温低压　　　C. 低温高压　　　D. 低温低压

76. 在恒定温度下,向一容积为2 dm^3的抽空容器中依次充初始状态为100 kPa、2 dm^3的气体A和200 kPa、2 dm^3的气体B。A、B均可当作理想气体,且A、B之间不发生化学反应。容器中混合气体总压力为(　　　)。

　　A. 300 kPa　　　　B. 200 kPa　　　　C. 150 kPa　　　　D. 100 kPa

77. 相同条件下,质量相同的下列物质,所含分子数最多的是(　　　)。

　　A. 氢气　　　　　　B. 氯气　　　　　　C. 氯化氢　　　　　D. 二氧化碳

78. 在温度、容积恒定的容器中,含有A和B两种理想气体,它们的物质的量、分压和分体积分别为n_A、P_A、V_A和n_B、P_B、V_B,容器中的总压力为P,试判断下列公式中哪个是正确的?(　　　)

　　A. $P_AV=n_ART$　　　　　　　　　B. $P_BV=(n_A+n_B)RT$

　　C. $P_AV_A=n_ART$　　　　　　　　D. $P_BV_B=n_BRT$

79. 已知反应:

$$C(s)+O_2(g)\longrightarrow CO_2(g)\qquad \Delta_r H_m^\ominus=-393.5\ kJ\cdot mol^{-1}$$

$$CO(g)+\frac{1}{2}O_2(g)\longrightarrow CO_2(g)\qquad \Delta_r H_m^\ominus=-283.0\ kJ\cdot mol^{-1}$$

则反应 $C(s)+\dfrac{1}{2}O_2(g)\longrightarrow CO(g)$ 的 $\Delta_r H_m^\ominus$ 值等于 (　　　)。

　　A. $-676.5\ kJ\cdot mol^{-1}$　　　　　B. $-110.5\ kJ\cdot mol^{-1}$

　　C. $110.5\ kJ\cdot mol^{-1}$　　　　　　D. $676.5\ kJ\cdot mol^{-1}$

80. 表示CO_2生成热的反应是(　　　)。

　　A. $CO(g)+\dfrac{1}{2}O_2(g)\longrightarrow CO_2(g)\qquad \Delta_r H_m^\ominus=-283.0\ kJ\cdot mol^{-1}$

　　B. $2C(石墨)+2O_2(g)\longrightarrow CO_2(g)\qquad \Delta_r H_m^\ominus=-787.0\ kJ\cdot mol^{-1}$

　　C. C(石墨)+O_2(g)$\longrightarrow CO_2$(g)　　　$\Delta_r H_m^{\ominus}=-393.5$ kJ·mol^{-1}

　　D. C(金刚石)+O_2(g)$\longrightarrow CO_2$(g)　　$\Delta_r H_m^{\ominus}=-395.4$ kJ·mol^{-1}

81. 已知 298 K 时下列热化学方程式:

① C_2H_2(g)+$\frac{5}{2}O_2$(g)$\longrightarrow 2CO_2$(g)+H_2O　　$\Delta_r H_m^{\ominus}=-1\ 300$ kJ·mol^{-1}

② C(s)+O_2(g)$\longrightarrow CO_2$(g)　　　　　　　$\Delta_r H_m^{\ominus}=-394$ kJ·mol^{-1}

③ H_2(g)+$\frac{1}{2}O_2$(g)$\longrightarrow H_2O$(l)　　　　　　$\Delta_r H_m^{\ominus}=-286$ kJ·mol^{-1}

试确定 $\Delta_f H_m^{\ominus}$(C_2H_2,g)=(　　　)kJ·mol^{-1}。

　　A. -226　　　　B. 226　　　　　C. 113　　　　　D. -113

82. 下列反应中属于歧化反应的是(　　　)。

　　A. BrO_3^-+$5Br^-$+$6H^+$$\Longrightarrow 3Br_2$+$3H_2O$

　　B. Cl_2+6KOH$\Longrightarrow 5KCl$+$KClO_3$+$3H_2O$

　　C. $2AgNO_3 \Longrightarrow 2Ag$+$2NO_2$+$O_2\uparrow$

　　D. $KClO_3$+6HCl(浓)$\Longrightarrow 3Cl_2\uparrow$+KCl+$3H_2O$

83. 下列电极反应,其他条件不变时,将有关离子浓度减半,电极电势增大的是(　　　)。

　　A. Cu^{2+}+$2e^-\Longrightarrow$Cu　　　　　　B. I_2+$2e^-\Longrightarrow 2I^-$

　　C. Fe^{3+}+$e^-\Longrightarrow Fe^{2+}$　　　　　　D. Sn^{4+}+$2e^-\Longrightarrow Sn^{2+}$

84. 影响氧化还原反应平衡常数的因素是(　　　)。

　　A. 反应物浓度　　　B. 温度　　　　　C. 催化剂　　　D. 反应产物浓度

85. 对于电对 Zn^{2+}/Zn,增大其 Zn^{2+} 的浓度,则其标准电极电势值将(　　　)。

　　A. 增大　　　　　B. 减小　　　　　C. 不变　　　　D. 无法判断

86. 在酸性溶液中铁易腐蚀是因为(　　　)。

　　A. Fe^{2+}/Fe 的标准电极电势下降

　　B. Fe^{3+}/Fe^{2+} 的标准电极电势上升

　　C. $E_{H^+/H}$ 的值因 H^+ 浓度增大而上升

　　D. $E_{H^+/H}$ 的值下降

87. 101.3 kPa 下,将氢气通入 1 mol/L 的 NaOH 溶液中,在 298 K 时电极的电极电势是 (　　　)。(已知:$E_{H_2O/H_2}^{\ominus}=-0.828$ V。)

　　A. +0.625 V　　　B. -0.625 V　　　C. +0.828 V　　　D. -0.828 V

88. 对于银锌电池:(-)Zn | Zn^{2+}(1 mol/L) ‖ Ag^+(1 mol/L) | Ag(+),已知 $E_{Zn^{2+}/Zn}^{\ominus}=$ -0.76 V,$E_{Ag^+/Ag}^{\ominus}=0.799$ V,该电池的标准电动势是(　　　)。

　　A. 1.180 V　　　B. 0.076 V　　　C. 0.038 V　　　D. 1.56 V

89. 原电池 (-)Pt | Fe^{2+}(1 mol/L),Fe^{3+}(0.000 1 mol/L) ‖ I^-(0.000 1 mol/L),I_2 | Pt (+)电动势为(　　　)。(已知:$E^{\ominus}Fe^{3+}/Fe^{2+}=0.77$ V,$E_{I_2/I^-}^{\ominus}=0.535$ V)

　　A. 0.358 V　　　B. 0.239 V　　　C. 0.532 V　　　D. 0.412 V

90. 在 Fe-Cu 原电池中,其正极反应式及负极反应式正确的为(　　　)。

　　A. (+)Fe^{2+}+$2e^-\Longrightarrow$Fe　　　(-)Cu$\Longrightarrow Cu^{2+}$+$2e^-$

　　B. (+)Fe$\Longrightarrow Fe^{2+}$+$2e^-$　　　(-)Cu^{2+}+$2e^-\Longrightarrow$Cu

　　C. (+)Cu^{2+}+$2e^-\Longrightarrow$Cu　　　(-)Fe^{2+}+$2e^-\Longrightarrow$Fe

　　　D. $(+)Cu^{2+}+2e^- \rightleftharpoons Cu$　　　$(-)Fe \rightleftharpoons Fe^{2+}+2e^-$

91. 在 $KMnO_4+H_2C_2O_4+H_2SO_4 \rightleftharpoons K_2SO_4+MnSO_4+CO_2+H_2O$ 的反应中,若消耗 $\dfrac{1}{5}$ mol $KMnO_4$,则应消耗 $H_2C_2O_4$ 为(　　　)。

　　　A. $\dfrac{1}{5}$ mol　　　B. $\dfrac{2}{5}$ mol　　　C. $\dfrac{1}{2}$ mol　　　D. 2 mol

92. 利用标准电极电势表判断氧化还原反应进行的方向,正确的说法是(　　　)。

　　　A. 氧化型物质与还原型物质起反应

　　　B. $E^\ominus$ 较大的电对的氧化型物质与 $E^\ominus$ 较小的电对的还原型物质起反应

　　　C. 氧化性强的物质与氧化性弱的物质起反应

　　　D. 还原性强的物质与还原性弱的物质起反应

93. 在 298 K 时,已知 $E^\ominus(I_2/I^-)=0.535$ V,非金属 I_2 在 0.1 mol/L 的 KI 溶液中的电极电势是(　　　)。

　　　A. 0.365 V　　　B. 0.594 V　　　C. 0.236 V　　　D. 0.432 V

94. 对于电对 Zn^{2+}/Zn,增大其 Zn^{2+} 的浓度,则其标准电极电势值将(　　　)。

　　　A. 增大　　　B. 减小　　　C. 不变　　　D. 无法判断

95. 判断反应:

$$Cl_2+Ca(OH)_2 \longrightarrow Ca(ClO_3)_2+CaCl_2+H_2O$$

其中,Cl_2 是(　　　)。

　　　A. 还原剂　　　B. 氧化剂　　　C. 两者均否　　　D. 两者均是

96. 在一个氧化还原反应中,若两电对的电极电势值差很大,则可判断(　　　)。

　　　A. 该反应是可逆反应　　　　　　B. 该反应的反应速率很大

　　　C. 该反应能剧烈地进行　　　　　D. 该反应的反应趋势很大

97. 当溶液中增加 H^+ 浓度时,氧化能力不增强的氧化剂是(　　　)。

　　　A. NO_3^-　　　B. $Cr_2O_7^{2-}$　　　C. O_2　　　D. $AgCl$

98. AgCl 在下列哪种溶液中(浓度均为 1 mol/L)溶解度最大?(　　　)

　　　A. 氨水　　　B. $Na_2S_2O_3$　　　C. KI　　　D. NaCN

99. $[Cr(Py)_2(H_2O)Cl_3]$ 中 Py 代表吡啶,这个化合物的名称是(　　　)。

　　　A. 三氯化一水二吡啶合铬(Ⅲ)　　　B. 一水合三氯化二吡啶合铬(Ⅲ)

　　　C. 三氯一水二吡啶合铬(Ⅲ)　　　　D. 二吡啶一水三氯化铬(Ⅲ)

100. $[Cu(NH_3)_4]^{2+}$ 比 $[Cu(H_2O)_4]^{2+}$ 稳定,这意味着 $[Cu(NH_3)_4]^{2+}$ 的(　　　)。

　　　A. 酸性较强　　　B. 配体场较强　　　C. 离解常数较小　　　D. 三者都对

101. 加入以下哪种试剂可使 AgBr 以配离子形式进入溶液中?(　　　)

　　　A. HCl　　　B. $Na_2S_2O_3$　　　C. NaOH　　　D. $NH_3 \cdot H_2O$

102. 下列电对中,电极电势代数值最小的是(　　　)。

　　　A. $E^\ominus(Hg^{2+}/Hg)$　　　　　　B. $E^\ominus(Hg(CN)_4^{2-}/Hg)$

　　　C. $E^\ominus(Hg(Cl)_4^{2-}/Hg)$　　　　D. $E^\ominus(HgI_4^{2-}/Hg)$

103. 决定卤素单质熔点高低的主要因素是(　　　)。

　　　A. 卤素单质分子的极性大小　　　　B. 卤素单质的相对分子质量的大小

　　　C. 卤素单质分子的氧化性强弱　　　D. 卤素单质分子中的化学键的强弱

104. 在下列各种酸中氧化性最强的是(　　　)。

　　A. $HClO_3$　　　　B. $HClO$　　　　C. $HClO_4$　　　　D. HCl

(二) 多选题

1. 在酸碱质子理论中,可作为酸的物质是(　　　)。

　　A. NH_4^+　　　　B. HCl　　　　C. H_2SO_4　　　　D. OH^-

2. 实验室中皮肤粘上浓碱时立即用大量水冲洗,然后用(　　　)处理。

　　A. 5%硼酸溶液　　　　　　　　B. 5%小苏打溶液

　　C. 2%的乙酸溶液　　　　　　　D. 0.01%高锰酸钾溶液

3. 影响气体溶解度的因素有溶质、溶剂的性质和(　　　)。

　　A. 温度　　　　B. 压强　　　　C. 体积　　　　D. 质量

4. 下列(　　　)条件发生变化后,可以引起化学平衡发生移动。

　　A. 温度　　　　B. 压力　　　　C. 浓度　　　　D. 催化剂

5. 对于任何一个可逆反应,下列说法正确的是(　　　)。

　　A. 达平衡时反应物和生成物的浓度不发生变化

　　B. 达平衡时正反应速率等于逆反应速率

　　C. 达平衡时反应物和生成物的分压相等

　　D. 达平衡时反应自然停止

6. 温度高低影响反应的主要特征是(　　　)。

　　A. 反应速率　　　B. 反应组成　　　C. 反应效果　　　D. 能源消耗

7. 以下关于 EDTA 标准溶液制备叙述正确的为(　　　)。

　　A. 使用 EDTA 分析纯试剂先配成近似浓度再标定

　　B. 标定条件与测定条件应尽可能接近

　　C. EDTA 标准溶液应贮存于聚乙烯瓶中

　　D. 标定 EDTA 溶液可用二甲酚橙指示剂

8. 对于酸效应曲线,下列说法正确的有(　　　)。

　　A. 利用酸效应曲线可确定单独滴定某种金属离子时所允许的最低酸度

　　B. 可判断混合物金属离子溶液能否连续滴定

　　C. 可找出单独滴定某金属离子时所允许的最高酸度

　　D. 酸效应曲线代表溶液 pH 与溶液中的 MY 的绝对稳定常数(lgK_{MY})以及溶液中 EDTA 的酸效应系数的对数值(lga)之间的关系

9. 在化学反应达到平衡时,下列选项不正确的是(　　　)。

　　A. 反应速率始终在变化　　　　　B. 正反应速率不再发生变化

　　C. 反应不再进行　　　　　　　　D. 反应速率减小

10. 关于化学反应速率,下列说法正确的是(　　　)。

　　A. 表示了反应进行的程度

　　B. 表示了反应速度的快慢

　　C. 其值等于正、逆反应方向推动力之比

　　D. 常以某物质单位时间内浓度的变化来表示

11. 要除去 SO_2 气体中的 SO_3(气),可将气体通入(　　　)。

A. NaOH 溶液　　　　　　　　　B. 饱和 NaHSO₃ 溶液

C. 浓 H₂SO₄　　　　　　　　　　D. CaO 粉末

12. 下列物质需用棕色试剂瓶保存的是(　　　)。

A. 浓 HNO₃　　　　B. AgNO₃　　　　C. 氯水　　　　D. 浓 H₂SO₄

13. 关于热力学第一定律不正确的表述是(　　　)。

A. 热力学第一定律就是能量守恒与转化的定律

B. 第一类永动机是可以创造的

C. 在隔离体系中,自发过程向着熵增大的方向进行

D. 第二类永动机是可以创造的。

14. 下列哪种方法能制备氢气?(　　　　)

A. 电解食盐水溶液　　　　　　　　B. Zn 与稀硫酸

C. Zn 与盐酸　　　　　　　　　　D. Zn 与稀硝酸

15. 关于 NH₃ 分子描述不正确的是(　　　)。

A. 氮原子采取 sp² 杂化,键角为 107.3°

B. 氮原子采取 sp³ 杂化,包含一条 σ 键和三条 π 键,键角 107.3°

C. 氮原子采取 sp³ 杂化,包含一条 σ 键和二条 π 键,键角 109.5°

D. 氮原子采取不等性 sp³ 杂化,分子构形为三角锥形,键角 107.3°

16. 化学反应速率随催化剂加入而加快,其原因是(　　　)。

A. 活化能降低　　　　　　　　　B. 反应速率常数增大

C. 改变反应历程

D. 活化分子百分数增加,有效碰撞次数增大

17. 下列化合物不能与 FeCl₃ 发生显色反应的是(　　　)。

A. 对苯甲醛　　　B. 对甲苯酚　　　C. 对甲苯甲醇　　　D. 对甲苯甲酸

18. 下列关于氯气的叙述不正确的是(　　　)。

A. 在通常情况下,氯气比空气轻

B. 氯气能与氢气化合生成氯化氢

C. 红色的铜丝在氯气中燃烧后生成蓝色的 CuCl₂

D. 液氯与氯水是同一种物质

19. 对于 H₂O₂ 性质的描述不正确的是(　　　)。

A. 只有强氧化性　　　　　　　　B. 既有氧化性,又有还原性

C. 只有还原性　　　　　　　　　D. 既没有氧化性,又没有有还原性

20. 在只含有 Cl⁻ 和 Ag⁺ 的溶液中,一定不能产生 AgCl 沉淀的条件是(　　　)。

A. 离子积＞溶度积　　　　　　　B. 离子积＜溶度积

C. 离子积＝溶度积

21. 对于下列真实气体,不能看成理想气体的是(　　　)。

A. 高温高压　　　B. 高温低压　　　C. 低温高压　　　D. 低温低压

22. 不能影响化学反应平衡常数数值的因素是(　　　)。

A. 反应物浓度　　　B. 温度　　　C. 催化剂　　　D. 产物浓度

23. 缓冲容量的大小与组分比有关,总浓度一定时,缓冲组分的浓度比接近(　　　)时,缓冲容量最大。浓度比在接近(　　　)时,基本丧失缓冲能力。

　　A. 2∶1　　　　　　　B. 1∶2　　　　　C. 1∶1　　　　　D. 10∶1或1∶10

24. 实际气体与理想气体的描述正确的是(　　　)。

　　A. 实际气体分子有体积

　　B. 实际气体分子间有作用力

　　C. 实际气体与理想气体间并无多大本质区别

　　D. 实际气体分子不仅有体积,实际气体分子间还有作用力

25. 有关 Cl_2 的用途,正确的论述是(　　　)。

　　A. 用来制备 Br_2　　　　　　　　　　B. 用来作杀虫剂

　　C. 用在饮用水的消毒　　　　　　　　D. 合成聚氯乙烯

26. 当系统发生下列变化时,哪一种变化的 ΔG 不为零?(　　　)

　　A. 理想气体向真空自由膨胀　　　　　B. 理想气体的绝热可逆膨胀

　　C. 理想气体的等温可逆膨胀　　　　　D. 水在正常沸点下变成蒸汽

27. 下列关于氟和氯性质的说法正确的是(　　　)。

　　A. 氟的电子亲和能(绝对值)比氯小　　B. 氟的离解能比氯高

　　C. 氟的电负性比氯大　　　　　　　　D. F^- 的水合能(绝对值)比 Cl^- 小

　　E. 氟的电子亲和能(绝对值)比氯大

28. 下列各组离子中,能大量共存于同一溶液中的是(　　　)。

　　A. CO_3^{2-}、H^+、Na^+、NO_3^-　　　　　　B. NO_3^-、SO_4^{2-}、K^+、Na^+

　　C. H^+、Ag^+、SO_4^{2-}、Cl^-　　　　　　D. Na^+、NH_4^+、Cl^-、OH^-

29. 不是影响弱酸盐沉淀溶解度的主要因素的是(　　　)。

　　A. 水解效应　　　B. 同离子效应　　　C. 酸效应　　　D. 盐效应

30. 有关滴定管的使用正确的是(　　　)。

　　A. 使用前应洗净,并检漏

　　B. 滴定前应保证尖嘴部分无气泡

　　C. 要求较高时,要进行体积校正

　　D. 为保证标准溶液浓度不变,使用前可加热烘干

31. 水和空气是宝贵的自然资源,与人类、动植物的生存发展密切相关。以下对水和空气的认识,你认为不正确的是(　　　)。

　　A. 饮用的纯净水不含任何化学物质

　　B. 淡水资源有限和短缺

　　C. 新鲜空气是纯净的化合物

　　D. 目前城市空气质量日报的监测项目中包括二氧化碳含量

32. 下列属于 EDTA 分析特性的选项为(　　　)。

　　A. EDTA 与金属离子的配位比为 1∶1

　　B. 生成的配合物稳定且易溶于水

　　C. 反应速度快

　　D. EDTA 显碱性

33. 用双指示剂法分步滴定混合碱时,V_1,V_2 都不为 0。若 $V_1 > V_2$,则混合碱为(　　　)。若 $V_1 < V_2$,则混合碱为(　　　)。

　　A. Na_2CO_3、$NaHCO_3$　　　　　　　　B. Na_2CO_3、$NaOH$

C. $NaHCO_3$　　　　　　　　　　　　D. Na_2CO_3

34. 根据熵的物理意义,下列过程中系统的熵增大的是(　　　)。

　　A. 水蒸气冷凝成水　　　　　　　　B. 碳酸氢铵在高温情况下分解

　　C. 气体在催化剂表面吸附　　　　　D. 盐酸溶液中的 HCl 挥发

35. 下列关于催化剂的叙述中,正确的是(　　　)。

　　A. 催化剂在化学反应里能改变其他物质的化学反应速度,而本身的质量和化学性质在反应前后都不改变

　　B. 催化剂加快正反应的速度,降低逆反应的速度

　　C. 催化剂对化学平衡的移动没有影响

　　D. 某些杂质会降低或破坏催化剂的催化能力,引起催化剂中毒

36. 在一定条件下,使 $CO_2(g)$ 和 $H_2(g)$ 在一密闭容器中进行反应:

$$CO_2(g)+H_2(g)\rightleftharpoons CO(g)+H_2O(g)$$

下列说法中正确的是(　　　)。

　　A. 反应开始时,正反应速率最大,逆反应速率也最大

　　B. 随着反应的进行,正反应速率逐渐减小,最后为零

　　C. 随着反应的进行,逆反应速率逐渐增大,最后不变

　　D. 随着反应的进行,正反应速率逐渐减小,最后不变

37. 对于可逆反应 $2A(g)+B(g)\rightleftharpoons 2C(g)$　　$\Delta H<0$,反应达到平衡时,正确的说法是(　　　)。

　　A. 增加 A 的浓度,平衡向右移动,K 值不变

　　B. 增加压强,正反应速度增大,逆反应速度减小,平衡向右移动

　　C. 使用正催化剂,化学平衡向右移动

　　D. 降低温度,正逆反应速度都减慢,化学平衡向右移动

38. 已知反应:

$$CO_2(g)+C(s)\rightleftharpoons 2CO(g)　　\Delta H>0$$

反应达到平时,则(　　　)。

　　A. 降低压力,$n(CO)$ 增大　　　　　B. 降低压力,$n(CO)$ 减小

　　C. 升高温度,$n(CO_2)$ 增大　　　　　D. 升高温度,$n(CO_2)$ 减小

39. 下列措施可以使反应 $C(s)+O_2(g)\rightleftharpoons CO_2(g)$ 的速率增加的是(　　　)。

　　A. 增加压力　　　　　　　　　　　B. 增加固体碳的用量

　　C. 将固体碳粉碎成细小的颗粒　　　D. 升高温度

40. 下列关于卤素的描述正确的是(　　　)。

　　A. 氟的电负性最大　　　　　　　　B. 碘的变形性比氯大

　　C. 氢卤酸都是强酸　　　　　　　　D. 碘分子间只存在色散力

41. 有基元反应:$A+B\longrightarrow C$,下列叙述不正确的是(　　　)。

　　A. 此反应的速率与反应物浓度无关

　　B. 两种反应物中,无论哪一种的浓度增加一倍,都将使反应速度增加一倍

　　C. 两种反应物的浓度同时减半,则反应速度也将减半

　　D. 两种反应物的浓度同时增大一倍,则反应速度增大两倍

42. 下列关于碱金属化学性质的叙述正确的是(　　　)。

A. 化学性质都很活泼

B. 都是强还原剂

C. 都能在氧气里燃烧生成 M_2O(M 为碱金属)

D. 都能跟水反应产生氢气

43. 在下列化学方程式中,可以用离子方程式: $Ba^{2+}+SO_4^{2-}\!\!=\!\!=\!\!BaSO_4\downarrow$ 表示的是(　　　)。

　A. $Ba(NO_3)_2+H_2SO_4\!\!=\!\!=\!\!BaSO_4\downarrow+2HNO_3$

　B. $BaCl_2+Na_2SO_4\!\!=\!\!=\!\!BaSO_4\downarrow+2NaCl$

　C. $Ba(OH)_2+H_2SO_4\!\!=\!\!=\!\!BaSO_4\downarrow+2H_2O$

　D. $BaCl_2+H_2SO_4\!\!=\!\!=\!\!BaSO_4+2HCl$

44. 下列叙述中错误的是(　　　)。

　A. 原子半径是 Li>Na>K>Rb>Cs

　B. 同种碱金属元素的离子半径比原子半径小

　C. 碱金属离子的氧化性是 $Li^+<Na^+<K^+<Rb^+$

　D. 碱金属单质的密度是 Li<Na<K<Rb

45. 下列离子方程式正确的是(　　　)。

　A. 稀硫酸滴在铜片上: $Cu+2H^+\!\!=\!\!=\!\!Cu^{2+}+H_2\uparrow$

　B. 碳酸氢钠溶液与盐酸混合: $HCO_3^-+H^+\!\!=\!\!=\!\!CO_2\uparrow+H_2O$

　C. 盐酸滴在石灰石上: $CaCO_3+2H^+\!\!=\!\!=\!\!Ca^{2+}+H_2CO_3$

　D. 硫酸铜溶液与硫化钾溶液混合: $CuSO_4+S^{2-}\!\!=\!\!=\!\!CuS\downarrow+SO_4^{2-}$

46. 碱金属元素随着核电荷数的增加(　　　)。

　A. 氧化性增强　　　　　　　　B. 原子半径增大

　C. 失电子能力增大　　　　　　D. 还原性增强

47. 关于 Na_2CO_3 的水解下列说法正确的是(　　　)。

　A. Na_2CO_3 水解,溶液显碱性

　B. 加热溶液使 Na_2CO_3 水解度增大

　C. Na_2CO_3 的一级水解比二级水解程度大

　D. Na_2CO_3 水解溶液显碱性的原因是 NaOH 是强碱

48. 金属钠比金属钾(　　　)。

　A. 金属性弱　　　　　　　　　B. 还原性弱

　C. 原子半径大　　　　　　　　D. 熔点高

49. 下列各组物质混合后能生成 NaOH 的是(　　　)。

　A. Na 和 H_2O　　　　　　　　B. Na_2SO_4 溶液和 $Mg(OH)_2$

　C. Na_2O 和 H_2O　　　　　　D. Na_2CO_3 溶液和 $Mg(OH)_2$

50. 下列关于碱金属的叙述错误的是(　　　)。

　A. 都是银白色的轻金属

　B. 熔点都很低

　C. 都能在氧气里燃烧生成 M_2O(M 为碱金属)

　D. 其焰色反应都是黄色的

51. 决定多电子原子核外电子运动能量的主要因素是(　　　)。

　A. 电子层　　　　　　　　　　B. 电子亚层

　　C. 电子云的伸展方向　　　　　　　D. 电子的自旋状态

52. 原子中电子的描述可能的量子数组合是(　　)。

　　A. $2,1,0,+\dfrac{1}{2}$　　　　　　　　B. $3,0,0,-\dfrac{1}{2}$

　　C. $2,3,0,-\dfrac{1}{2}$　　　　　　　　D. $4,4,-3,-\dfrac{1}{2}$

53. 下列说法不正确的是(　　)。

　　A. 原子中运动电子的能量只取决于主量子数 n

　　B. 多电子原子中运动电子的能量不仅与 n 有关,还与 l 有关

　　C. 波函数由四个量子数确定

　　D. 磁量子数 m 表示电子云的形状。

54. 元素原子最外层上有一个 4s 电子的原子可能是(　　)。

　　A. K　　　　　　　B. Cr　　　　　　　C. Cu　　　　　　D. Na

55. 下列说法正确的是(　　)。

　　A. 原子轨道与波函数是同义词

　　B. 主量子数、角量子数和磁量子数可决定一个特定原子轨道的大小、形状和伸展方向

　　C. 核外电子的自旋状态只有两种

　　D. 电子云是指电子在核外运动像云雾一样

56. 下列有关氧化值的叙述中,不正确的是(　　)。

　　A. 主族元素的最高氧化值一般等于其所在的族数

　　B. 副族元素的最高氧化值总等于其所在的族数

　　C. 副族元素的最高氧化值一定不会超过其所在的族数

　　D. 元素的最低氧化值一定是负数

57. 下列原子核外电子排布中,正确的是(　　)。

　　A. $1s^2 2s^2 2p^3$　　　　　　　　　B. $1s^2 2s^2 2p^6 2d^1$

　　C. $1s^2 2s^2 2p^6 3s^1$　　　　　　　D. $1s^2 2s^2 2p^6 3s^2 3p^6 3d^5 4s^1$

58. 钙在空气中燃烧的产物是(　　)。

　　A. CaO　　　　　B. CaO_2　　　　　C. Ca_2O_3　　　　D. Ca_3N_2

59. 实验室中熔化苛性钠,不可选用(　　)。

　　A. 石英坩埚　　　B. 瓷坩埚　　　　C. 玻璃坩埚　　　D. 镍坩埚

60. 下列各酸中,(　　)属于一元酸。

　　A. H_3PO_3　　　B. H_3PO_2　　　C. H_3PO_4　　　D. H_3BO_3

61. 下列说法不正确的是(　　)。

　　A. 二氧化硅溶于水显酸性

　　B. 二氧化碳通入水玻璃可得原硅酸

　　C. 因为高温时二氧化硅与碳酸钠反应放出二氧化碳,所以硅酸酸性比碳酸强

　　D. 二氧化硅是酸性氧化物,不溶于任何酸

62. HgS 能溶于王水,是因为(　　)。

　　A. 酸解　　　　　　　　　　　　　B. 氧化还原

　　C. 配合作用　　　　　　　　　　　D. 上述原因都不对

63. 下列硫化物中,难溶于水的黑色沉淀有(　　)。

    A. PbS　　　　　B. ZnS　　　　　C. CuS　　　　　D. K_2S

64. 下列方程式中有错误的是(　　)。

    A. $FeCl_2 + Na_2S \longrightarrow 2NaCl + FeS\downarrow$

    B. $Na_2SO_3 + S \xrightarrow{\triangle} Na_2S_2O_3$

    C. $2Fe + 3S \xrightarrow{\triangle} Fe_2S_3$

    D. $3S + 4HNO_3 + H_2O \xrightarrow{\triangle} 3H_2SO_3 + 4NO$

65. 在酸性溶液中下列各对离子能共存的是(　　)。

    A. SO_3^{2-} 与 MnO_4^-　　　　　　　B. NO_3^+ 与 Ag^+

    C. SO_4^- 与 Ba^{2+}　　　　　　　　D. CO_3^{2-} 与 Ca^{2+}

66. 对于亚硝酸及其盐的性质,下列叙述错误的是(　　)。

    A. 亚硝酸盐都有毒　　　　　　　　B. NO_2^- 既有还原性又有氧化性

    C. 亚硝酸及其盐都很不稳定　　　　D. 亚硝酸是一元强酸

67. 对于合成氨反应,下列哪种条件可提高转化率?(　　)

    A. 降低温度　　　　　　　　　　　B. 增大压力

    C. 使用以铁为主的催化剂　　　　　D. 降低压力

68. 下列物质中属于过氧化物的是(　　)。

    A. Na_2O_2　　　　　B. BaO_2　　　　　C. KO_2　　　　　D. RbO_2

69. 下列硫化物在水溶液中完全水解的是(　　)。

    A. Al_2S_3　　　　　B. Cr_2S_3　　　　　C. Na_2S　　　　　D. ZnS

70. 下列关于实际气体与理想气体的说法正确的是(　　)。

    A. 实际气体分子有体积,理想气体分子没有体积

    B. 实际气体分子间有作用力,理想气体分子没有作用力

    C. 实际气体与理想气体间无多大本质区别

71. 合成氨原料气中,H_2 和 N_2 比为 3∶1(体积比),除此两种气体外,还含有 4% 杂质气体,原料气总压为 15 198.75 kPa,则 N_2,H_2 的分压分别为(　　)。

    A. 4 217.0 kPa　　　B. 3 647.7 kPa　　C. 3 500 kPa

    D. 11 399.1 kPa　　　E. 10 943.1 kPa

72. 下列反应不符合生成热定义的是(　　)。

    A. $S(g) + O_2(g) = SO_2(g)$　　　　　　B. $S(s) + \dfrac{3}{2}O_2(g) = SO_3(g)$

    C. $S(g) + \dfrac{3}{2}O_2(g) = SO_3(g)$　　　　D. $S(s) + O_2(g) = SO_2(s)$

73. 下列反应中,反应物的标准摩尔焓变与生成物的标准摩尔生成焓相同的是(　　)。

    A. $CO_2(g) + CaO(s) \longrightarrow CaCO_3(s)$　　B. $\dfrac{1}{2}H_2(g) + \dfrac{1}{2}I_2(s) \longrightarrow HI(g)$

    C. $\dfrac{1}{2}H_2(g) + \dfrac{1}{2}I_2(g) \longrightarrow HI(g)$　　D. $H_2(g) + \dfrac{1}{2}O_2(g) \longrightarrow H_2O(l)$

    E. $2H_2(g) + O_2(g) \longrightarrow 2H_2O(g)$

74. 下列各半反应中,发生氧化过程的是(　　)。

    A. $Fe \longrightarrow Fe^{2+}$　　　　　　　　　　B. $Co^{3+} \longrightarrow Co^{2+}$

    C. $NO \longrightarrow NO_3^-$　　　　　　　　　　D. $H_2O_2 \longrightarrow O_2$

75. 利用电对的电极电位可以判断的是(　　)。

    A. 氧化还原反应的完全程度　　　　　B. 氧化还原反应速率

    C. 氧化还原反应的方向　　　　　　　D. 氧化还原能力的大小

76. 在实验室中 MnO_2(s)仅与浓 HCl 加热才能反应制取氯气,这是因为浓 HCl(　　)。

    A. 使 $E_{MnO_2/Mn^{2+}}$ 增大　　　　　　　B. 使 E_{Cl_2/Cl^-} 增大

    C. 使 $E_{MnO_2/Mn^{2+}}$ 减小　　　　　　　D. 使 E_{Cl_2/Cl^-} 减小

77. 元素电势图 $E_B^{\ominus}$:

$$BrO_4^- \xrightarrow{\ 0.93\ } BrO_3^- \xrightarrow{\ 0.56\ } BrO^- \xrightarrow{\ 0.33\ } Br_2 \xrightarrow{\ 1.065\ } Br^-$$

$$\underline{\qquad\qquad 0.71 \qquad\qquad}$$

易发生歧化反应的物质是(　　)。

    A. BrO_4^-　　　　B. BrO_3^-　　　　C. BrO^-　　　　D. Br_2　　　　E. Br^-

78. 使 HgS 溶于王水时,HgS 与王水发生的反应有(　　)。

    A. 酸解反应　　　B. 氧化还原反应　　　C. 配位反应

79. 氟表现出最强的非金属性,具有很大的化学反应活性,是由于(　　)。

    A. 氟元素电负性最大,原子半径小　　B. 单质熔、沸点高

    C. 氟分子中 F—F 键解离能高　　　　D. 分子间的作用力小

    E. 单质氟的氧化性强

80. 下列各物质分别盛装在洗气瓶中,若实验室制备的 Cl_2,洗气的方式按书写顺序通过,正确的选项是(　　)。

    A. NaOH　　　　　B. 浓 H_2SO_4　　　　C. $CaCl_2$　　　　D. P_2O_5

    E. 饱和 NaCl 溶液

81. 下列关于 HX 性质的叙述正确的是(　　)。

    A. HX 极易液化,液态 HX 不导电

    B. HX 都是极性分子,按 HF→HI 分子极性递增

    C. HX 是都具有强烈刺激性气味的有色气体

    D. HX 水溶液的酸性:HI>HCl

    E. HX 还原性:HF→HI 依次减弱

82. 对于碘化氢,下列说法中正确的是(　　)。

    A. 碘化氢的有机溶液是一种良好的导体

    B. 在水溶液中,碘化氢是一种强酸

    C. 碘化氢在水溶液中具有强氧化性

    D. 碘化氢分子间只有取向力

    E. 在加热时,碘化氢气体迅速分解

83. 下列关于氢卤酸性质的描述正确的是(　　)。

    A. H—F 的极性最大　　　　　　　　B. HF 的酸性最强

    C. HI 的还原性最强　　　　　　　　D. HI 的酸性最强

84. 对于 NaClO 下列说法正确的是(　　)。

  A. 在碱液中不分解   B. 在稀溶液中不能氧化非金属单质

  C. 可作为配合剂   D. 能使淀粉 KI 溶液变蓝

  E. 加热易歧化

85. 对于 $HClO_4$,下列说法正确的是（ ）。

  A. 在水中部分电离   B. 与活泼金属反应都可得到 Cl_2

  C. 能氧化一些非金属单质   D. 反应后都可被还原为 Cl^-

  E. 是无机酸中最强酸

86. 区别 $HCl(g)$ 和 $Cl_2(g)$ 的方法应选用（ ）。

  A. $AgNO_3$ 溶液   B. 观察颜色   C. NaOH 溶液   D. 湿淀粉 KI 试纸

  E. 干的有色布条

87. 下列说法中,性质变化规律正确的是（ ）。

  A. 酸性：HI＞HBr＞HCl＞HF   B. 还原性：HF＞HCl＞HBr＞HI

  C. 沸点：HI＞HBr＞HCl＞HF   D. 熔点：HF＞HCl＞HBr＞HI

  E. 还原性：HF＜HCl＜HBr＜HI

（三）判断题

1. （ ）某离子被沉淀完全是指在该溶液中其浓度为 0。

2. （ ）如果盐酸的浓度为醋酸的二倍,则前者的 H^+ 浓度也是后者的二倍。

3. （ ）氢键既可在同种分子或不同分子之间形成,又可在分子内形成。

4. （ ）由极性共价键组成的分子一定是极性分子。

5. （ ）催化剂只能使平衡较快达到,而不能使平衡发生移动。

6. （ ）由于 $KMnO_4$ 具有很强的氧化性,所以 $KMnO_4$ 法只能用于测定还原性物质。

7. （ ）常温下能用铝制容器盛浓硝酸是因为常温下浓硝酸根本不与铝反应。

8. （ ）理想气体状态方程式适用的条件是理想气体和高温低压下的真实气体。

9. （ ）Zn 与浓硫酸反应的主要产物是 $ZnSO_4$ 和 NO。

10. （ ）通常情况下 NH_3、H_2、N_2 能共存,既能用浓 H_2SO_4 干燥,也能用碱石灰干燥。

11. （ ）工业中用水吸收二氧化氮可制得浓硝酸并放出氧气。

12. （ ）工业上主要用电解食盐水溶液来制备烧碱。

13. （ ）不可能把热从低温物体传到高温物体而不引起其他变化。

14. （ ）当一放热的可逆反应达到平衡时,温度升高 10 ℃,则平衡常数会降低一半。

15. （ ）因为催化剂能改变正逆反应速度,所以它能使化学平衡移动。

16. （ ）凡中心原子采用 sp^3 杂化轨道成键的分子,其空间构型必是正四面体。

17. （ ）放热反应是自发的。

18. （ ）加入催化剂可以缩短达到平衡的时间。

19. （ ）当溶液中酸度增大时,$KMnO_4$ 的氧化能力也会增大。

20. （ ）根据酸碱质子理论,酸愈强其共轭碱愈弱。

21. （ ）反应级数与反应分子数总是一致的。

22. （ ）0.1 mol/L HNO_3 溶液和 0.1 mol/L HAc 溶液 pH 相等。

23. （ ）用 $KMnO_4$ 法测定 MnO_2 的含量时,采用的滴定方式是返滴定。

24. （ ）金粉和银粉混合后加热,使之熔融然后冷却,得到的固体是两相。

25.（　　）平衡常数值改变了,平衡一定会移动。反之,平衡移动了,平衡常数值也一定改变。

26.（　　）氯气常用于自来水消毒,是因为次氯酸是强氧化剂可以杀菌。

27.（　　）酸碱的强弱由离解常数的大小决定。

28.（　　）液体的饱和蒸气压与温度无关。

29.（　　）绝热过程都是等熵过程。

30.（　　）电子层结构相同的离子,核电荷数越小,离子半径就越大。

31.（　　）一个反应的活化能越高,反应速度越快。

32.（　　）在封闭体系中加入惰性气体,平衡向气体分子数减小的方向移动。

33.（　　）根据反应式 $2P+5Cl_2 \rightleftharpoons 2PCl_5$ 可知,如果 2 mol 的 P 和 5 mol Cl_2 结合,必然生成 2 mol 的 PCl_5。

34.（　　）增加温度,使吸热反应速度提高,放热反应的反应速度降低,所以增加温度使平衡向吸热方面移动。

35.（　　）当反应 $C(s)+H_2O \rightleftharpoons CO(g)+H_2(g)$ 达到平衡时,由于反应前后分子数相等,所以增加压力对平衡没有影响。

36.（　　）在 $2SO_2+O_2 \rightleftharpoons 2SO_3$ 的反应中,在一定温度和浓度条件下无论使不使用催化剂,只要反应达到平衡时,产物的浓度总是相等的。

37.（　　）浓度对转化率无影响。

38.（　　）电子云是描述核外某空间电子出现的几率密度的概念。

39.（　　）角量子数 l 的可能取值是从 0 到 n 的正整数。

40.（　　）描述核外电子空间运动状态的量子数组合是 n, l, m, m_s。

41.（　　）氢原子中,电子的能量只取决于主量子数 n。

42.（　　）p 轨道电子云形状是球形对称。

43.（　　）首次将量子化概念应用到原子结构,并解释了原子稳定性的科学家是玻尔。

44.（　　）主量子数为 2 时,有 4 个轨道即 2s,2p,2d,2f。

45.（　　）主族元素的最高氧化值一般等于其所在的族序数。

46.（　　）在主量子数为 4 的电子层中,原子轨道数是 32。

47.（　　）$MgCl_2$ 加热熔化时需要打开共价键。

48.（　　）ⅠA,ⅡA 族元素的原子外电子结构分别为 ns^1, ns^2,所以ⅠA 族元素只有 +Ⅰ 氧化态,ⅡA 族元素只有 +Ⅱ 氧化态。

49.（　　）Na_2CO_3 溶液同 $CuSO_4$ 溶液反应,主要产物是 Na_2SO_4 和 $CuCO_3$。

50.（　　）由于 $Ca(OH)_2$ 是强碱,所以石灰水呈强碱性。

51.（　　）盛 NaOH 溶液的玻璃瓶不能用玻璃塞。

52.（　　）不宜用电解氯化钾的方法生成金属钾。

53.（　　）碱金属元素的化合物多为共价型。

54.（　　）浓硝酸的氧化性比稀硝酸的强。

55.（　　）碳酸盐的热稳定性强弱的顺序:铵盐＞过渡金属盐＞碱土金属盐＞碱金属盐。

56.（　　）硼砂在高温熔融状态能与多数金属元素的氧化物及盐类形成各种不同颜色化合物的特性,分析化学上利用这一性质初步检验某些金属离子,并称此硼砂珠试验。

57.（　　）H_3PO_3 可作为还原剂使用。

58. （　　　）氨气与氯化氢气相遇,可生成白烟。

59. （　　　）浓硫酸具有强的氧化性,不能用来干燥 SO_2 气体。

60. （　　　）既与酸作用又与碱作用,或既不与酸又不与碱作用的氧化物可视为中性氧化物。

61. （　　　）在温度为 273.15 K 和压力为 100 kPa 时,2 mol 任何气体的体积约为 44.8 L。

62. （　　　）液体的饱和蒸气压与温度无关。

63. （　　　）当外界压力增大时,液体的沸点会降低。

64. （　　　）298 K 时,石墨的标准摩尔生成焓 $\Delta_f H_m^\ominus$ 等于零。

65. （　　　）单质的标准生成焓都为零。

66. （　　　）混合气体的压力分数等于其摩尔分数。

67. （　　　）混合气体的总压等于各组分气体的分压之和。

68. （　　　）混合气体的总体积等于各组分气体的分体积之和。

69. （　　　）化学反应的热效应等于生成物生成热的总和减去反应物生成热的总和。

70. （　　　）反应的热效应就是反应的焓变。

71. （　　　）根据 $Cu^{2+} \xrightarrow{0.159\ V} Cu^{+} \xrightarrow{0.520\ V} Cu$ 可知,Cu^{+} 很难在溶液中稳定存在。

72. （　　　）根据 $Fe^{3+} \xrightarrow{0.771\ V} Fe^{2+} \xrightarrow{-0.44\ V} Fe$ 可知,Fe^{2+} 在溶液中能够稳定存在。

73. （　　　）在氧化还原反应中,如果两个电对的电极电势相差越大,反应就进行得越快。

74. （　　　）任何一个电极的电势绝对值都无法测得,电极电势是指定标准氢电极的电势为 0 而测出的相对电势。

75. （　　　）由于生成难溶盐,$Ag(I)$ 的氧化性减弱。

76. （　　　）标准氢电极是指将吸附纯氢气(1.01×10^5 Pa)达饱和的镀铂黑的铂片浸在 H^+ 浓度为 1 mol/L 的酸性溶液中组成的电极。

77. （　　　）电池反应为 $2Fe^{2+}$（1 mol/L）$+ I_2 \rightleftharpoons 2Fe^{3+}$（0.000 1 mol/L）$+ 2I^-$（0.0001 mol/L）原电池符号是:

$(-)Fe \mid Fe^{2+}(1\ mol/L), Fe^{3+}(0.000\ 1\ mol/L) \parallel I^-(0.000\ 1\ mol/L), I_2 \mid Pt(+)$

78. （　　　）在所有配合物中,配位体的总数就是中心离子的配位数。

79. （　　　）配合物 $[CrCl_2(H_2O)_4]Cl$ 应命名为一氯化四水·二氯合铬（Ⅲ）

80. （　　　）配合物中配体的数目称为配位数。

81. （　　　）螯合物的配位体是多齿配位体,与中心离子形成环状结构,故螯合物稳定性大。

82. （　　　）配合物 $Na_3[Ag(S_2O_3)_2]$ 应命名为二硫代硫酸根合银（Ⅰ）酸钠。

83. （　　　）螯合剂中配位原子相隔越远形成的环越大,螯合物稳定性越大。

84. （　　　）配合物（离子）的 $K_稳$ 越大,则稳定性越高。

85. （　　　）元素电势图:

$$E_A^\ominus : Cu^{2+} + Cl \xrightarrow{0.538\ V} CuCl \xrightarrow{0.137\ V} Cu + Cl^-$$

则 CuCl 在酸性溶液中可发生歧化反应。

86. （　　　）卤素含氧酸的氧化值越高,该含氧酸的酸性越强。

87. （　　　）从 F 到 I,氢卤酸酸性逐渐减弱。

88. （　　　）$ClO^-,ClO_2^-,ClO_3^-,ClO_4^-$ 的氧化性依次增强。

89. （　　　）卤素含氧酸的氧化值越高,该含氧酸的氧化性越强。

90. (　　)HF、HCl、HBr、HI 熔沸点依次升高。

91. (　　)用湿润的淀粉碘化钾试纸就可以区分 Cl_2 和 HCl 气体。

92. (　　)因为氯水具有漂白作用,所以干燥的氯气也具有漂白作用。

93. (　　)当溶液中酸度增大时,$KMnO_4$ 的氧化能力也会增大。

94. (　　)氯气常用于自来水消毒是因为次氯酸是强氧化剂,可以杀菌。

95. (　　)工业上广泛采用赤热的碳与水蒸气反应,天然气和石油加工工业中的甲烷与水蒸气反应,电解水或食盐水等方法生产氢气。

96. (　　)欲除去 Cl_2 中少量 HCl 气体,可将此混合气体通过饱和食盐水的洗气瓶。

97. (　　)次氯酸是强氧化剂,是一种弱酸。

98. (　　)在反应过程中产生的尾气中含有 Cl_2 时应该用水吸收。

二、有机化学

(一) 单选题

1. 下列化合物中碳原子杂化轨道为 sp^2 的有(　　)。
    A. CH_3CH_3　　　　　B. $CH_2{=}CH_2$　　　　C. C_2H_5OH　　　　D. $CH{\equiv}CH$

2. 下列反应属于亲电取代反应的是(　　)。
    A. 醇与 HX 作用　　　　　　　　B. 烯烃与 HX 作用
    C. 烷烃与卤素反应　　　　　　　D. 苯的硝化反应

3. 下列化合物碱性最强的是(　　)。
    A. 苯胺　　　　　B. 苄胺　　　　　C. 吡咯　　　　　D. 吡啶

4. 下列醛或酮进行亲核加成反应时,活性最大的是(　　)。
    A. 甲醛　　　　　B. 苯甲醛　　　　C. 丙酮　　　　　D. 苯乙酮

5. 下列化合物沸点最低的是(　　)。
    A. CH_3CH_2Cl　　　　　　　　　B. $CH_3CH_2CH_2OH$
    C. CH_3CH_2CHO　　　　　　　　D. CH_3COOH

6. 下列化合物进行 SN1 反应时反应速率最大的是(　　)。

    A. ⬡—CH_2CH_2Br　　　　　　B. ⬡—$CHCH_3$
    　　　　　　　　　　　　　　　　　　　　　|
    　　　　　　　　　　　　　　　　　　　　　Br

    C. ⬡—$CHCH_3$　　　　　　　　　D. ⬡—CH_2Br
    　　　　|
    　　　　Br

7. 某化合物($C_4H_8O_2$)IR 谱图中,1 740 cm^{-1} 处有一强吸收峰,NMR 谱图中出现三组峰,$\delta=3.6$(四重峰,2H),$\delta=1.2$(三重峰,3H),$\delta=2.1$(单峰,3H)。则该化合物的构造式为(　　)。
    A. $CH_3COOCH_2CH_3$　　　　　　B. $HCOOCH_2CH_2CH_3$
    C. $CH_3CH_2COOCH_3$　　　　　　D. $CH_3CH_2CH_2COOOH$

8. 丙烯与卤素在高于 300 ℃时发生的反应属于什么反应?(　　)

    A. 亲电取代反应   B. 亲核取代反应

    C. 自由基取代反应   D. 亲电加成反应

9. 在水溶液中,下列化合物碱性最强的是( )。

    A. 三甲胺   B. 二甲胺   C. 甲胺   D. 苯胺

10. 下列化合物沸点最高的是( )。

    A. CH_3CONH_2 B. $CH_3CH_2CH_2OH$

    C. CH_3CH_2CHO D. CH_3COOH

11. 在水溶液中,下列化合物碱性最强的是( )。

    A. 乙酰胺   B. 甲胺   C. 氨   D. 苯胺

12. 下列醛或酮进行亲核加成反应时,活性最小的是( )。

    A. 甲醛   B. 乙醛   C. 丙酮   D. 苯乙酮

13. 下列化合物中酸性最强的是( )。

    A. 丙二酸   B. 醋酸   C. 草酸   D. 苯酚

14. 吡啶与溴进行溴代反应生成的主要产物是( )。

    A. 2-溴吡啶   B. 3-溴吡啶   C. 4-溴吡啶   D. 前述答案都不对

15. 使 $AgNO_3$ 的醇溶液立即出现沉淀的化合物是( )。

    A. $CH_3CH_2CH_2Cl$ B. $CH_2{=}CHCl$

    C. $CH_2{=}CHCH_2Cl$ D. $CH_2{=}CHCH_2CH_2Cl$

16. 下列化合物不能发生傅列德尔-克拉夫茨酰基化反应的有( )。

    A. 甲苯   B. 异丙苯   C. 呋喃   D. 吡啶

17. 乙醇的质子核磁共振谱中有几组峰?它们的面积比为多少?( )

    A. 2组,1:2   B. 2组,5:1

    C. 3组,1:2:3   D. 3组,1:2:2

18. 格氏试剂是有机( )化合物。

    A. 镁   B. 铁   C. 铜   D. 硅

19. 下列化合物发生硝化时,反应速度最快的是( )。

    A. (Cl)   B. (CH_3)   C. (NO_2)   D. (苯环)

20. 下列基团中,能使苯环活化程度最大的是( )。

    A. —OH   B. —Cl   C. —CH_3 D. —CN

21. 由苯合成 (邻-甲基氯苯,CH_3,Cl) 最佳的合成路线是( )。

    A. 苯→烷基化→磺化→氯代→水解   B. 苯→烷基化→氯代

    C. 苯→氯代→烷基化   D. 苯→磺化→氯代→烷基化→水解

22. 用于制备解热镇痛药"阿司匹林"的主要原料是( )。

    A. 碳酸   B. 苦味酸   C. 苯甲酸   D. 水杨酸

23. 醇分子内脱水属于( )历程。

    A. 亲电取代   B. 亲核取代   C. 自由基取代   D. β-消除

24. 下列化合物的相对酸性由强到弱的是( )。

①苯酚 ②苯甲酸 ③苄醇 ④苯磺酸

A. ④②①③ B. ③④①②

C. ①②③④ D. ②①③④

25. 异丙苯过氧化氢在酸性水溶液中水解生成苯酚和丙酮,理论上每得到1吨的苯酚可联产丙酮约( )吨。

A. 0.6 B. 0.8 C. 1.1 D. 1.2

26. 采用化学还原剂对重氮盐进行还原,得到的产物是( )。

A. 羟胺 B. 偶氮化合物 C. 芳胺 D. 芳肼

27. 下列酰化剂在进行酰化反应时,活性最强的是( )。

A. 羧酸 B. 酰氯 C. 酸酐 D. 酯

28. 下类芳香族卤化合物在碱性条件下最易水解生成酚类的是( )。

A. 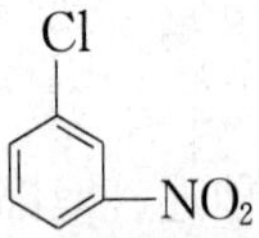 （m-氯硝基苯，Cl在邻位、NO₂在对位结构） B.  （对二氯苯结构，两个Cl） C. 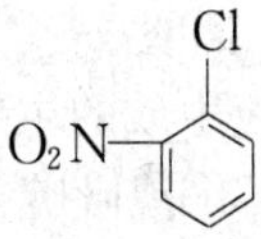 （O₂N、Cl相邻的苯环结构） D. 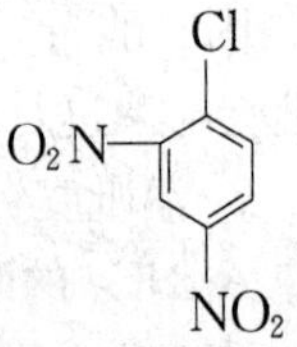 （Cl、O₂N相邻且NO₂在另一位置的苯环结构）

29. 用于制备酚醛塑料又称电木的原料是( )。

A. 苯甲醛 B. 苯酚 C. 苯甲酸 D. 苯甲醇

30. 下列按环上硝化反应的活性顺序排列正确的是( )。

A. 对二甲苯>间二甲苯>甲苯>苯

B. 间二甲苯>对二甲苯>甲苯>苯

C. 甲苯>苯>对二甲苯>间二甲苯

D. 苯>甲苯>间二甲苯>对二甲苯

31. 比较下列物质的反应活性是( )。

A. 酰氯>酸酐>羧酸 B. 羧酸>酰氯>酸酐

C. 酸酐>酰氯>羧酸 D. 酰氯>羧酸>酸酐

32. 下列各组化合物中沸点最高的是( )。

A. 乙醚 B. 溴乙烷 C. 乙醇 D. 丙烷

33. 下列化合物中,酸性最强的是( )。

A. 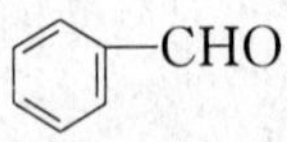 （苯甲醛，C₆H₅CHO） B. 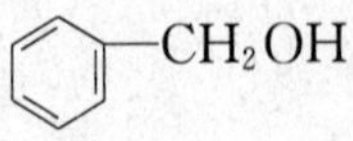 （苯甲醇，C₆H₅CH₂OH） C. 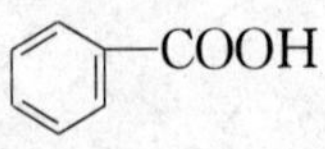 （苯甲酸，C₆H₅COOH） D. 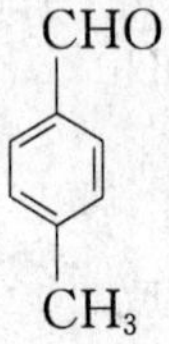 （对甲基苯甲醛，CHO在上、CH₃在下的苯环结构）

34. 下列物质中既能被氧化,又能被还原,还能发生缩聚反应的是( )。

A. 甲醇 B. 甲醛 C. 甲酸 D. 苯酚

35. 由单体合成为相对分子质量较高的化合物的反应是( )。

A. 加成反应 B. 聚合反应 C. 氧化反应 D. 卤化反应

36. 某烷烃的分子式为 C_5H_{12} ,只有两种二氯衍生物,那么它是( )。

A. 正戊烷 B. 异戊烷 C. 新戊烷 D. 不存在这种物质

37. 具有对映异构现象的烷烃的最少碳原子数的是（　　　）。

　　A. 6　　　　　　　　B. 7　　　　　　　　C. 8　　　　　　　　D. 9

38. 下列烷烃中含有叔碳原子的是（　　　）。

　　A. 正戊烷　　　　　B. 异戊烷　　　　　C. 新戊烷　　　　　D. 丙烷

39. 组成为 C_6H_{14} 含有一个季碳原子的烃是（　　　）。

　　A. 2,3-二甲基丁烷　　　　　　　　　B. 2,2-二甲基丁烷

　　C. 2,3-二甲基戊烯　　　　　　　　　D. 2-甲基戊烷

40. 1-甲基-4-叔丁基环己烷最稳定的构象为（　　　）。

A. (H₃C)₃C　　　CH₃　　　　　　　　B. (H₃C)₃C　　　CH₃

C. (H₃C)₃C　　　CH₃　　　　　　　　D. 　　　CH₃　　C(CH₃)₃

41. 鉴别丙烯和环丙烷可用的试剂是（　　　）。

　　A. 溴水

　　C. $AgNO_3$ 的氨溶液

　　B. Br_2/CCl_4

　　D. $KMnO_4$ 溶液

42. 下列各构象最稳定的是（　　　）。

A. 　　B. 　　C. 　　D.

43. 在光照条件下,氯气与甲烷发生的反应是（　　　）。

　　A. 自由基取代反应　　　　　　　　　B. 亲核取代反应

　　C. 自由基加成反应　　　　　　　　　D. 亲核加成反应

44. 萘最容易溶于哪种溶剂?（　　　）

　　A. 水　　　　　　　B. 乙醇　　　　　　C. 苯　　　　　　　D. 乙酸

45. 下列化合物不具有芳香性的有（　　　）。

　　A. 环辛四烯　　　　B. 呋喃　　　　　　C. [18]轮烯　　　　D. 萘

46. 下列哪种化合物在酸性 $KMnO_4$ 作用下不能被氧化成苯甲酸?（　　　）

　　A. 甲苯　　　　　　B. 乙苯　　　　　　C. 叔丁苯　　　　　D. 环己基苯

47. 下列化合物不能发生博列德尔-克拉夫茨酰基化反应的有（　　　）。

　　A. 甲苯　　　　　　B. 二甲苯　　　　　C. 异丙苯　　　　　D. 硝基苯

48. 下列化合物发生亲电取代时,箭头所示的取代基进入位置正确的是（　　　）。

A. COOH　　B. OH　　C. HO—COOH　　D. —OH

49. 鉴别环己烷和苯可用（　　　）。

　　A. 浓硫酸　　　　　B. Br_2/CCl_4　　　C. $FeCl_3$　　　　　D. $KMnO_4$ 溶液

50. 下列物质中芳香性最强的是（　　　）。

A. 苯　　　　　　B. 萘　　　　　　C. 蒽　　　　　　D. 菲

51. 下列反应正确的是(　　)。

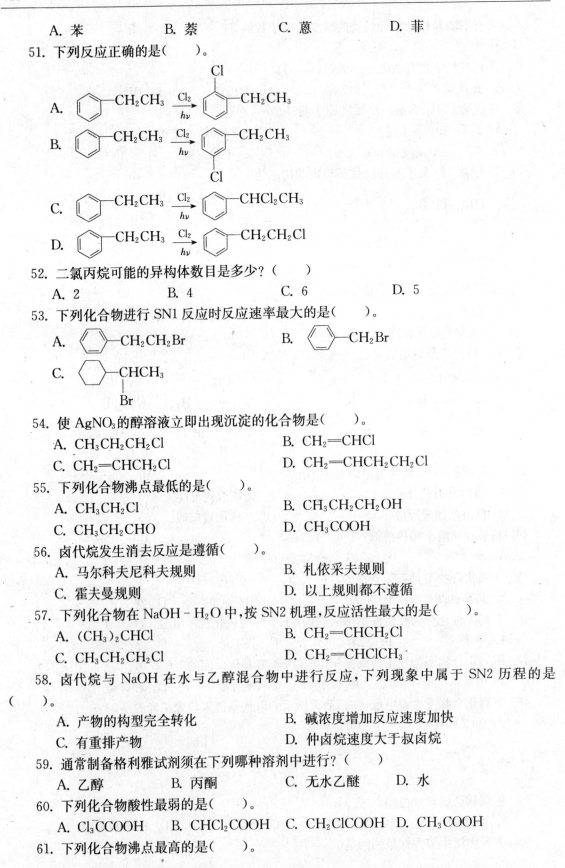

52. 二氯丙烷可能的异构体数目是多少?(　　)
　　A. 2　　　　　　B. 4　　　　　　C. 6　　　　　　D. 5

53. 下列化合物进行 SN1 反应时反应速率最大的是(　　)。

54. 使 AgNO₃ 的醇溶液立即出现沉淀的化合物是(　　)。
　　A. CH₃CH₂CH₂Cl　　　　　　　　B. CH₂=CHCl
　　C. CH₂=CHCH₂Cl　　　　　　　　D. CH₂=CHCH₂CH₂Cl

55. 下列化合物沸点最低的是(　　)。
　　A. CH₃CH₂Cl　　　　　　　　　　B. CH₃CH₂CH₂OH
　　C. CH₃CH₂CHO　　　　　　　　　　D. CH₃COOH

56. 卤代烷发生消去反应是遵循(　　)。
　　A. 马尔科夫尼科夫规则　　　　　B. 札依采夫规则
　　C. 霍夫曼规则　　　　　　　　　　D. 以上规则都不遵循

57. 下列化合物在 NaOH - H₂O 中,按 SN2 机理,反应活性最大的是(　　)。
　　A. (CH₃)₂CHCl　　　　　　　　　　B. CH₂=CHCH₂Cl
　　C. CH₃CH₂CH₂Cl　　　　　　　　　D. CH₂=CHClCH₃

58. 卤代烷与 NaOH 在水与乙醇混合物中进行反应,下列现象中属于 SN2 历程的是
(　　)。
　　A. 产物的构型完全转化　　　　　B. 碱浓度增加反应速度加快
　　C. 有重排产物　　　　　　　　　　D. 仲卤烷速度大于叔卤烷

59. 通常制备格利雅试剂须在下列哪种溶剂中进行?(　　)
　　A. 乙醇　　　　　　B. 丙酮　　　　　　C. 无水乙醚　　　　　D. 水

60. 下列化合物酸性最弱的是(　　)。
　　A. Cl₃CCOOH　　B. CHCl₂COOH　　C. CH₂ClCOOH　　D. CH₃COOH

61. 下列化合物沸点最高的是(　　)。

A. 甲酸　　　　　　B. 乙醇　　　　　　C. 乙醛　　　　　　D. 甲醚

62. 甲酸不具有的性质是（　　　）。

A. 发生银镜反应　B. 酸性　　　　　　C. 不易分解　　　　D. 能溶于水

63. 下列化合物最易水解的是（　　　）。

A. 乙酰胺　　　　　B. 乙酸乙酯　　　　C. 乙酸酐　　　　　D. 乙酰氯

64. 合成乙酸乙酯时,为了提高产率,最好采取何种方法？（　　　）

A. 在反应过程中不断蒸出水　　　　　B. 增加催化剂用量

C. 使乙醇过量　　　　　　　　　　　D. A 和 C 并用

65. 下列化合物酸性最强的是（　　　）。

A. 对甲基苯甲酸　　　　　　　　　　B. 对硝基苯甲酸

C. 间硝基苯甲酸　　　　　　　　　　D. 苯甲酸

66. 下列酰胺能发生霍夫曼降解反应的是（　　　）。

A. 丙酰胺　　　　　　　　　　　　　B. N-甲基丙酰胺

C. N,N-二甲基丙酰胺　　　　　　　D. 前三种物质都不可以

67. 下列化合物酸性最弱的是（　　　）。

A. 氟乙酸　　　　　B. 氯乙酸　　　　　C. 溴乙酸　　　　　D. 碘乙酸

68. 在水溶液中,下列化合物碱性最弱的是（　　　）。

A. 乙酰胺　　　　　B. 丁二酰亚胺　　　C. 二甲胺　　　　　D. 苯胺

69. 下列羧酸与甲醇酯化反应的活性最大的是（　　　）。

A. $(CH_3)_2CH—COOH$　　　　　　B. $(CH_3)_3C—COOH$

C. $CH_3CH_2—COOH$　　　　　　　D. $H—COOH$

70. 化合物 $CH_3COOCH_2CH_3$ 的质子核磁共振谱中有几组峰,面积比是多少？（　　　）

A. 2组,3：3　　　　　　　　　　　B. 3组,3：2：3

C. 4组,2：2：2：2　　　　　　　　D. 5组,1：2：2：3：1

71. 根据当代的观点,有机物应该是（　　　）。

A. 来自动植物的化合物　　　　　　　B. 来自于自然界的化合物

C. 人工合成的化合物　　　　　　　　D. 含碳的化合物

72. 有机物的结构特点之一就是多数有机物都以（　　　）。

A. 配价键结合　　　B. 共价键结合　　　C. 离子键结合　　　D. 氢键结合

73. 下列共价键中极性最强的是（　　　）。

A. H—C　　　　　　B. C—O　　　　　　C. H—O　　　　　　D. C—N

74. 在自由基反应中化学键发生（　　　）。

A. 异裂　　　　　　B. 均裂　　　　　　C. 不断裂　　　　　D. 既不是异裂也不是均裂

75. 下列体系中既有 p-π 共轭又有 π-π 共轭的是（　　　）。

A. $CH_3\overset{+}{C}HCH_3$　　　　　　　　　B. $CH_2=\underset{\overset{|}{CH=CHCH_3}}{C}—Br$

C. —Cl　　　　　　　D. —CH=CH_2

E. —CH_2OH

76. 下列碳正离子最稳定的是(　　)。

A. $(CH_3)_2C = CH\overset{+}{C}H_2$

B. $CH_3\overset{+}{C}HCH_3$

C. $CH_2 = CH\overset{+}{C}H_2$

D.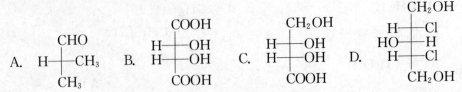

77. 下列二烯烃中,氢化热最大的是(　　)。

A. $CH_3CH = C = CHCH_3$

B. $CH_3CH = CHCH = CH_2$

C. $CH_2 = CHCH_2CH = CH_2$

78. 下列化合物中存在 p-π 共轭效应的是(　　)。

A. $CH_2=CH-CH=CH_2$

B. $CH_2=CHCl$

C. $CH_2=CH-CH_2-CH=CH_2$

D. $CH_2=CH-CH_2Cl$

79. 下列化合物分子中,没有构成共轭体系的是(　　)。

A. 〔苯环〕—Br

B. 〔苯环〕—OH

C. 〔苯环〕—NH$_2$

D. 〔环己烷〕—OH

80. $CH_2=CH-\overset{+}{C}HCH_3$ 较稳定的原因是由于结构中存在(　　)。

A. π-π　　　　B. p-π,π-π　　　　C. p-π　　　　D. 无共轭体系

81. 下列化合物中,属于 R 构型的是(　　)。

A. $\underset{H}{\overset{CH_3}{HO-\!\!\!-\!\!\!-COOH}}$

B. $\underset{CH_3}{\overset{CH=CH_2}{Cl-\!\!\!-\!\!\!-H}}$

C. $\underset{C_2H_5}{\overset{H}{CH_3-\!\!\!-\!\!\!-C_6H_5}}$

D. $\underset{H}{\overset{COOH}{CH_3-\!\!\!-\!\!\!-NH_2}}$

82. 化合物的旋光方向与其构型的关系,下列哪一种情况是正确的?(　　)

A. 无直接对映关系

B. R 构型为右旋

C. S 构型为左旋

D. R 构型为左旋,S 构型为右旋

83. 有机化合物分子中由于碳原子之间的连接方式不同而产生的异构称为(　　)。

A. 构造异构　　　B. 构象异构　　　C. 顺反异构　　　D. 对映异构

84. 下列化合物中,具有手性的分子是(　　)。

A. $\underset{C_2H_5}{\overset{CH_3}{H-\!\!\!-\!\!\!-H}}$

B. $\underset{CH_3}{\overset{CH_3}{H-\!\!\!-\!\!\!-Cl}}$

C. $\underset{COOH}{\overset{CH_3}{H_3C-\!\!\!-\!\!\!-OH}}$

D. $\underset{CH_3}{\overset{CHO}{H-\!\!\!-\!\!\!-Br}}$

85. 下列有旋光性的化合物是(　　)。

A. $\underset{CH_3}{\overset{CHO}{H-\!\!\!-\!\!\!-CH_3}}$

B. $\underset{COOH}{\overset{COOH}{\underset{H-\!\!-OH}{H-\!\!-OH}}}$

C. $\underset{COOH}{\overset{CH_2OH}{\underset{H-\!\!-OH}{H-\!\!-OH}}}$

D. $\underset{CH_2OH}{\overset{CH_2OH}{\underset{HO-\!\!-H}{H-\!\!-Cl}}}$

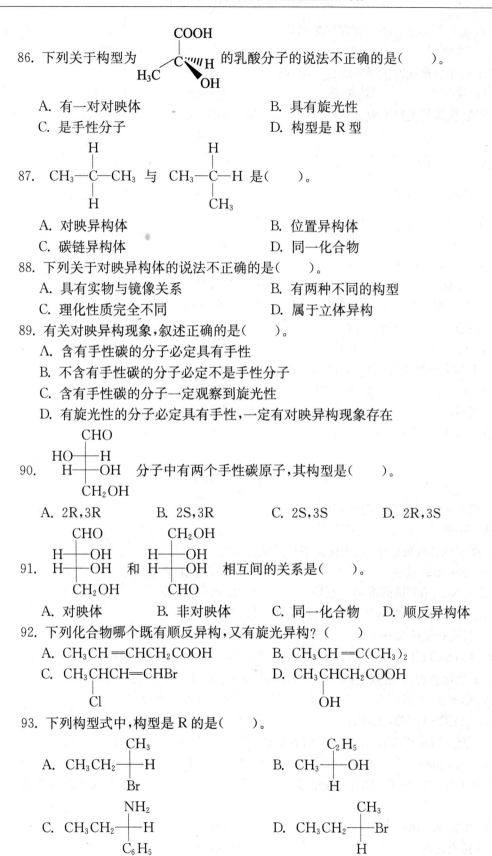

86. 下列关于构型为 的乳酸分子的说法不正确的是(　　　)。

    A. 有一对对映体　　　　　　　　　　B. 具有旋光性

    C. 是手性分子　　　　　　　　　　　D. 构型是 R 型

87. $CH_3—\overset{H}{\underset{H}{C}}—CH_3$ 与 $CH_3—\overset{H}{\underset{CH_3}{C}}—H$ 是(　　　)。

    A. 对映异构体　　　　　　　　　　　B. 位置异构体

    C. 碳链异构体　　　　　　　　　　　D. 同一化合物

88. 下列关于对映异构体的说法不正确的是(　　　)。

    A. 具有实物与镜像关系　　　　　　　B. 有两种不同的构型

    C. 理化性质完全不同　　　　　　　　D. 属于立体异构

89. 有关对映异构现象,叙述正确的是(　　　)。

    A. 含有手性碳的分子必定具有手性

    B. 不含有手性碳的分子必定不是手性分子

    C. 含有手性碳的分子一定观察到旋光性

    D. 有旋光性的分子必定具有手性,一定有对映异构现象存在

90. 分子中有两个手性碳原子,其构型是(　　　)。

    A. 2R,3R　　　　　B. 2S,3R　　　　　C. 2S,3S　　　　　D. 2R,3S

91. 相互间的关系是(　　　)。

    A. 对映体　　　　B. 非对映体　　　　C. 同一化合物　　　D. 顺反异构体

92. 下列化合物哪个既有顺反异构,又有旋光异构?(　　　)

    A. $CH_3CH=CHCH_2COOH$　　　　　　B. $CH_3CH=C(CH_3)_2$

    C. $CH_3\underset{Cl}{C}HCH=CHBr$　　　　　　D. $CH_3\underset{OH}{C}HCH_2COOH$

93. 下列构型式中,构型是 R 的是(　　　)。

    A. $CH_3CH_2—\overset{CH_3}{\underset{Br}{C}}—H$　　　　　　B. $CH_3—\overset{C_2H_5}{\underset{H}{C}}—OH$

    C. $CH_3CH_2—\overset{NH_2}{\underset{C_6H_5}{C}}—H$　　　　　D. $CH_3CH_2—\overset{CH_3}{\underset{H}{C}}—Br$

94. 在醛和酮类化合物中所含官能团是( )。

 A. 羰基   B. 羧基   C. 羟基   D. 氨基

95. 下列化合物能发生羟醛缩合反应的( )。

 A. 叔戊醛   B. 甲醛   C. 苯甲醛   D. 1-丙醛

96. 可发生康尼查罗反应,但不与 Fehling 试剂反应的化合物是( )。

 A. ⬡=O   B. $CH_3-\overset{\displaystyle O}{\overset{\|}{C}}-CH_3$

 C. CH_3CH_2CHO D. ⬡—CHO

97. 下列物质中,能发生碘仿反应的是( )。

 A. 苯甲醇   B. 异丙醇   C. 甲醛   D. 3-戊酮

98. 能与斐林试剂反应的是( )。

 A. 丙酮   B. 苯甲醇

 C. 苯甲醛   D. 2-甲基丙醛

99. 福尔马林液的有效成分是( )。

 A. 石炭酸   B. 甲醛   C. 谷氨酸钠   D. 对甲基苯酚

100. 下列化合物能和饱和 $NaHSO_3$ 水溶液加成的是( )。

 A. 异丙醇   B. 苯乙酮   C. 乙醛   D. 乙酸

101. 下列醛、酮与 HCN 发生亲核取代反应活性最小的是( )。

 A. $ClCH_2CHO$ B. CH_3CHO

 C. ⬡—$COCH_3$ D. ⬡—$\overset{\displaystyle O}{\overset{\|}{C}}$—⬡

102. 能发生碘仿反应的化合物是( )。

 A. 甲醛   B. 苯甲醛   C. 正丁醛   D. 丙酮

103. 在有机合成反应中,用于保护醛基的反应是( )。

 A. 醇醛缩合反应   B. 缩醛(酮)的生成反应

 C. 羰基试剂与醛酮的缩合反应   D. 氧化还原反应

104. 下列化合物不能与饱和的 $NaHSO_3$ 生成白色沉淀的( )。

 A. $CH_3CH_2COCH_2CH_3$ B. $CH_3COCH_2CH_3$

 C. C_6H_5CHO D. $CH_3CH_2CH_2CH_2CHO$

105. 下列化合物,既能发生碘仿反应,又能与 $NaHSO_3$ 加成的是( )。

 A. $C_6H_5COCH_3$ B. $CH_3CH_2COOCH_3$

 C. $CH_3CH(OH)CH_2CH_3$ D. $CH_3CH_2CH_2CHO$

106. 乙醛与过量甲醛在 NaOH 作用下主要生成( )。

 A. 季戊四醇   B. 季戊四醛   C. 2-丁烯醛   D. 3-羟基丁醛

107. 将 $CH_3CH=CHCHO$ 氧化成 $CH_3CH=CHCOOH$,选择下列哪种试剂较好?
( )。

 A. 酸性 $KMnO_4$ B. $K_2Cr_2O_7+H_2SO_4$

 C. 托伦试剂   D. HNO_3

108. 下列化合物中只发生碘仿反应而不与 $NaHSO_3$ 反应的是（　　）。

A. 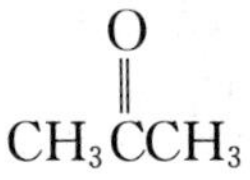 $CH_3\overset{O}{\overset{\|}{C}}CH_3$

B.

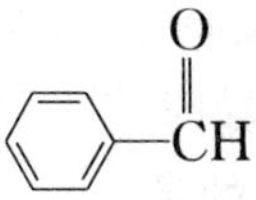

C. 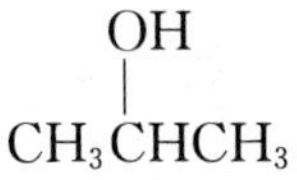 $CH_3\overset{OH}{\overset{|}{C}H}CH_3$

D.

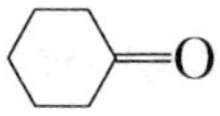

109. 下列化合物中，亲电取代反应最易发生的是（　　）。

A.

B. 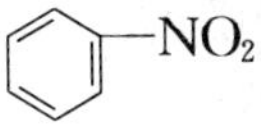 （苯-NO_2）

C.

D.

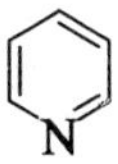

（二）多选题

1. 下列烯烃中哪些是最基本的有机合成原料中的"三烯"？（　　）

A. 乙烯　　　　　B. 丁烯　　　　　C. 丙烯　　　　　D. 1,3-丁二烯

2. 能发生羟醛缩合反应的是（　　）。

A. 甲醛与乙醛　　B. 乙醛和丙酮　　C. 甲醛和苯甲醛　D. 乙醛和丙醛

3. 下列反应中，产物不违反马氏规则的是（　　）。

A. $CH_3CH{=}CH_2 + HI \xrightarrow{\text{过氧化物}}$　　　　B. $(CH_3)_2C{=}CH_2 + HBr \longrightarrow$

C. $CH_3C{\equiv}CH + HBr \xrightarrow{\text{过氧化物}}$　　　D. $CH_3{\equiv}CH + HCl \xrightarrow{\text{过氧化物}}$

4. 下列化合物与苯发生烷基化反应时，不会产生异构现象的是（　　）。

A. 1-溴丙烷　　　B. 2-溴丙烷　　　C. 溴丙烷　　　　D. 2-甲基-2-溴丙烷

5. 下列化合物中，苯环上两个基团的定位效应一致的是（　　）。

A.

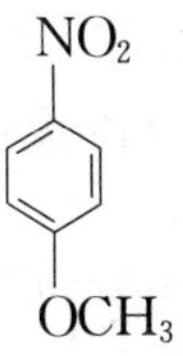

B.

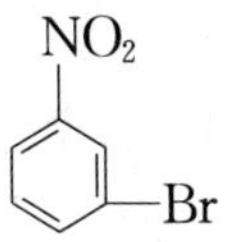

C.

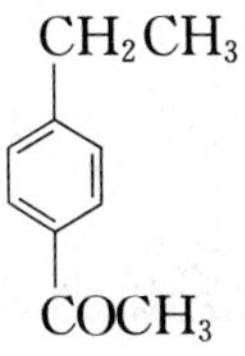

D.

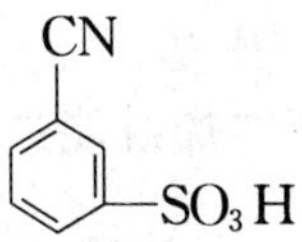

6. 下列化合物中，苯环上两个基团属于不同类定位基的是（　　）。

A.

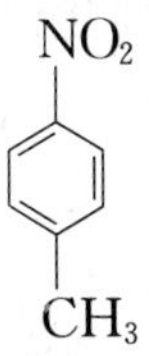

B.

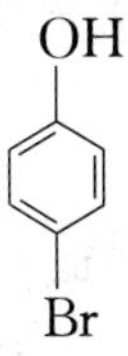

C.

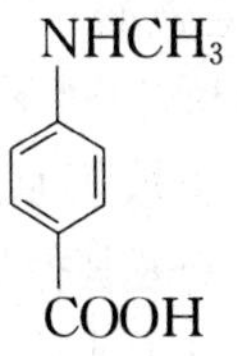

D.

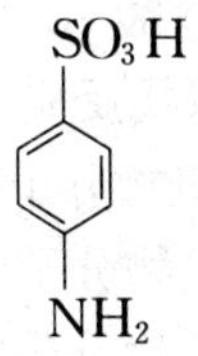

7. 下列哪些是重氮化的影响因素？（　　）

A. 无机酸的用量　B. pH　　　　　C. 温度　　　　　D. 压力

8. 下列物质中能够发生双烯合成的是（　　）。

A.

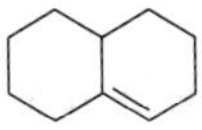

B.

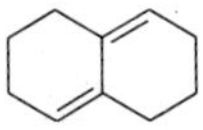

C.

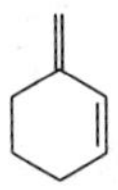

D.

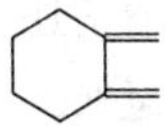

9. 芳香烃可以发生（　　）。

　　A. 取代反应　　　　　B. 加成反应　　　　　C. 氧化反应　　　　D. 硝化反应

10. 下列烷基苯中,不宜由苯通过烷基化反应直接制取的是(　　　)。

　　A. 丙苯　　　　　　　B. 异丙苯　　　　　　C. 叔丁苯　　　　　D. 正丁苯

11. 下列能用作烷基化试剂的是(　　　)。

　　A. 氯乙烷　　　　　　B. 溴甲烷　　　　　　C. 氯苯　　　　　　D. 乙醇

12. 下列能发生烷基化反应的物质有(　　　)。

　　A. 苯　　　　　　　　B. 甲苯　　　　　　　C. 硝基苯　　　　　D. 苯胺

13. 能与环氧乙烷反应的物质是(　　　)。

　　A. 水　　　　　　　　B. 酚　　　　　　　　C. 胺　　　　　　　D. 羧酸

14. 甲苯在硫酸的存在下和硝酸作用,主要生成(　　　)。

　　A. 间氨基甲苯　　　　B. 对氨基甲苯　　　　C. 邻硝基甲苯　　　D. 对硝基甲苯

15. 以下化合物酸性比苯酚大的是(　　　)。

　　A. 乙酸　　　　　　　B. 乙醚　　　　　　　C. 硫酸　　　　　　D. 碳酸

16. 在适当条件下,不能与苯发生取代反应的是(　　　)。

　　A. 氢气　　　　　　　B. 氯气　　　　　　　C. 水　　　　　　　D. 浓硝酸

17. 下列属于邻对位定位基的是(　　　)。

　　A. —X　　　　　　　B. —OH　　　　　　　C. —NO$_2$　　　　　D. —COOH

18. "三苯"指的是(　　　)

　　A. 甲苯　　　　　　　B. 苯　　　　　　　　C. 二甲苯　　　　　D. 乙苯

19. 下列化合物中能发生碘仿反应的有(　　　)。

　　A. 丙酮　　　　　　　B. 甲醇　　　　　　　C. 正丙醇　　　　　D. 乙醇

20. 下列可与烯烃发生加成反应的物质有(　　　)。

　　A. 氢气　　　　　　　B. 卤素　　　　　　　C. 卤化氢　　　　　D. 水

21. 如果苯环上连有(　　　)等强吸电子基,则不能完成烷基化反应。

　　A. 甲基　　　　　　　B. 乙基　　　　　　　C. 硝基　　　　　　D. 酰基

22. 丁二烯既能进行1,2加成,也能进行1,4加成,至于哪一种反应占优势,则取决于(　　　)。

　　A. 试剂的性质　　　　B. 溶剂的性质　　　　C. 反应条件　　　　D. 无法确定

23. 可利用(　　　)组成的卢卡斯试剂来区别伯醇、仲醇和叔醇。

　　A. 浓盐酸　　　　　　B. 浓硫酸　　　　　　C. 无水氯化锌　　　D. 无水氯化镁

24. 关于取代反应的概念,下列说法不正确的是(　　　)。

　　A. 有机物分子中的氢原子被氯原子所取代

　　B. 有机物分子中的氢原子被其他原子或原子团所取代

　　C. 有机物分子中的某些原子或原子团被其他原子所取代

　　D. 有机物分子中某些原子或原子团被其他原子或原子团所取代

25. 甲烷在漫射光照射下和氯气反应,生成的产物是(　　　)。

　　A. 一氯甲烷　　　　　B. 二氯甲烷　　　　　C. 三氯甲烷　　　　D. 四氯化碳

26. 不属于硝基还原的方法是(　　　)。

　　A. 铁屑还原　　　　　B. 硫化氢还原　　　　C. 高压加氢还原　D. 强碱性介质中还原

27. 下列化合物不能发生傅列德尔-克拉夫茨酰基化反应的有(　　　)。

　　A. 噻吩　　　　　　B. 9,10-蒽醌　　　　C. 硝基苯　　　　D. 吡啶

28. 下类醛酮类化合物中 α-C 上含 α-H 的是(　　　)。

　　A. 苯甲醛　　　　　B. 乙醛　　　　　　C. 苯乙酮　　　　D. 丙酮

29. 下列物质能发生康尼查罗反应的是(　　　)。

　　A. 甲醛　　　　　　B. 苯甲醛　　　　　C. 苯乙酮　　　　D. 丙酮

30. 下列物质属于脂肪醚的是(　　　)。

　　A. 甲乙醚　　　　　B. 苯甲醚　　　　　C. 甲乙烯醚　　　D. 二苯醚

31. 下列物质既是饱和一元醇,又属脂肪醇的是(　　　)。

　　A. $CH_2=CH-OH$　　　　　　　　　B. C_3H_7OH

　　C. $HO-CH_2-CH_2-OH$　　　　　　D. C_4H_9OH

32. 下列物质能发生银镜反应的是(　　　)。

　　A. 甲酸　　　　　　B. 乙酸　　　　　　C. 丙酮　　　　　D. 乙醛

33. 缩合反应会形成下列哪些键? (　　　)

　　A. 碳—碳键　　　　B. 碳—杂键　　　　C. 碳—氧键　　　D. 碳—氢键

34. 下面属于是有机化合物特性的为(　　　)。

　　A. 易燃　　　　　　B. 易熔　　　　　　C. 易溶于水　　　D. 结构复杂

35. 甲醛具有的性质是(　　　)。

　　A. 易溶于乙醚中　　　　　　　　　　B. 可与水混溶

　　C. 比甲醇的沸点高　　　　　　　　　D. 具有杀菌防腐能力

36. 下列化合物中碳原子杂化轨道为 sp^3 的有(　　　)。

　　A. CH_3CH_3　　　B. $CH_2=CH_2$　　C. C_6H_6　　　　D. 环丙烷

37. 烷烃　$CH_3-\overset{\overset{\displaystyle CH_3}{|}}{\underset{\underset{\displaystyle CH_3}{|}}{C}}-CH_2-CH_3$　的命名正确的有(　　　)。

　　A. 新己烷　　　　　　　　　　　　　B. 新戊烷

　　C. 2,2-二甲基丁烷　　　　　　　　　D. 三甲基乙基甲烷

38. 下列化合物中能使溴水褪色的有(　　　)。

　　A. CH_3CH_3　　　B. $CH_2=CH_2$　　C. $CH≡CH$　　D. 环丙烷

39. 下列化合物分子中含有叔碳原子的有(　　　)。

　　A. 异丁烷　　　　　　　　　　　　　B. 异戊烷

　　C. 2,3-二甲基戊烷　　　　　　　　　D. 二甲基乙基异丙基甲烷

40. 烷烃高温裂解的主要产物有(　　　)。

　　A. 乙烯　　　　　　B. 丙烯　　　　　　C. 丁烯　　　　　D. 苯

41. 下列物质和氯气在光照条件下能发生取代反应的有(　　　)。

　　A. 丙烷　　　　　　B. 己烷　　　　　　C. 环丙烷　　　　D. 环己烷

42. 下列式子表示同一物质的是(　　　)。

　　A. $CH_3-\underset{\underset{\displaystyle CH_3}{|}}{CH}-\underset{\underset{\displaystyle CH_2-CH_3}{|}}{CH_2}$　　　　　　B. $CH_3-CH_2-\underset{\underset{\displaystyle CH_2-CH_3}{|}}{CH}-CH_3$

C. $CH_2-CH_2-CH-CH_3$ | CH_3 | CH_2-CH_3　　　D. $CH_2-CH_2-CH-CH_3$ | CH_3 | CH_3

43. 能够鉴别乙烷和乙烯的试剂有（　　）。

　　A. Br_2/CCl_4　　　　B. $KMnO_4/H^+$　　　C. 浓硫酸　　　　D. H_2O

14. 下列基团属于芳基的有（　　）。

　　A. ⬡　　　　B. CH_3CH_2-　　　C. ⬡CH_3　　　D. $CH_3-\overset{O}{\underset{}{C}}-$

45. 下列化合物进行硝化反应时比苯更容易的是（　　）。

　　A. 苯酚　　　　　B. 硝基苯　　　　C. 甲苯　　　　D. 氯苯

46. 化合物 CH_3-⬡$-CH_3$（带CH_3） 的命名正确的有（　　）。

　　A. 偏三甲苯　　　B. 1,2,4-三甲苯　　C. 1,3,4-三甲苯　　D. 1,4,5-三甲苯

47. 下列化合物不能进行酰基化反应的是（　　）。

　　A. 苯　　　　　B. 硝基苯　　　　C. 甲苯　　　　D. 吡啶

48. 下列化合物具有芳香性的有（　　）。

　　A. 足球烯　　　B. 噻吩　　　　C. [18]轮烯　　　D. 蒽

49. 下列化合物在酸性 $KMnO_4$ 作用下能被氧化成苯甲酸的有（　　）。

　　A. 异丙苯　　　B. 苯乙烯　　　　C. 叔丁苯　　　　D. 环己基苯

50. 下列化合物的亲电取代活性比苯弱的是（　　）。

　　A. 苯胺　　　　B. 氯苯　　　　　C. 硝基苯　　　　D. 吡啶

51. 芳烃的来源有（　　）。

　　A. 从石油裂解的副产物中提取芳烃　　　B. 石油芳构化

　　C. 从煤焦油中提取芳烃　　　　　　　　D. 从天然气中获取

52. 下列反应属于自由基取代的是（　　）。

　　A. ⬡CH_3 $+Cl_2 \xrightarrow[或\triangle]{h\nu}$ ⬡CH_2Cl

　　B. $CH_3CH_2CH_3+Cl_2 \xrightarrow[或\triangle]{h\nu} CH_3CH_2CH_2Cl+ CH_3\underset{Cl}{CH}CH_3$

　　C. $CH_3-CH=CH_2+Cl_2 \xrightarrow{500\,℃} ClCH_2-CH=CH_2$

　　D. ⬡ $+3H_2 \xrightarrow[180\sim250\,℃]{Ni}$ ⬡

53. 下列化合物不能与水混溶的是（　　）。

　　A. CH_3CH_2Cl　　B. CH_3COOH　　　C. CH_3CH_3　　　D. C_6H_6

54. 下列化合物中碳原子杂化轨道为 sp^2 的有（　　）。

　　A. CH_3CH_3　　　B. $CH_2=CH_2$　　　C. C_6H_6　　　D. $HCOOH$

55. 卤代烷与 NaOH 在水与乙醇混合物中进行反应,下列现象中属于 SN1 历程的是

（　　　）。

　　A．产物的构型外消旋化　　　　　　　　B．碱浓度增加反应速度加快

　　C．有重排产物　　　　　　　　　　　　D．仲卤烷速度大于叔卤烷

56. 下列反应属于亲核取代反应的是（　　　）。

　　A．醇与 HX 作用　　　　　　　　　　　B．伯卤代烷与 NaCN 作用

　　C．烷烃与卤素反应　　　　　　　　　　D．苯的硝化反应

57. 下列卤代烃属于氟利昂的是（　　　）。

　　A．CCl_3F　　　　　　B．$CH_2{=}CHCl$　　　　C．CCl_2FCClF_2　　　　D．CCl_2F_2

58. 下列反应式正确的有（　　　）。

A.

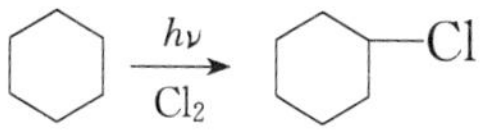

B. 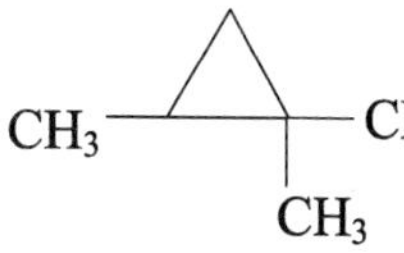 CH_3 $CH_3+HCl \longrightarrow CH_2ClCH(CH_3)CH(CH_3)_2$

C.

D.

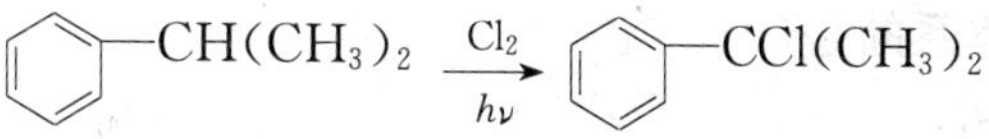

59. 对于一个给定的卤代烷,对比消除与取代,下列哪些因素更有利于消除?（　　　）

　　A．进攻试剂的碱性强　　　　　　　　　B．溶剂的极性小

　　C．反应的温度高　　　　　　　　　　　D．进攻试剂的浓度小

60. 吡咯和吡啶比较,下列叙述不正确的是（　　　）。

　　A．吡啶的碱性比吡咯强

　　B．吡啶亲电取代反应活性比吡咯强

　　C．吡啶分子和吡咯分子中氮都是 sp^2 杂化

　　D．吡啶环上碳原子上的电子云密度比吡咯分子的低

61. 下列化合物为 β-二羰基化合物的是（　　　）。

　　A．乙酰乙酸乙酯　　B．丙二酸二乙酯　　C．2,4-戊二酮　　D．邻苯二甲酸酐

62. 下列化合物中哪些为常用的酰基化试剂?（　　　）

　　A．乙酰氯　　　　　　B．乙酸酐　　　　　C．乙醇　　　　　D．乙醛

63. 下列化合物的俗称正确的是（　　　）。

　　A．乙酸—醋酸　　　B．甲酸—蚁酸　　　C．乙二酸—草酸　　D．丁二酸—琥珀酸

64. 下列哪些物质的酸性比乙酸的强?（　　　）

　　A．甲酸　　　　　　　B．氯乙酸　　　　　C．丙酸　　　　　　D．苯甲酸

65. 常温下能使 $AgNO_3$ 醇溶液出现沉淀的化合物是（　　　）。

　　A．$CH_3CH_2CH_2Cl$　　　　　　　　　　B．$CH_2{=}CHCl$

　　C．$CH_2{=}CHCH_2Cl$　　　　　　　　　D．$CH(CH_3)_2Cl$

66. 下列哪些途径可以制得羧酸?（　　　）

　　A．格氏试剂与二氧化碳反应　　　　　　B．腈的水解

　　　C. 伯醇的氧化　　　　　　　　　　　D. 仲醇的氧化

67. 格利雅试剂与下列哪些物质相遇会发生分解生成烷烃?（　　　）
　　　A. 水　　　　　　　B. 乙醇　　　　　　C. 乙醚　　　　　　D. 乙酸

68. 下列物质中,其沸点比乙酸低的有（　　　）。
　　　A. 氯乙烷　　　　　B. 乙酰胺　　　　　C. 丙醛　　　　　　D. 丙醇

69. 下列反应式错误的有（　　　）。

A. $CH_3-\overset{\overset{\displaystyle CH_3}{|}}{\underset{\underset{\displaystyle CH_3}{|}}{C}}-\langle\ \rangle-CH_2CH_3 \xrightarrow{KMnO_4/H^+} HOOC-\langle\ \rangle-COOH$

B. $\langle\ \rangle-Cl+NaOH \xrightarrow{H_2O} \langle\ \rangle-OH$

C. $CH_3COOH \xrightarrow{Cl_2} \overset{}{\underset{\underset{\displaystyle Cl}{|}}{CH_2}}COOH$

D. $CH_3COCH_2COOH \xrightarrow{\triangle} CH_3COCH_3+CO_2$

70. 下列羧酸中加热即可脱水生成酸酐的是（　　　）。
　　　A. 乙酸　　　　　　B. 丙酸　　　　　　C. 丁二酸　　　　　D. 邻苯二甲酸

71. 下列化合物分子中,构成共轭体系的是（　　　）。
　　　A. $CH_2=CH-CH_2-CH=CH_2$　　　　B. $\langle\ \rangle$

　　　C. $CH_2=CH-CHO$　　　　　　　　　D. $CH_2=CH-\overset{+}{CH_2}$

72. 下列化合物中哪些是异戊二烯的同分异构体?（　　　）。
　　　A. $CH_3CH_2CH_2CH=CH_2$　　　　　B. $CH_3CH=CHCH=CH_2$

　　　C. $CH_3CH_2CH_2C\equiv CH$　　　　　　D. $\langle\ \rangle$

　　　E. $\langle\ \rangle$

73. 可以鉴别 $CH_3CH_2CH\equiv CH$ 与 $CH_3=CH-CH=CH_2$ 的试剂是（　　　）。
　　　A. 酸性 $KMnO_4$　　　　　　　　　　B. $Ag(NH_3)_2NO_3$
　　　C. $Cu(NH_3)_2Cl$　　　　　　　　　　D. 顺丁烯二酸酐

74. 只含有两个相同手性碳原子的化合物,其说法正确的是（　　　）。
　　　A. 有 1 对对映体　　　　　　　　　　B. 有两对对映体
　　　C. 有 1 个内消旋体　　　　　　　　　D. 有 3 个立体异构体

75. 下列 Fischer 式表示同一物质的有（　　　）。

A. $H-\overset{\overset{\displaystyle CH_3}{|}}{\underset{\underset{\displaystyle CH_2OH}{|}}{C}}-Br$　　　　　　B. $H-\overset{\overset{\displaystyle Br}{|}}{\underset{\underset{\displaystyle CH_3}{|}}{C}}-CH_2OH$

C. $Br-\overset{\overset{\displaystyle CH_2OH}{|}}{\underset{\underset{\displaystyle CH_3}{|}}{C}}-H$　　　　　　D. $Br-\overset{\overset{\displaystyle CH_2OH}{|}}{\underset{\underset{\displaystyle H}{|}}{C}}-CH_3$

E.
$$CH_3 \overset{H}{\underset{Br}{\overset{|}{\underset{|}{C}}}} CH_2OH$$

76. 下列化合物中具有旋光性的是（　　）。

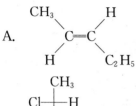

A.
$$\overset{CH_3}{\underset{H}{C}} = \overset{H}{\underset{C_2H_5}{C}}$$

B.
$$C_6H_6 \overset{CH_3}{\underset{CH_3}{\overset{|}{\underset{|}{C}}}} Cl$$

C.
$$\overset{CH_3}{\underset{CH_3}{\overset{|}{\underset{|}{\overset{Cl—H}{H—Cl}}}}}$$

D.

77. 可以用来鉴别醛与酮的试剂是（　　）。
    A. 托伦试剂　　　　B. 菲林试剂　　　　C. 羰基试剂　　　　D. 石蕊试剂

78. 下列化合物中，属于 R 构型的是（　　）。

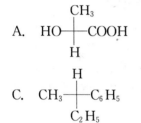

A.
$$HO \overset{CH_3}{\underset{H}{\overset{|}{\underset{|}{C}}}} COOH$$

B.
$$Cl \overset{CH=CH_2}{\underset{CH_3}{\overset{|}{\underset{|}{C}}}} H$$

C.
$$CH_3 \overset{H}{\underset{C_2H_5}{\overset{|}{\underset{|}{C}}}} C_6H_5$$

D.
$$CH_3 \overset{COOH}{\underset{H}{\overset{|}{\underset{|}{C}}}} NH_2$$

79. 下列有机物属于羰基化合物的是（　　）。

A. 环己烯酮
B. 苯甲酸
C. 乙酰苯胺
D. 苯甲醛

80. 下列物质中，能发生碘仿反应的是（　　）。
    A. 丙酮　　　　B. 异丙醇　　　　C. 甲醛　　　　D. 丙醛

81. 下列试剂可以与 ⬡—$COCH_2CH_3$ 反应的是（　　）。

    A. $NaHSO_3$ 饱和水溶液　　　　B. NH_2OH
    C. $LiAlH_4$　　　　　　　　　　D. $RMgX$

82. 下列物质能与 Tollens 试剂作用产生银镜的是（　　）。

    A. $HCOOH$
    B. $CH_3\overset{O}{\overset{||}{C}}CH_2OH$
    C. $HOOCCOOH$
    D. $CH_3C{\equiv}CH$

83. 下列哪些化合物能和饱和 $NaHSO_3$ 水溶液加成？（　　）。
    A. 异丙醇　　　B. 苯乙酮　　　C. 乙醛　　　　D. 环己酮

84. 下列化合物与 $FeCl_3$ 溶液发生显色反应的有（　　）。
    A. 对甲基苯酚　　B. 苄醇　　　C. 2,4-戊二酮　　D. 丙酮

85. 2,4-戊二酮具有哪些性质？（　　）
    A. 与 $FeCl_3$ 作用显色　　　　　　B. 与羰基试剂作用

　　C. 能与 Br_2 水反应　　　　　　　　　D. 能与 I_2 / NaOH 作用

86. 将 〈　〉—$COCH_2CH_3$ 还原成 〈　〉—$CH_2CH_2CH_3$ 的试剂是(　　　)。

　　A. Sn,HCl　　　　　B. H_2,Ni　　　　　C. Zn-Hg,HCl　　D. NH_2NH_2,KOH

(三) 判断题

1. (　　)单环芳烃类有机化合物一般情况下与很多试剂易发生加成反应,不易进行取代反应。

2. (　　)甲基属于供电子基团。

3. (　　)普通的衣物防皱整理剂含有甲醛,新买服装先用水清洗以除掉残留的甲醛。

4. (　　)有机官能团之间的转化反应速度一般较快,反应是不可逆的。

5. (　　)烃类物质在空气中的催化氧化在反应机理上属于亲电加成反应。

6. (　　)重氮化是芳香族伯胺与亚硝酸作用生成重氮化合物的化学过程。

7. (　　)苯和氯气在三氯化铁做催化剂的条件下发生的反应属于自由基取代。

8. (　　)不含活泼 α 氢的醛,不能发生同分子醛的自身缩合反应。

9. (　　)卤化反应时自由基取代引发常用紫外光。

10. (　　)$LiAlH_4$ 只能还原羰基。

11. (　　)有机化合物是含碳元素的化合物,所以凡是含碳的化合物都是有机物。

12. (　　)醇与氢卤酸发生反应生成卤代烃的活性由强到弱次序:伯醇,仲醇,叔醇。

13. (　　)醇与 HX 酸作用,羟基被卤原子取代,制取卤代烷。

14. (　　)苯中毒可使人昏迷、晕倒、呼吸困难,甚至死亡。

15. (　　)由于 sp 杂化轨道对称轴夹角是 180°,所以乙炔分子结构呈直线型。

16. (　　)伯醇氧化可以得到醛。

17. (　　)羟基是邻对位定位基,它能使苯环活化,所以苯酚的取代反应比苯容易进行。

18. (　　)甲醛和乙醛与品红试剂作用,都能使溶液变成紫红色,再加浓硫酸,甲醛与品红试剂所显示的颜色消失。

19. (　　)甲醛与格氏试剂加成产物水解后得到伯醇,其他的醛和酮与格氏试剂加成产物水解后得到的都是仲醇。

20. (　　)乙酸乙酯、甲酸丙酯、丁酸互为同分异构体。

21. (　　)乙醇只能进行分子内脱氢生成乙烯,而不能进行分子间脱水生成乙醚。

22. (　　)乙炔水合反应是通过 Hg^{2+} 与乙炔生成络合物而起催化作用。

23. (　　)苯与乙烯在催化剂的作用下生成乙苯的反应属于烷基化反应。

24. (　　)和烯烃相比,炔烃与卤素的加成是较容易的。

25. (　　)酮和酯发生酯酮缩合反应时,由于酮的活性较大,得到的缩合产物是 β-二酮。

26. (　　)乙酰乙酸乙酯是酮酸的酯,具有酮和酯的基本性质,也具有烯酮的性质。

27. (　　)苯酚跟甲醛发生缩聚反应时,如果苯酚苯环上的邻位和对位上都能跟甲醛起反应,则得到体型的酚醛树脂。

28. (　　)炔烃与共轭二烯烃的鉴别试剂是顺丁烯二酸酐。

29. (　　)在一定条件下,烯烃能以双键加成的方式互相结合,生成相对分子质量较高的化合物,这种反应称为烯烃的聚合反应。

30. （　　）由于苯环比较稳定,所以苯及其烷基衍生物易发生苯环上的加成反应。

31. （　　）戊烷的同分异构体数目有五个。

32. （　　）环丙烷可以使溴的四氯化碳溶液褪色,也可以使高锰酸钾溶液褪色。

33. （　　）环己烷的优势构象是船式构象。

34. （　　）构象和构型是同义词。

35. （　　）同系物具有相似的化学性质和物理性质。

36. （　　）$C(CH_3)_4$ 的习惯命名法为新戊烷。

37. （　　）烷烃中仅含有 C—C 键和 C—H 键,无极性或极性很弱,化学性质不活泼。

38. （　　）在工业上,裂化温度较裂解温度高,主要生产汽油、柴油等油品。

39. （　　）烷烃、环烷烃的主要来源是天然气和石油。

40. （　　）苯分子中所有碳碳键完全相同。

41. （　　）萘的亲电取代反应较易发生在 β 位。

42. （　　）甲苯硝化的主要产物是间硝基甲苯。

43. （　　）烷基苯都可被酸性 $KMnO_4$ 氧化生成苯甲酸。

44. （　　）苯环的特殊稳定性,易于取代,难以加成和氧化是芳香族化合物特有的性质,叫做芳香性。

45. （　　）芳烃的磺化反应是可逆的。

46. （　　）苯与正丙基氯在三氯化铝的催化下反应主要生成正丙苯。

47. （　　）芳烃酰基化所需催化剂的量比烷基化多得多。

48. （　　）足球烯具有芳香性。

49. （　　）卤代烷在氢氧化钠的水溶液中主要发生取代反应,在氢氧化钠的醇溶液中主要发生消除反应。

50. （　　）由于卤素原子是邻对位定位基,所以能使苯环更容易发生亲电取代反应。

51. （　　）叔卤代烃与 NaCN 的醇溶液反应,其主要产物不是腈而是烯烃。

52. （　　）羧酸官能团中含有羰基,属于羰基化合物。

53. （　　）α-碳上连有强拉电子基的羧酸加热时不易发生脱羧反应。

54. （　　）ε-己内酰胺是合成锦纶的单体。

55. （　　）只要根据红外光谱图就可以确定某物质分子中是否含有 C—X(卤原子)键。

56. （　　）"特氟隆"是不粘锅表面涂层的主要成分,其化学成分为聚四氟乙烯。

57. （　　）草酸具有还原性,能被高锰酸钾溶液氧化。

58. （　　）乙酰乙酸乙酯为 β-二羰基化合物,它遇 $FeCl_3$ 溶液显蓝紫色。

59. （　　）蜡和石蜡相同,其主要成分是含有偶数碳原子的高级脂肪酸和高级一元醇所形成的酯的混合物。

60. （　　）酰胺既具有强的碱性,又具有强的酸性。

61. （　　）碳的化合物就是有机物。

62. （　　）CCl_4 是有机物。

63. （　　）有机化合物反应速率慢且副反应多。

64. （　　）有机化合物和无机化合物一样,只要分子式相同,就是同一种物质。

65. （　　）有机化合物易燃,其原因是有机化合物中含有碳元素,绝大多数还含有氢元素,而碳、氢两种元素易被氧化。

66. （　　）分子构造相同的化合物就是同一物质。

67. （　　）炔烃和二烯烃是同分异构体。

68. （　　）CH_2=CH—CH=CH_2与卤素可以发生1,2加成,也可以发生1,4加成。

69. （　　）1,3-丁二烯与溴化氢进行加成反应生成的中间体是CH_2=CH$\overset{+}{C}$HCH_3。

70. （　　）吡啶和吡咯结构中都有一个氮原子,因此在水溶液中都显示碱性。

71. （　　）共轭效应存在于所有不饱和化合物中。

72. （　　）测定糖溶液的旋光度即可确定其浓度。

73. （　　）含手性碳原子的化合物都具有旋光性。

74. （　　）顺反异构和对映异构都是立体异构。

75. （　　）凡空间构型不同的异构体均称为构型异构。

76. （　　）由等量的对映体组成的混合物是内消旋体。

77. （　　）
$$\begin{array}{c} COOH \\ H\!-\!\!\!-\!\!\!-\!OH \\ CH_3 \end{array}$$
是 S 构型。

78. （　　）
$$\begin{array}{c} COOH \\ H\!-\!\!\!-\!\!\!-\!OH \\ CH_3 \end{array}$$
是 R 构型。

79. （　　）含有手性碳的分子必定具有手性。

80. （　　）有旋光性的分子必定具有手性,一定有对映异构现象存在。

81. （　　）化合物分子中如含有任何对称因素,此化合物就不具有旋光性。

82. （　　）由等量的对映体组成的物质无旋光性。

83. （　　）
$$\begin{array}{c} CHO \\ H\!-\!\!-\!OH \\ H\!-\!\!-\!OH \\ CH_2OH \end{array} \quad 与 \quad \begin{array}{c} CH_2OH \\ H\!-\!\!-\!OH \\ H\!-\!\!-\!OH \\ CHO \end{array}$$
是对映体。

84. （　　）
$$\begin{array}{c} CHO \\ H\!-\!\!-\!OH \\ H\!-\!\!-\!OH \\ CH_2OH \end{array} \quad 与 \quad \begin{array}{c} CH_2OH \\ H\!-\!\!-\!OH \\ H\!-\!\!-\!OH \\ CHO \end{array}$$
是同一化合物。

85. （　　）
$$\begin{array}{c} CHO \\ H\!-\!\!-\!OH \\ H\!-\!\!-\!OH \\ CH_2OH \end{array} \quad 与 \quad \begin{array}{c} CH_2OH \\ H\!-\!\!-\!OH \\ H\!-\!\!-\!OH \\ CHO \end{array}$$
的沸点相同。

86. （　　）凡是能发生银镜反应的物质都是醛。

87. （　　）羰基的加成反应是由亲电试剂进攻而引发的反应。

88. （　　）用托伦试剂可以鉴别丙醛与丙酮。

89. （　　）用托伦试剂可以鉴别甲醛与甲酸。

90. （　　）用碘仿反应可以鉴别丙醛与丙酮。

91. （　　）用菲林试剂可以鉴别丙醛与苯甲醛。

92. （　　）菲林试剂是硫酸铜溶液和酒石酸钾钠生成的溶液。

93. （　　）菲林试剂是硫酸铜溶液和氨水生成的溶液。

94. （　　）羟胺与醛酮发生亲核加成的产物是腙。

95. （　　）羟胺与醛酮发生亲核加成的产物是肟。

96. （　　）乙醛与过量甲醛在 NaOH 作用下主要生成季戊四醇。

97. （　　）羰基化合物与羟基化合物可以用羟胺、苯肼来鉴别和分离。

98. （　　）有机合成中常用醛与醇生成缩醛的反应来保护醛基。

99. （　　）吡咯和呋喃都具有芳香性，都容易发生亲电取代反应。

三、分析化学

（一）单选题

1. 提高分析结果的准确度，必须（　　）。
    A. 消除系统误差　　　　　　　　　B. 多人重复操作
    C. 增加样品量　　　　　　　　　　D. 增加平行测定次数

2. 根据有效数字运算规则，下列各式的计算结果为四位有效数字的是（　　）。
    A. $0.978\,52-0.112\,1\times0.29$　　　　B. $2.130+0.032\,47-0.001\,2$
    C. $(2.55\times4.20+12.58)/7.10\times10^2$　　D. $3.10\times21.15\times5.10/0.001\,120$

3. 测定结果的精密度好，但准确度不好的原因是（　　）。
    A. 两者都很大　　　　　　　　　　B. 两者都很小
    C. 随机误差大，系统误差小　　　　D. 随机误差小，系统误差大

4. 有一天平称量的绝对误差为 ±0.1 mg，如称取样品 0.05 g，则相对误差为（　　）。
    A. $\pm0.005\%$　　　B. $\pm0.025\%$　　　C. $\pm0.2\%$　　　D. $\pm0.02\%$

5. 在分析测定中做空白试验的目的是（　　）。
    A. 提高精密度　　　　　　　　　　B. 提高准确度
    C. 消除过失误差　　　　　　　　　D. 减小随机误差

6. （　　）可以减小随机误差。
    A. 空白试验　　　　　　　　　　　B. 校准仪器
    C. 增加平行测定次数　　　　　　　D. 对照试验

7. 下列论述中错误的是（　　）。
    A. 方法误差属于系统误差　　　　　B. 系统误差包括操作误差
    C. 系统误差呈现正态分布　　　　　D. 系统误差具有单向性

8. 定量分析工作要求测定结果的误差（　　）。
    A. 越小越好　　　B. 等于零　　　C. 没有要求　　　D. 在允许误差范围之内

9. pH＝1.00 的 HCl 溶液和 pH＝2.00 的 HCl 溶液等体积混合后，溶液的 pH 为（　　）。
    A. 1.26　　　　　B. 3.00　　　　　C. 1.50　　　　　D. 1.35

10. 一般分析实验和科学研究中适用（　　）试剂。
    A. 优级纯　　　　B. 分析纯　　　　C. 化学纯　　　　D. 实验

11. 用基准无水碳酸钠标定 0.1 mol/L 盐酸溶液，宜选用（　　）作指示剂。

　　A. 溴甲酚绿-甲基红　　　　　　　　B. 酚酞

　　C. 百里酚蓝　　　　　　　　　　　　D. 二甲酚橙

12. 酸碱滴定法选择指示剂时可以不考虑的因素是(　　　)。

　　A. 滴定突跃的范围　　　　　　　　　B. 指示剂的变色范围

　　C. 指示剂的颜色变化　　　　　　　　D. 指示剂的相对分子量的大小

13. 缓冲溶液的缓冲容量的大小与组分比有关,总浓度一定时,缓冲组分的浓度比接近(　　　)时,缓冲容量最大。

　　A. 4 : 1　　　　　B. 3 : 1　　　　　C. 2 : 1　　　　　D. 1 : 1

14. 双指示剂法测 NaOH 和 Na_2CO_3 含量时,第一理论终点的 pH 应为(　　　)。

　　A. 7.0　　　　　　B. 8.3　　　　　　C. 3.9　　　　　　D. 4.4

15. 常温下把 HAc 滴入 NaOH 溶液中,当溶液的 pH=7 时,溶液中(　　　)。

　　A. NaOH 过量　　　　　　　　　　　B. HAc 和 NaOH 等物质的量相混合

　　C. $[H^+]=[OH^-]$　　　　　　　　　　D. 滴定到了终点

16. 用基准无水碳酸钠标定盐酸标准滴定溶液时,未将基准无水碳酸钠干燥至质量恒定,标定出的盐酸浓度将(　　　)。

　　A. 偏高　　　　　B. 偏低　　　　　C. 无影响　　　　　D. 无法确定

17. 终点误差的产生是由于(　　　)。

　　A. 滴定终点与化学计量点不符　　　　B. 滴定反应不完全

　　C. 试样不够纯净　　　　　　　　　　D. 滴定管读数不准确

18. 称取 3.101 5 g 基准 $KHC_8H_4O_4$(相对分子质量为 204.2),以酚酞为指示剂,以氢氧化钠为标准溶液滴定至终点消耗氢氧化钠溶液 30.40 mL,同时空白试验消耗氢氧化钠溶液 0.01 mL,则氢氧化钠标准溶液的物质的量浓度为(　　　)mol/L。

　　A. 0.268 9　　　　B. 0.921 0　　　　C. 0.499 8　　　　D. 0.610 7

19. 测定某混合碱时,用酚酞作指示剂时所消耗的盐酸标准溶液比继续加甲基橙作指示剂所消耗的盐酸标准溶液少,说明该混合碱的组成为(　　　)。

　　A. Na_2CO_3 + NaOH　　　　　　　　B. Na_2CO_3 + $NaHCO_3$

　　C. $NaHCO_3$ + NaOH　　　　　　　　D. Na_2CO_3

20. 称取混合碱(NaOH 和 Na_2CO_3)试样 1.179 g,溶解后用酚酞作指示剂,滴加 0.300 0 mol/L 的 HCl 溶液至 45.16 mL,溶液变为无色,再加甲基橙作指示剂,继续用该酸滴定,又消耗盐酸 22.56 mL,则试样中 NaOH 的含量为(　　　)。$[M_{(NaOH)} = 40.01$ g/mol, $M_{(Na_2CO_3)} = 105.99$ g/mol]

　　A. 60.85%　　　　B. 39.15%　　　　C. 77.00%　　　　D. 23.00%

21. 将下列数值修约成 3 位有效数字,其中(　　　)是错误的。

　　A. 6.545→6.55　　B. 6.534 2→6.53　　C. 6.535 0→6.54　　D. 6.525 2→6.53

22. 用 EDTA 滴定 Zn^{2+} 时,加入 NH_3-NH_4Cl 可以(　　　)。

　　A. 防止干扰　　　　　　　　　　　　B. 加大反应速度

　　C. 使金属离子指示剂变色更敏锐　　　D. 控制溶液的 pH

23. 下列说法中正确的是(　　　)。

　　A. $NaHCO_3$ 中含有氢,故其溶液呈酸性

　　B. H_2SO_4 是二元酸,因此用 NaOH 标准溶液滴定有两个突跃

C. 浓度(单位:mol/L)相等的一元酸和一元碱反应后,其溶液呈中性

D. 当[H^+]大于[OH^-]时,溶液呈酸性

24. 用 EDTA 测定 Ag^+ 时,由于 Ag^+ 与 EDTA 配合不稳定,一般加入 $Ni(CN)_4^{2-}$,这种方法属于(　　)。

    A. 直接滴定　　　　B. 返滴定　　　　C. 置换滴定　　　　D. 间接滴定

25. 以配位滴定法测定 Pb^{2+} 时,消除 Ca^{2+}、Mg^{2+} 干扰最简便的方法是(　　)。

    A. 配位掩蔽法　　B. 控制酸度法　　C. 沉淀分离法　　D. 解蔽法

26. 已知 $c(K_2Cr_2O_7)=0.120\,0$ mol/L,那么 $c(\frac{1}{6}K_2Cr_2O_7)=(\quad)$mol/L。

    A. 0.020 0 0　　B. 0.120 0　　　C. 0.720 0　　　D. 0.360 0

27. 在分光光度法中,为了把吸光度读数控制在适当的范围,下列方法中不可取的是(　　)。

    A. 控制试样的称取量　　　　　　　B. 改变入射光的波长

    C. 改变比色皿的厚度　　　　　　　D. 选择适当的参比溶液

28. 佛尔哈德法测定 I^- 含量时,下面步骤错误的是(　　)。

    A. 在 HNO_3 介质中进行,酸度控制在 0.1~1 mol/L

    B. 加入铁铵矾指示剂后,加入一定量过量的 $AgNO_3$ 标准溶液

    C. 用 NH_4SCN 标准滴定溶液滴定过量的 Ag^+

    D. 至溶液成红色时,停止滴定,根据消耗标准溶液的体积进行计算

29. 某化验员对工业硫酸样品进行测定,三次测定值分别为:98.02%,98.04%,98.09%,则测量平均偏差为(　　)。

    A. 0.08%　　　　B. 0.05%　　　　C. 0.04%　　　　D. 0.03%

30. 下列说法正确的是(　　)。

    A. 莫尔法能测定 Cl^-、Br^-、I^-、Ag^+

    B. 佛尔哈德法能测定的离子有 Cl^-、Br^-、I^-、SCN^-、Ag^+

    C. 佛尔哈德法只能测定的离子有 Cl^-、Br^-、I^-、SCN^-

    D. 沉淀滴定中吸附指示剂的选择,要求沉淀胶体微粒对指示剂的吸附能力应略大于对待测离子的吸附能力

31. 关于莫尔法的条件选择,下列说法不正确的是(　　)。

    A. 溶液 pH 控制在 6.5~10.5

    B. 指示剂 K_2CrO_4 的用量应大于 0.01 mol/L,避免终点拖后

    C. 近终点时应剧烈摇动,减少 AgCl 沉淀对 Cl^- 吸附

    D. 含铵盐的溶液 pH 控制在 6.5~7.2

32. 配制酚酞指示剂选用的溶剂是(　　)。

    A. 水-甲醇　　　B. 水-乙醇　　　C. 水　　　　　D. 水-丙酮

33. 有一组平行测定所得的数据,要判断其中是否有可疑值,应采用(　　)。

    A. t 检验　　　　B. F 检验　　　　C. Q 检验　　　　D. u 检验

34. 碘量法误差的主要来源是(　　)。

    A. 碘的溶解性差　　　　　　　　　B. 碘的较弱氧化性

    C. 碘易发生歧化反应　　　　　　　D. 碘的易挥发性和 I^- 的易氧化性

35. 在滴定碘法中,加入 KI 的量要(　　)。

    A. 过量　　　　　　B. 少量　　　　　　C. 不定量　　　　　D. 正好等物质的量

36. 盛高锰酸钾溶液的锥形瓶中产生的棕色污垢可以用(　　)洗涤。

    A. 稀硝酸　　　　　B. 碱性乙醇　　　　　C. 草酸　　　　　　D. 铬酸洗液

37. 重铬酸钾法测定铁矿石中铁的含量时,加入磷酸的作用是(　　)。

    A. 加快反应速度　　　　　　　　　　B. 溶解矿石

    C. 使 Fe^{3+} 生成无色配离子,便于终点观察

    D. 控制溶液酸度

38. 配位滴定中加入缓冲溶液的原因是(　　)。

    A. EDTA 与金属离子反应过程中会释放出 H^+

    B. 金属指示剂有其使用的酸度范围

    C. EDTA 配位能力与酸度有关

    D. K'_{MY} 会随酸度改变而改变

39. 为了减小间接碘量法的分析误差,下面方法不适用的是(　　)。

    A. 开始慢摇快滴,终点快摇慢滴　　　B. 加入催化剂

    C. 反应时放置于暗处　　　　　　　　D. 在碘量瓶中进行反应和滴定

40. 下列叙述中,哪一种情况适于沉淀 $BaSO_4$?(　　)

    A. 在较浓的溶液中进行沉淀　　　　　B. 在热溶液中及电解质存在的条件下沉淀

    C. 趁热过滤、洗涤、不必陈化　　　　D. 进行陈化

41. 如果吸附的杂质和沉淀具有相同的晶格,这就形成(　　)。

    A. 后沉淀　　　　　B. 机械吸留　　　　　C. 包藏　　　　　　D. 混晶

42. 下列有关准确度、精密度、系统误差、随机误差之间的关系的说法中不正确的是
(　　)。

    A. 随机误差小,准确度一定高　　　　B. 精密度高,不一定能保证准确度高

    C. 准确度高,精密度一定高　　　　　D. 准确度高,系统误差和随机误差一定小

43. 滴定分析中,若试剂含少量待测组分,可用于消除误差的方法是(　　)。

    A. 仪器校正　　　B. 空白试验　　　C. 对照分析　　　D. 多次平行滴定

44. 用 0.01 mol/L HCl 滴定 0.01 mol/L NaOH 时的 pH 突跃范围是 8.7～5.3,用 0.1
mol/L HCl 滴定 0.1 mol/L NaOH 时的 pH 突跃范围是(　　)。

    A. 9.7～4.3　　　B. 8.7～4.3　　　C. 9.7～5.3　　　D. 10.7～3.3

45. 在比色分光测定时,下述操作中正确的是(　　)。

    A. 比色皿外壁有水珠　　　　　　　　B. 手捏比色皿的毛面

    C. 手捏比色皿的磨光面　　　　　　　D. 用含去污粉水擦洗比色皿

46. 配制碘溶液时,常需加入 KI,其目的是(　　)。

    A. 防止 I_2 挥发　　B. 生成 I^-　　　C. 加快反应速率　D. 防止 I_2 变质

47. 指示剂的僵化可以通过(　　)避免。

    A. 控制溶液酸度　　　　　　　　　　B. 增大体积

    C. 加入有机溶剂或加热　　　　　　　D. 增加指示剂用量

48. 已知在 1 mol/L H_2SO_4 溶液中,$E^{\ominus\prime}_{MnO_4^-/Mn^{2+}} = 1.45$ V,$E^{\ominus\prime}_{Fe^{3+}/Fe^{2+}} = 0.68$ V,在此条件下
用 $KMnO_4$ 标准溶液滴定 Fe^{2+},其计量点的电位值为(　　)。

A. 0.75 V　　　　　B. 0.91 V　　　　　C. 0.89 V　　　　　D. 1.32 V

49. 分光光度法的吸光度与(　　)无关。

A. 入射光的波长　　B. 液层的厚度　　C. 液层的高度　　D. 溶液的浓度

50. 某酸碱指示剂的 $K_a(HIn)=1\times10^{-5}$，从理论上推算，其 pH 变色范围是(　　)。

A. 4～5　　　　　B. 4～6　　　　　C. 5～6　　　　　D. 5～7

51. 用莫尔法测定 Cl^- 时，为了提高准确度，要充分振荡，其目的是(　　)。

A. 加快反应速率　　　　　　　　B. 避免降低指示剂的灵敏度

C. 避免 Ag_2CrO_4 沉淀溶解度增大　　D. 减少 AgCl 沉淀对 Cl^- 的吸附

52. 沉淀重量法测定 SO_4^{2-} 时，洗涤 $BaSO_4$ 沉淀适宜用(　　)。

A. 蒸馏水　　　　　　　　　　B. 10%HCl 溶液

C. 2%Na_2SO_4 溶液　　　　　　D. 1%NaCl 溶液

53. 需要烘干的沉淀用(　　)过滤。

A. 定量滤纸　　　B. 定性滤纸　　　C. 玻璃砂芯漏斗　　D. 分液漏斗

54. 形成晶形沉淀的条件：沉淀在适当的稀溶液中进行，尽量降低溶液的(　　)，以控制聚集速度。

A. 溶解度　　　B. 相对过饱和度　　C. 电离度　　　D. 浓度

55. 已知 25 ℃，$E^{\ominus}_{Ag^+/Ag}=0.799$ V，AgCl 的 $K_{sp}=1.8\times10^{-10}$，当 $[Cl^-]=1.0$ mol/L 时，该电极电位值为(　　)V。

A. 0.799　　　　B. 0.224　　　　C. 0.675　　　　D. 0.858

56. 下列叙述错误的是(　　)。

A. 误差是以真值为标准的，偏差是以平均值为标准的

B. 对某项测定来说，它的系统误差大小是可以测定的

C. 在正态分布条件下，σ 值越小，峰形越矮胖

D. 平均偏差常用来表示一组测量数据的分散程度

57. 沉淀滴定中，吸附指示剂终点变色发生在(　　)

A. 溶液中　　　B. 沉淀内部　　　C. 溶液表面　　　D. 沉淀表面

58. 对同一盐酸溶液进行标定，测定结果相对平均偏差：甲为 0.1%，乙为 0.4%，丙为 0.8%，对其实验结果评价错误的是(　　)。

A. 甲的精密度最高　　　　　　B. 丙的精密度最低

C. 甲的准确度最高　　　　　　D. 丙的准确度最低

59. 标准偏差的大小说明(　　)。

A. 数据与平均值的偏离程度　　　B. 数据的大小

C. 数据的集中程度　　　　　　　D. 数据的分散程度

60. 重量法测定硅酸盐中 SiO_2 的含量，结果分别为 37.40%，37.20%，37.32%，37.52%，37.34%，平均偏差和相对平均偏差分别是(　　)。

A. 0.04%，0.58%　　　　　　B. 0.12%，0.32%

C. 0.06%，0.48%　　　　　　D. 0.08%，0.21%

61. 测定 SO_2 的质量分数，得到下列数据(%)：28.62，28.59，28.51，28.52，28.61，则置信度为 95% 时平均值的置信区间为(　　)。(已知置信度为 95%，$n=5$ 时，$t=2.776$)

A. 28.56±0.13　　B. 28.57±0.12　　C. 28.57±0.06　　D. 28.57±0.13

62. EDTA 酸效应曲线不能回答的问题是（   ）。
    A. 准确测定各离子时溶液的最低酸度
    B. 进行各金属离子滴定时的最低 pH
    C. 在一定 pH 范围内滴定某种金属离子时,哪些离子可能有干扰
    D. 控制溶液的酸度,有可能在同一溶液中连续测定几种离子

63. 以下关于 EDTA 标准溶液制备叙述不正确的为（   ）。
    A. 使用 EDTA 分析纯试剂先配成近似浓度溶液再标定
    B. 标定 EDTA 溶液须用二甲酚橙指示剂
    C. 标定条件与测定条件应尽可能接近
    D. EDTA 标准溶液应贮存于聚乙烯瓶中

64. 已知 25 ℃时,Ag_2CrO_4 的 $K = 1.1 \times 10^{-12}$,则该温度下 Ag_2CrO_4 的溶解度为（   ）mol/L。
    A. 6.5×10^{-5} B. 1.05×10^{-6} C. 6.5×10^{-6} D. 1.05×10^{-5}

65. 用甲醛法测定氯化铵盐中氮含量时,一般选用（   ）作指示剂。
    A. 甲基红   B. 中性红   C. 酚酞   D. 甲基橙

66. 利用溴酸钾的强氧化性,在酸性介质中可直接测定（   ）。
    A. 苯乙烯   B. 苯酚   C. 苯胺   D. N_2H_4

67. 在 Bi^{3+}、Pb^{2+} 共存的溶液中,测定 Bi^{3+},常采用（   ）的方法消除 Pb^{2+} 干扰。
    A. 沉淀掩蔽   B. 氧化还原掩蔽
    C. 配位掩蔽   D. 控制溶液的酸度（pH=1）

68. 在用高锰酸钾法测定 H_2O_2 含量时,为加快反应速度可加入（   ）。
    A. $MnSO_4$ B. $NaOH$ C. $KMnO_4$ D. H_2SO_4

(二) 多选题

1. 标准溶液的标签上应注明（   ）。
   A. 溶液名称   B. 物质化学式   C. 溶液浓度   D. 有效期
   E. 标定日期

2. 根据酸碱质子理论,下列物质中既是酸又是碱的是（   ）。
   A. H_2O B. H_3PO_4 C. Ac^- D. HCO_3^-
   E. HPO_4^{2-}

3. 影响配位滴定突跃大小的因素有（   ）。
   A. K'_{MY} B. pH   C. C_M D. $lg\alpha_{M(L)}$
   E. 指示剂用量

4. 不能减少测定过程中偶然误差的方法是（   ）。
   A. 对照试验   B. 空白试验
   C. 仪器校正   D. 方法校正
   E. 增加平行测定次数

5. 下列误差属于系统误差的是（   ）。
   A. 称量读错砝码   B. 标准物质不合格
   C. 试样未经充分混合   D. 滴定管未校准

E. 测定时溶液溅出

6. 下述情况中,( )属于分析人员不应有的操作失误。
   A. 滴定前用标准滴定溶液将滴定管淋洗几遍
   B. 称量用砝码没有检定
   C. 称量时未等称量物冷却至室温就进行称量
   D. 滴定前用被滴定溶液洗涤锥形瓶
   E. 用移液管从试剂瓶中直接移取溶液

7. 准确度、精密度、系统误差、偶然误差的关系为( )。
   A. 准确度高,精密度一定高
   B. 精密度高,偶然误差小,准确度一定高
   C. 准确度高,系统误差、偶然误差一定小
   D. 精密度高,系统误差、偶然误差一定小
   E. 系统误差小,准确度一定高

8. 将下列数据修约至 4 位有效数字,( )是正确的。
   A. 3.149 5=3.150   B. 18.284 6=18.28
   C. 0.164 85=0.164 9   D. 65 065=6.506×10^4
   E. 1.450 51=1.451

9. 按 Q 检验法(当 $n=4$ 时,$Q_{0.90}=0.76$)删除可疑值,( )组数据中无可疑值删除。
   A. 97.50 98.50 99.00 99.50   B. 0.104 2 0.104 4 0.104 5 0.104 7
   C. 3.03 3.04 3.05 3.13   D. 0.212 2 0.212 6 0.213 0 0.213 4
   E. 21.25 21.28 21.35 21.26

10. 下列有关平均值的置信区间的论述中,正确的有( )。
    A. 相同条件下,测定次数越多,则置信区间越小
    B. 相同条件下,平均值的数值越大,则置信区间越大
    C. 相同条件下,测定的精密度越高,则置信区间越小
    D. 相同条件下,给定的置信度越小,则置信区间越小
    E. 相同条件下,测定次数越多,则置信区间越大

11. 在分析中做空白试验的目的是( )。
    A. 提高精密度   B. 提高准确度
    C. 消除系统误差   D. 减小偶然误差
    E. 既提高精密度又可提高准确度

12. 为提高滴定分析的准确度,对标准溶液必须做到( )。
    A. 正确配制
    B. 准确标定
    C. 对有些标准溶液必须当天配、当天标、当天用
    D. 所有标准溶液浓度必须计算至小数点后第四位
    E. 用合适的方法保存

13. 有关称量瓶的使用正确的是( )。
    A. 不用时要盖紧盖子
    B. 烘干时盖子要横放在瓶口上

    C. 盖子要配套使用

    D. 不可用作反应器

    E. 用后要洗净

14. 在下列溶液中,可作为缓冲溶液的是( )。

    A. 弱酸及其盐溶液　　　　　　　B. 中性化合物溶液

    C. 高浓度的强酸　　　　　　　　D. 高浓度的强碱

    E. 弱碱及其盐溶液

15. 下列说法正确的是( )。

    A. 配制溶液时,所用的试剂越纯越好

    B. 酸度和酸的浓度是不一样的

    C. 基本单元可以是原子、分子、离子、电子等粒子

    D. 分析纯试剂标签是绿色的

    E. 因滴定终点和化学计量点不完全符合引起的分析误差叫终点误差

16. 下列物质为共轭酸碱对的是( )。

    A. HAc 和 $NH_3 \cdot H_2O$　　　　　B. H_3O^+ 和 OH^-

    C. $NaCl$ 和 HCl　　　　　　　D. HCO_3^- 和 H_2CO_3

    E. HPO_4^{2-} 与 PO_4^{3-}

17. 从有关电对的电极电位判断氧化还原反应进行方向的正确方法是( )。

    A. 某电对的还原态可以还原电位比它低的另一电对的氧化态

    B. 电对的电位越低,其氧化态的氧化能力越弱

    C. 某电对的氧化态可以氧化电位比它低的另一电对的还原态

    D. 电对的电位越高,其还原态的还原能力越强

    E. 氧化剂可以氧化电位比它高的还原剂

18. 在酸性溶液中 $KBrO_3$ 与过量的 KI 反应,达到平衡时溶液中的( )。

    A. 两电对 BrO_3^-/Br^- 与 $I_2/2I^-$ 的电位相等

    B. 反应产物 I_2 与 KBr 的物质的量相等

    C. 溶液中已无 BrO_3^- 存在

    D. 因 I^- 过量,故电对 $I_2/2I^-$ 的电位大于 BrO_3^-/Br^- 电对

    E. 反应中消耗的 $KBrO_3$ 的物质的量与产物 I_2 的物质的量之比为 1:3

19. 配制硫代硫酸钠标准溶液时,以下操作正确的是( )。

    A. 用新煮沸后冷却的蒸馏水配制　B. 加少许 Na_2CO_3

    C. 配制后放置 8~10 天　　　　　D. 配制后应立即标定

    E. 标定时用淀粉作指示剂

20. 用间接碘量法进行定量分析时,以下操作正确的是( )。

    A. 在碘量瓶中进行　　　　　　　B. 淀粉指示剂应在滴定开始前加入

    C. 应避免阳光直射　　　　　　　D. 需加入一定量过量的 KI

    E. 可以在强酸性溶液中进行滴定

21. 在 $Na_2S_2O_3$ 标准滴定溶液的标定过程中,下列操作错误的是( )。

    A. 边滴定边剧烈摇动

    B. 在 70~80 ℃恒温条件下滴定

C. 加入过量 KI,并在室温和避免阳光直射的条件下滴定

D. 在锥形瓶中进行

E. 滴定一开始就加入淀粉指示剂

22. 在配位滴定中,消除干扰离子的方法有(　　)。

A. 掩蔽法　　　　　　　　　　　B. 解蔽法

C. 预先分离　　　　　　　　　　D. 改用其他滴定剂

E. 控制溶液酸度

23. 在配位滴定中,指示剂应具备的条件是(　　)。

A. $K_{MIn} < K_{MY}$　　　　　　　　　B. $K_{MIn} > K_{MY}$

C. 指示剂与金属离子显色要灵敏　　D. MIn 应易溶于水

E. 所生成的配合物颜色与游离指示剂的颜色不同

24. EDTA 与金属离子的配合物有(　　)特点。

A. EDTA 具有广泛的配位性能,几乎能与所有金属离子形成配合物

B. EDTA 配合物配位比简单,多数情况下都形成 1∶1 配合物

C. EDTA 配合物难溶于水,使配位反应较迅速

D. EDTA 配合物稳定性高,能与金属离子形成具有多个五元环结构的螯合物

E. 无论金属离子有无颜色,均生成无色配合物

25. 下列试剂中,可作为银量法指示剂的有(　　)。

A. 硝酸银　　　　　　　　　　　B. 硫氰酸铵

C. 铬酸钾　　　　　　　　　　　D. 铁铵矾

E. 荧光黄

26. 下列说法正确的有(　　)。

A. 混合指示剂变色范围窄,变色敏锐,其过渡色一般为浅色或无色

B. 甲基橙和酚酞都为双色指示剂

C. 酸碱指示剂加量越多,变色越敏锐

D. 由于混晶而带入沉淀中的杂质通过洗涤是不能除掉的

E. 对于 HAc($K_a = 1.8 \times 10^{-5}$)溶液,当 pH$=4.74$ 时,$\delta_{HAc} = \delta_{Ac^-}$

27. 用邻菲罗啉法测水中总铁,需用下列试剂(　　)来配制试验溶液。

A. 蒸馏水　　　　　　　　　　　B. $NH_3 \cdot H_2O$

C. HAc－NaAc　　　　　　　　　D. $NH_2OH \cdot HCl$

E. 邻菲罗啉

28. 分光光度法中判断出测得的吸光度有问题,可能的原因包括(　　)。

A. 比色皿没有放正位置　　　　　B. 比色皿配套性不好

C. 比色皿毛面放于透光位置　　　D. 比色皿润洗不干净

E. 比色皿光面有水珠

29. (　　)的作用是将光源发出的连续光谱分解为单色光。

A. 石英窗　　　B. 棱镜　　　C. 平面镜　　　D. 比色皿　　　E. 光栅

30. 当分光光度计 100% 点不稳定时,通常采用(　　)方法处理。

A. 查看光电管暗盒内是否受潮,更换干燥的硅胶

B. 对于受潮较重的仪器,可用吹风机对暗盒内外吹热风,使潮气逐渐地从暗盒内散发

C. 调节波长

D. 更换光电管

E. 更换参比液

31. 下列属于紫外-可见分光光度计组成部分的有( )。

A. 光源
B. 单色器

C. 吸收池
D. 检测器

E. 显示系统

32. 分光光度计使用时应该注意的事项有( )。

A. 使用前先打开电源开关,预热 30 分钟

B. 使用前需调节 100% 和 0% 透光率

C. 测试的溶液不应洒落在吸收池内

D. 注意仪器卫生

E. 测试的溶液应调节到合适的高度

33. 在分光光度法的测定中,测量条件的选择包括( )。

A. 选择合适的显色剂
B. 选择合适的测量波长

C. 选择合适的参比溶液
D. 选择合适的吸光度的测量范围

E. 选择适宜的测试溶液的浓度

34. 下列基准物质中,可用于标定 EDTA 的是 ( )。

A. 氧化锌
B. 碳酸钙

C. 无水碳酸钠
D. 重铬酸钾

E. 草酸钠

35. 共轭酸碱对中,K_a、K_b 的关系不正确的是( )。

A. $K_a/K_b=1$
B. $K_a/K_b=K_w$

C. $K_a \cdot K_b=K_w$
D. $K_a \cdot K_b=1$

E. $K_b/K_a=K_w$

36. 下列有关 Na_2CO_3 在水溶液中质子条件的叙述,不正确的是( )。

A. $[H^+]+2[Na^+]+[HCO_3^-]=[OH^-]$

B. $[H^+]+2[H_2CO_3]+[HCO_3^-]=[OH^-]$

C. $[H^+]+[H_2CO_3]+[HCO_3^-]=[OH^-]$

D. $[H^+]+[HCO_3^-]=[OH^-]+2[CO_3^{2-}]$

E. $[H^+]+2[H_2CO_3]+[HCO_3^-]=2[OH^-]$

37. 在 EDTA 配位滴定中,铬黑 T 指示剂常用于测定( )。

A. 钙镁总量
B. 铁铝总量

C. 镍含量
D. 锌镉总量

E. 镁含量

38. 被高锰酸钾溶液污染的滴定管可用( )溶液洗涤。

A. 铬酸洗液
B. 草酸

C. 碳酸钠
D. 硫酸亚铁

E. 氢氧化钠-乙醇溶液

39. $KMnO_4$ 法中不宜使用的酸性介质是( )。

A. HCl　　　　　　　　　　　　　B. HNO_3

C. HAc　　　　　　　　　　　　　D. $H_2C_2O_4$

E. H_2SO_4

40. 对高锰酸钾滴定法,下列说法正确的是(　　)。

A. 可在盐酸介质中进行滴定　　　　B. 直接法可测定还原性物质

C. 标准滴定溶液必须用标定法制备　　D. 无法测定氧化性物质

E. 自身可作指示剂

41. 重铬酸钾滴定 Fe^{2+},选用二苯胺磺酸钠作指示剂,需在硫磷混酸介质中进行,是为了(　　)。

A. 避免诱导反应的发生　　　　　　B. 加快反应速度

C. 提高酸度　　　　　　　　　　　D. 降低 Fe^{3+}/Fe^{2+} 电位,使突跃范围增大

E. 变色明显,易于观察终点

42. 对于间接碘量法测定还原性物质,下列说法正确的是(　　)。

A. 被滴定的溶液应为中性或弱酸性

B. 可以适当加热提高反应速度

C. 被滴定的溶液中应有适当过量的 KI

D. 被滴定的溶液中存在的 Cu^{2+} 对测定无影响

E. 近终点时加入指示剂,终点时溶液蓝色刚好消失

43. 碘量法测定 Cu^{2+} 含量,试样溶液中加入过量的 KI,下列叙述其作用正确的是(　　)。

A. 还原 Cu^{2+} 为 Cu^+　　　　　　B. 防止 I_2 挥发

C. 与 Cu^+ 形成 CuI 沉淀　　　　　D. 把 Cu^{2+} 还原成单质 Cu

E. 增大 I_2 在溶液中的溶解度

44. 碘量法中使用碘量瓶的目的是(　　)。

A. 防止碘的挥发　　　　　　　　　B. 防止溶液与空气接触

C. 提高测定的灵敏度　　　　　　　D. 防止溶液溅出

E. 加快反应速度

45. 在下列氧化还原滴定中,说法正确的是(　　)。

A. 用重铬酸钾标定硫代硫酸钠时,用淀粉作指示剂,终点是从绿色到蓝色

B. 铈量法测定 Fe^{2+} 时,用邻二氮菲-亚铁作指示剂,终点从橙红色变为浅蓝色

C. 用 $KMnO_4$ 法测定铁矿石中铁含量时,依靠 $KMnO_4$ 自身颜色变化指示终点

D. 碘量法既可以测定还原性物质含量,也可以测定氧化性物质含量

E. 溴酸钾法是利用生成的 Br_2 发生加成反应或取代反应来测定某些有机物含量

46. 分析天平室的建设要注意(　　)。

A. 最好没有阳光直射的朝阳的窗户　　B. 天平的台面有良好的减震

C. 室内最好有空调或其他去湿设备　　D. 天平室要远离振源

E. 天平室要有良好的空气对流,保证通风

47. 分光光度计的比色皿使用要注意(　　)。

A. 操作时应拿比色皿的光面　　　　B. 比色皿中试样装入量一般应为 $\frac{2}{3} \sim \frac{3}{4}$ 之间

C. 比色皿一定要洁净　　　　　　　D. 一定要使用成套比色皿

E. 测定时要用待装液润洗比色皿 3~4 次

48. 下列离子中,能用莫尔法直接测定的是(　　)。

A. Br^- 　　　　　　B. I^- 　　　　　　C. SCN^- 　　　　　　D. Cl^- 　　　　　　E. Ag^+

49. 以甲基橙为指示剂能用 0.100 0 mol/L 的盐酸标准滴定溶液直接滴定的是(　　)。

A. Na_2CO_3 　　　　　　　　　　B. HCOONa

C. CH_3COONa 　　　　　　　　　D. NH_4Cl

E. NaOH

50. 分光光度法的吸光度与(　　)有关。

A. 入射光的波长 　　　　　　　　B. 液层的厚度

C. 液层的高度 　　　　　　　　　D. 溶液的浓度

E. 比色皿是否洁净

51. 透光度与吸光度的关系不正确的是(　　)。

A. $\dfrac{1}{T}=A$ 　　　　　　　　　　B. $\lg T=A$

C. $\lg\dfrac{1}{T}=A$ 　　　　　　　　　D. $T=\lg\dfrac{1}{A}$

E. $\lg A=T$

52. 进行移液管和容量瓶的相对校正时,(　　)。

A. 移液管和容量瓶的内壁都必须绝对干燥

B. 移液管和容量瓶的内壁都不必干燥

C. 容量瓶的内壁必须绝对干燥

D. 移液管内壁可以不干燥

E. 移液管内壁必须干燥,容量瓶的内壁可以不干燥

53. 以 EDTA 为滴定剂,下列叙述中错误的有(　　)。

A. EDTA 具有广泛的配位性能,几乎能与所有金属离子形成配合物

B. EDTA 配合物配位比简单,多数情况下都形成 1:1 配合物

C. EDTA 配合物难溶于水,使配位反应较迅速

D. EDTA 配合物稳定性高,能与金属离子形成具有多个五元环结构的螯合物

E. 不论溶液 pH 的大小,只形成 MY 一种形式配合物

54. 水的硬度测定中,正确的测定条件包括(　　)。

A. 总硬度:pH =10,以 EBT 为指示剂

B. 钙硬度:pH =12,以 XO 为指示剂

C. 钙硬度:调 pH 之前,先加 HCl 酸化并煮沸

D. 钙硬度:pH =12,以 NN 为指示剂

E. 总硬度:pH =10,以 NN 为指示剂

55. (　　)属于直接滴定法。

A. 用 HCl 标准溶液滴定 NaOH

B. 以 $K_2Cr_2O_7$ 为基准物质标定 $Na_2S_2O_3$

C. 用 $KMnO_4$ 标准溶液滴定 $C_2O_4^{2-}$,测定钙含量

D. 用 HCl 标准溶液溶解固体 $CaCO_3$,用 NaOH 标准溶液滴定过量的 HCl 溶液

E. 用 $KMnO_4$ 标准溶液测定软锰矿中 MnO_2 含量

56. 在沉淀重量法中,影响沉淀溶解度的因素有( )。

    A. 同离子效应   B. 酸效应

    C. 盐效应   D. 配位效应

    E. 沉淀颗粒大小

57. 下列沉淀生成后,需要陈化的是( )。

    A. $AgCl$ B. $BaSO_4$

    C. $Fe_2O_3 \cdot H_2O$ D. CaC_2O_4

    E. 八羟基喹啉铝

58. 已知几种金属浓度相近,$\lg K_{NiY} = 19.20$,$\lg K_{CeY} = 16.0$,$\lg K_{ZnY} = 16.50$,$\lg K_{CaY} = 10.69$,$\lg K_{AlY} = 16.3$,其中调节 pH 仍对 Al^{3+} 测定有干扰的是( )。

    A. Ni^{2+} B. Ce^{3+}

    C. Zn^{2+} D. Ca^{2+}

    E. 全部都有干扰

59. 以 $KMnO_4$ 法测定 MnO_2 含量时,在下述情况中对测定结果产生正误差的是( )。

    A. 溶样时蒸发太多   B. 试样溶解不完全

    C. 滴定前没有稀释   D. 滴定前加热温度不足 65 ℃

    E. 滴定前加热温度高于 85 ℃

60. 下列酸碱互为共轭酸碱对的是( )。

    A. H_3PO_4 与 PO_4^{3-} B. HPO_4^{2-} 与 PO_4^{3-}

    C. HPO_4^{2-} 与 H_2PO_4 D. NH_4^+ 与 NH_3

    E. H_2O 与 OH^-

61. 下列说法正确的是( )。

    A. 配制溶液时,所用的试剂越纯越好

    B. 基本单元可以是原子、分子、离子、电子等粒子

    C. 溶液的酸度指的就是酸的浓度

    D. 法扬斯法测定 Cl^- 可以用曙红吸附指示剂

    E. 增加平行测定次数可减小随机误差

62. 下列说法错误的是( )。

    A. 电对的电位越低,其氧化形的氧化能力越强

    B. 某电对的还原态可以还原电位比它低的另一电对的氧化态

    C. 电对的电位越高,其氧化形的氧化能力越强

    D. 某电对的氧化态可以氧化电位比它低的另一电对的还原态

    E. 氧化剂可以氧化电位比它高的还原剂

63. 下列氧化剂中,当增加反应酸度时哪些氧化剂的电极电位会增大?( )

    A. I_2 B. $KMnO_4$

    C. KIO_3 D. $FeCl_3$

    E. $K_2Cr_2O_7$

64. 用相关电对的电位可判断氧化还原反应( )。

    A. 方向   B. 程度

　　C. 突跃大小　　　　　　　　　　　　D. 速度

　　E. 历程

65. 下列说法正确的有(　　　)。

　　A. 无定形沉淀要在较浓的热溶液中进行沉淀,加入沉淀剂速度适当快

　　B. 由于混晶而带入沉淀中的杂质通过洗涤是不能除掉的

　　C. 沉淀称量法测定中,要求沉淀式和称量式相同

　　D. 洗涤沉淀时要利用同离子效应,尽量减少沉淀的溶解损失

　　E. 根据同离子效应,可加入大量沉淀剂以降低沉淀在水中的溶解度

66. 利用有效数字修约规则和运算规则对下列各式进行计算,结果正确的是(　　　)。

　　A. $1.051 + 0.546 - 0.3 = 1.3$　　　　　B. $0.335\,0 + 4.05 \times 1.107\,8 = 4.84$

　　C. $0.530\,6 \times 2.19 \div 5.005 = 0.232$　　D. $4 \times 0.534\,6 + 2.63 - 3.585 \times 10^{-6} = 4.77$

　　E. $(0.625\,50 + 7.156) \times 1.05 - 3.17 = 5.00$

67. 以下关于酸碱缓冲溶液说法正确的是(　　　)。

　　A. 一般是由浓度较大的弱酸及其共轭碱所组成

　　B. 总浓度越大,缓冲容量也越大

　　C. 总浓度一定时,缓冲组分的浓度比越接近于1:1,缓冲容量越大

　　D. 选择缓冲溶液时,所需控制的 pH 应在缓冲溶液的缓冲范围内

　　E. 高浓度的强酸或强碱溶液(pH<2 或 pH>12),也具有一定的缓冲能力,抗外加酸
　　　碱但不抗稀释

68. 在 $Na_2S_2O_3$ 标准滴定溶液的标定过程中,下列操作错误的是(　　　)。

　　A. 边滴定边剧烈摇动

　　B. 加入过量 KI,并在室温和避免阳光直射的条件下滴定

　　C. 在 70～80 ℃恒温条件下滴定

　　D. 滴定一开始就加入淀粉指示剂

　　E. 当溶液由蓝色恰好变为无色即到达终点

(三) 判断题

1. (　　)1 L 溶液中含有 98.08 g H_2SO_4,则 $C(\frac{1}{2}H_2SO_4) = 2$ mol/L。

2. (　　)25 ℃时,$BaSO_4$ 的 $K_{sp} = 1.1 \times 10^{-10}$,则 $BaSO_4$ 的溶解度是 1.2×10^{-20} mol/L。

3. (　　)在配制 $Na_2S_2O_3$ 标准溶液时,要用煮沸后冷却的蒸馏水配制,目的是为了赶除水中的 CO_2。

4. (　　)对于氧化还原反应,当增大氧化型物质浓度时,电对的电极电位值减小。

5. (　　)对滴定终点颜色的判断,判断比正常偏深或偏浅,所造成的误差为系统误差。

6. (　　)酸碱溶液浓度越小,滴定曲线化学计量点附近的滴定突跃越长,可供选择的指示剂越多。

7. (　　)在法扬司法中,为了使沉淀具有较强的吸附能力,通常加入适量的糊精或淀粉使沉淀处于胶体状态。

8. (　　)当溶液中 Bi^{3+}、Pb^{2+} 浓度均为 10^{-2} mol/L 时,可以选择滴定 Bi^{3+}。(已知:$lgK_{BiY} = 27.94$,$lgK_{PbY} = 18.04$)

9. （　　）用 Q 检验法舍弃一个可疑值后,应对其余数据继续检验,直至无可疑值为止。

10. （　　）$H_2C_2O_4$ 的两步离解常数为 $K_{a_1}=5.6\times10^{-2}$,$K_{a_2}=5.1\times10^{-5}$,因此能分步滴定。

11. （　　）在 $BaSO_4$ 饱和溶液中加入少量 Na_2SO_4 将会使得 $BaSO_4$ 溶解度增大。

12. （　　）算式 $0.023\,4\times4.303\times71.07\div127.5+1.35$ 的计算结果是 1.41。

13. （　　）在 $pH=5.0$,浓度为 $1.0\,mol/L$ 的 HAc 溶液中,Ac^- 的分布分数为 0.36。（已知 HAc 的 $K_a=1.8\times10^{-5}$）

14. （　　）使用直接碘量法滴定时,淀粉指示剂应在近终点时加入;使用间接碘量法滴定时,淀粉指示剂应在滴定开始时加入。

15. （　　）EDTA 的酸效应系数 $\alpha_{Y(H)}$ 与溶液的 pH 有关,pH 越大,则 $\alpha_{Y(H)}$ 也越大。

16. （　　）$K_2Cr_2O_7$ 标准溶液滴定 Fe^{2+} 既能在硫酸介质中进行,又能在盐酸介质中进行。

17. （　　）使用莫尔法时,可以用返滴定法测定 Ag^+ 含量。

18. （　　）要减少表面吸附量,应控制沉淀条件使沉淀颗粒大。

19. （　　）在 EDTA 滴定过程中不断有 H^+ 释放出来,因此,在配位滴定中常须加入一定量的碱以控制溶液的酸度。

20. （　　）吸光光度法中溶液透光度与待测物质的浓度成反比。

21. （　　）欲提高反应 $Cr_2O_7^{2-}+6I^-+14H^+\longrightarrow2Cr^{3+}+3I_2+7H_2O$ 的速率,可采用加热的方法。

22. （　　）用于 $K_2Cr_2O_7$ 法中的酸性介质只能是硫酸,而不能用盐酸。

23. （　　）碘量法测铜,加入 KI 起三种作用:还原剂、沉淀剂和配位剂。

24. （　　）用 EDTA 配位滴定法测水泥中氧化镁含量时,不用测钙镁总量。

25. （　　）所谓终点误差是由于操作者终点判断失误或操作不熟练而引起的。

26. （　　）标准规定"称取 $1.5\,g$ 样品,精确至 $0.000\,1\,g$",其含义是必须用分度值至少为 $0.1\,mg$ 的天平准确称 $1.4\sim1.6\,g$ 试样。

27. （　　）沉淀 $BaSO_4$ 应在热溶液中进行,然后趁热过滤。

28. （　　）$NaHCO_3$ 溶液的质子等衡式是 $[H^+]+[H_2CO_3]=[OH^-]+[CO_3^{2-}]$。

29. （　　）强酸滴定弱碱达到化学计量点时 $pH>7$。

30. （　　）在分析测定中,测定的精密度越高,则分析结果的准确度越高。

31. （　　）将 $7.633\,51$ 修约为四位有效数字,结果是 7.634。

32. （　　）使用滴定管进行操作,洗涤、试漏后,装入溶液即可进行滴定。

33. （　　）酸碱质子理论认为,H_2O 既是一种酸,又是一种碱。

34. （　　）用间接碘量法测定铜盐中铜的含量时,除加入适当过量的 KI 外,还要加入少量 KSCN,目的是提高滴定的准确度。

35. （　　）滴定管内壁不能用去污粉清洗,以免划伤内壁,影响准确测定的体积。

36. （　　）在分析操作中,由于仪器精密度不够或试剂不纯而引起的误差称为系统误差。

37. （　　）滴定时,滴定管内有气泡,分析结果总是偏高。

38. （　　）滴定分析中,若怀疑试剂在放置过程中失效,可通过空白试验方法检验。

39. （　　）用标准溶液进行滴定时,滴定速度一般保持在 $6\sim8\,mL/min$。

40. （　　）pH 表示只适用于稀溶液,对于 $[H^+]>1\,mol/L$ 时,一般不用 pH 表示,而是直接用 $[H^+]$ 来表示。

41. (　　)向滴定管中装标准溶液时,为防止溶液外流,可以借助小烧杯或小漏斗倒入。

42. (　　)使用滴定管时,溶液加到"0"刻度以上,开放活塞调到"0"刻度上约 0.5 cm 处,静置 1～2 min,再调到 0.00 处,即为初读数。

43. (　　)用容量瓶稀释溶液时,加水稀释至约 $\frac{2}{3}$ 体积时,应将容量瓶平摇几次,初步混匀。

44. (　　)某一实验需要加入 25.50 mL $KMnO_4$ 溶液,应用 50 mL 棕色酸式滴定管量取。

45. (　　)移液管洗涤后,洗涤液可以从上口放出。

46. (　　)移液管移取溶液转移至容器前,应将外壁用滤纸擦干后再调液面。

47. (　　)在强酸滴定强碱时,采用甲基橙作指示剂的优点是甲基橙不受 CO_2 影响。

48. (　　)用重铬酸钾法测定铁含量时,加入 $HgCl_2$ 主要是为了除去过量的 $SnCl_2$。

49. (　　)溶液的酸度不影响 I^- 被 O_2 氧化。

50. (　　)金属指示剂是指示金属离子浓度变化的指示剂。

51. (　　)溶液的 pH 越小,金属离子与 EDTA 配位反应能力越强。

52. (　　)防止金属指示剂发生僵化现象的办法是加热或加入有机溶剂。

53. (　　)在测定水溶液中 Ca^{2+}、Mg^{2+} 时,水中 Fe^{3+}、Al^{3+} 干扰测定,可以加入三乙醇胺掩蔽。

54. (　　)在热溶液中进行沉淀,可以获得大的晶粒,有利于形成晶形沉淀。

55. (　　)用 $Na_2C_2O_4$ 标定 $KMnO_4$ 溶液得到 4 个结果,分别为:0.101 5 mol/L,0.101 2 mol/L,0.101 9 mol/L,和 0.101 3 mol/L,用 Q 检验法来确定 0.1019 应舍去。(当 $n=4$ 时,$Q_{0.90}=0.76$)

56. (　　)用 NaOH 标准溶液标定 HCl 溶液浓度时,以酚酞作指示剂,若 NaOH 溶液因贮存不当吸收了 CO_2,则测定结果偏低。

57. (　　)根据同离子效应,沉淀剂加得越多,沉淀越完全。

58. (　　)金属(M)离子指示剂(In)应用的条件是 $K'_{MIn} > K'_{MY}$。

59. (　　)重铬酸钾法滴定的终点,由于 Cr^{3+} 的绿色影响观察,常采取的措施是加较多的水稀释。

四、化学实验技术

(一) 单选题

1. 含无机酸的废液可采用(　　)处理。
   A. 沉淀法　　　　B. 萃取法　　　　C. 中和法　　　　D. 氧化还原法

2. 冷却浴或加热浴用的试剂可选用(　　)。
   A. 优级纯　　　　B. 分析纯　　　　C. 化学纯　　　　D. 工业品

3. 使用浓盐酸、浓硝酸,必须在(　　)中进行。
   A. 大容器　　　　B. 玻璃器皿　　　　C. 耐腐蚀容器　　　　D. 通风橱

4. 因吸入少量氯气、溴蒸气而中毒者,可用(　　)漱口。

    A. 碳酸氢钠溶液　B. 碳酸钠溶液　　　C. 硫酸铜溶液　　D. 醋酸溶液

5. 应该放在远离有机物及还原物质的地方,使用时不能戴橡皮手套的是(　　)。

    A. 浓硫酸　　　　　B. 浓盐酸　　　　　C. 浓硝酸　　　　　D. 浓高氯酸

6. 铬酸洗液呈(　　)颜色时表明氧化能力已降低至不能使用。

    A. 黄绿色　　　　　B. 暗红色　　　　　C. 无色　　　　　　D. 蓝色

7. 国际纯粹化学和应用化学联合会将作为标准物质的化学试剂按纯度分为(　　)。

    A. 6 级　　　　　　B. 5 级　　　　　　C. 4 级　　　　　　D. 3 级

8. 金光红色标签的试剂适用范围为(　　)。

    A. 精密分析实验　B. 一般分析实验　C. 一般分析工作　D. 生化及医用化学实验

9. 一般试剂分为(　　)级。

    A. 3　　　　　　　B. 4　　　　　　　C. 5　　　　　　　D. 6

10. 优级纯、分析纯、化学纯试剂的代号依次为(　　)。

    A. GR、AR、CP　　B. AR、GR、CP　　C. CP、GR、AR　　D. GR、CP、AR

11. 电气设备火灾宜用(　　)灭火。

    A. 水　　　　　　　B. 泡沫灭火器　　　C. 干粉灭火器　　　D. 湿抹布

12. 检查可燃气体管道或装置气路是否漏气,禁止使用(　　)。

    A. 火焰　　　　　　　　　　　　　B. 肥皂水

    C. 十二烷基硫酸钠水溶液　　　　　D. 部分管道浸入水中的方法

13. 能用水扑灭的火灾种类是(　　)。

    A. 可燃性液体,如石油、食油　　　　B. 可燃性金属,如钾、钠、钙、镁等

    C. 木材、纸张、棉花燃烧　　　　　　D. 可燃性气体,如煤气、石油液化气

14. 贮存易燃易爆、强氧化性物质时,最高温度不能高于(　　)。

    A. 20 ℃　　　　　B. 10 ℃　　　　　C. 30 ℃　　　　　D. 0 ℃

15. 化学烧伤中,酸的蚀伤,应用大量的水冲洗,然后用(　　)冲洗,再用水冲洗。

    A. 0.3 mol/L HAc 溶液　　　　　　B. 2% $NaHCO_3$溶液

    C. 0.3 mol/L HCl 溶液　　　　　　D. 2% NaOH 溶液

16. 急性呼吸系统中毒后的急救方法正确的是(　　)。

    A. 要反复进行多次洗胃　　　　　　B. 立即用大量自来水冲洗

    C. 用 3%～5% 碳酸氢钠溶液或用 1∶5 000 高锰酸钾溶液洗胃

    D. 应使中毒者迅速离开现场,移到通风良好的地方,呼吸新鲜空气

17. 下列试剂中不属于易制毒化学品的是(　　)。

    A. 浓硫酸　　　　　B. 无水乙醇　　　　C. 浓盐酸　　　　　D. 高锰酸钾

18. 下列有关贮藏危险品方法不正确的是(　　)。

    A. 危险品贮藏室应干燥、朝北、通风良好

    B. 门窗应坚固,门应朝外开

    C. 门窗应坚固,门应朝内开

    D. 贮藏室应设在四周不靠建筑物的地方

19. 以下物质是致癌物质的为(　　)。

    A. 苯胺　　　　　　B. 氮　　　　　　　C. 甲烷　　　　　　D. 乙醇

20. 实验室三级水不能用以下哪种办法来进行制备?(　　)

A. 蒸馏　　　　　　B. 电渗析　　　　　C. 过滤　　　　　D. 离子交换

21. 分析用水的电导率应小于( )。

A. $1.0\,\mu S/cm$　　B. $0.1\,\mu S/cm$　　C. $5.0\,\mu S/cm$　　D. $0.5\,\mu S/cm$

22. 实验室三级水用于一般化学分析试验,可以用于储存三级水的容器有( )。

A. 带盖子的塑料水桶　　　　　　B. 密闭的专用聚乙烯容器

C. 有机玻璃水箱　　　　　　　　D. 密闭的瓷容器中

23. 高效液相色谱用水必须使用( )。

A. 一级水　　　　　B. 二级水　　　　　C. 三级水　　　　　D. 天然水

24. 可以在烘箱中进行烘干的玻璃仪器是( )。

A. 滴定管　　　　　B. 移液管　　　　　C. 称量瓶　　　　　D. 容量瓶

25. 不需贮于棕色具磨口塞试剂瓶中的标准溶液为( )。

A. I_2　　　　　　B. $Na_2S_2O_3$　　　　C. HCl　　　　　D. $AgNO_3$

26. 下列微孔玻璃坩埚的使用方法中,不正确的是( )。

A. 常压过滤　　　　B. 减压过滤　　　　C. 不能过滤强碱　　D. 不能骤冷骤热

27. 下列关于瓷器皿的说法中,不正确的是( )。

A. 瓷器皿可用作称量分析中的称量器皿

B. 可以用氢氟酸在瓷皿中分解处理样品

C. 瓷器皿不适合熔融分解碱金属的碳酸盐

D. 瓷器皿耐高温

28. 进行中和滴定时,事先不应该用所盛溶液润洗的仪器是( )。

A. 酸式滴定管　　　B. 碱式滴定管　　　C. 锥形瓶　　　　　D. 移液管

29. 判断玻璃仪器是否洗净的标准,是观察器壁上( )。

A. 附着的水是否聚成水滴　　　　B. 附着的水是否形成均匀的水膜

C. 附着的水是否可成股地流下　　D. 是否附有可溶于水的脏物

30. 天平零点相差较小时,可调节( )。

A. 指针　　　　　　B. 拔杆　　　　　　C. 感量螺丝　　　　D. 吊耳

31. 要改变分析天平的灵敏度可调节( )。

A. 吊耳　　　　　　B. 平衡螺丝　　　　C. 拔杆　　　　　　D. 感量螺丝

32. 氢气通常灌装在( )的钢瓶中。

A. 白色　　　　　　B. 黑色　　　　　　C. 深绿色　　　　　D. 天蓝色

33. 使用乙炔钢瓶气体时,管路接头可以用的是( )。

A. 铜接头　　　　　B. 锌铜合金接头　　C. 不锈钢接头　　　D. 银铜合金接头

34. 装在高压气瓶的出口,用来将高压气体调节到较小压力的是( )。

A. 减压阀　　　　　B. 稳压阀　　　　　C. 针形阀　　　　　D. 稳流阀

35. 严禁将( )同氧气瓶同车运送。

A. 氮气瓶、氢气瓶　　　　　　　B. 二氧化碳、乙炔瓶

C. 氩气瓶、乙炔瓶　　　　　　　D. 氢气瓶、乙炔瓶

(二) 多选题

1. 下列有关实验室安全知识说法正确的有( )。

A. 稀释硫酸必须在烧杯等耐热容器中进行,且只能将水在不断搅拌下缓缓注入硫酸

B. 有毒、有腐蚀性液体操作必须在通风橱内进行

C. 氰化物、砷化物的废液应小心倒入废液缸,均匀倒入水槽中,以免腐蚀下水道

D. 易燃溶剂加热应采用水浴加热或沙浴,并避免明火

2. 在实验中,遇到事故采取正确的措施是( )。

  A. 不小心把药品溅到皮肤或眼内,应立即用大量清水冲洗

  B. 若不慎吸入溴氯等有毒气体或刺激的气体,可吸入少量的酒精和乙醚的混合蒸气来解毒

  C. 割伤应立即用清水冲洗

  D. 在实验中,衣服着火时,应就地躺下、奔跑或用湿衣服在身上抽打灭火

3. 在维护和保养仪器设备时,应坚持"三防四定"的原则,即要做到( )。

  A. 定人保管   B. 定点存放   C. 定人使用   D. 定期检修

4. 电器设备着火,先切断电源,再用合适的灭火器灭火。合适的灭火器是指( )。

  A. 四氯化碳灭火器   B. 干粉灭火器

  C. 二氧化碳灭火器   D. 泡沫灭火器

5. 实验室防火防爆的实质是避免三要素,即( )的同时存在。

  A. 可燃物   B. 火源   C. 着火温度   D. 助燃物

6. 下列物质着火,不宜采用泡沫灭火器灭火的是( )。

  A. 可燃性金属着火   B. 可燃性化学试剂着火

  C. 木材着火   D. 带电设备着火

7. 易燃烧液体加热时必须在( )中进行。

  A. 水浴   B. 砂浴   C. 煤气灯   D. 电炉

8. CO中毒救护正确的是( )。

  A. 立即将中毒者转移到空气新鲜的地方,注意保暖

  B. 对呼吸衰弱者立即进行人工呼吸或输氧

  C. 发生循环衰竭者可注射强心剂

  D. 立即给中毒者洗胃

9. 浓硝酸、浓硫酸、浓盐酸等溅到皮肤上,做法正确的是( )。

  A. 用大量水冲洗   B. 用稀苏打水冲洗

  C. 起水泡处可涂红汞或红药水   D. 损伤面可涂氧化锌软膏

10. 下列氧化物有剧毒的是( )。

  A. Al_2O_3 B. As_2O_3 C. SiO_2 D. 硫酸二甲酯

11. 下列有关毒物特性的描述正确的是( )。

  A. 越易溶于水的毒物其危害性也就越大

  B. 毒物颗粒越小、危害性越大

  C. 挥发性越小、危害性越大

  D. 沸点越低、危害性越大

12. 在实验室中,皮肤溅上浓碱液时,在用大量水冲洗后而应( )。

  A. 用5%硼酸处理   B. 用5%小苏打溶液处理

  C. 用2%醋酸处理   D. 用1∶5 000 $KMnO_4$溶液处理

13. 下列陈述正确的是（　　　）。

A. 国家规定的实验室用水分为三级

B. 各级分析用水均应使用密闭的专用聚乙烯容器

C. 三级水可使用密闭的专用玻璃容器

D. 一级水不可贮存,使用前制备

14. 下列各种装置中,能用于制备实验室用水的是（　　　）。

A. 回馏装置　　　　B. 蒸馏装置　　　　C. 离子交换装置　　D. 电渗析装置

15. 实验室三级水须检验的项目为（　　　）。

A. pH范围　　　　B. 电导率　　　　C. 吸光度　　　　D. 可氧化物质

16. 实验室三级水可贮存于哪些容器中?（　　　）

A. 密闭的专用聚乙烯容器　　　　　　B. 密闭的专用玻璃容器中

C. 密闭的金属容器中　　　　　　　　D. 密闭的瓷容器中

17. 玻璃的器皿能盛放下列哪些酸?（　　　）

A. 盐酸　　　　B. 氢氟酸　　　　C. 磷酸　　　　D. 硫酸

18. 洗涤下列仪器时,不能使用去污粉洗刷的是（　　　）。

A. 移液管　　　　B. 锥形瓶　　　　C. 容量瓶　　　　D. 滴定管

19. 洗涤下列仪器时,不能用去污粉洗刷的是（　　　）。

A. 烧杯　　　　B. 滴定管　　　　C. 比色皿　　　　D. 漏斗

20. 下列（　　　）组容器可以直接加热。

A. 容量瓶、量筒、三角瓶　　　　　　B. 烧杯、硬质锥形瓶、试管

C. 蒸馏瓶、烧杯、平底烧瓶　　　　　D. 量筒、广口瓶、比色管

21. 有关铂皿使用操作正确的是（　　　）。

A. 铂皿必须保持清洁光亮,以免有害物质继续与铂作用

B. 灼烧时,铂皿不能与其他金属接触

C. 铂皿可以直接放置于马弗炉中灼烧

D. 灼热的铂皿不能用不锈钢坩埚钳夹取

22. 有关称量瓶的使用正确的是（　　　）。

A. 不可作反应器　　　　　　　　　　B. 不用时要盖紧盖子

C. 盖子要配套使用　　　　　　　　　D. 用后要洗净

23. 读取滴定管读数时,下列操作中正确的是（　　　）。

A. 读数前要检查滴定管内壁是否挂水珠,管尖是否有气泡

B. 读数时,应使滴定管保持垂直

C. 读取弯月面下缘最低点,并使视线与该点在一个水平面上

D. 有色溶液与无色溶液的读数方法相同

24. 下列仪器中,有"0"刻度线的是（　　　）。

A. 量筒　　　　B. 温度计　　　　C. 酸式滴定管　　　D. 托盘天平游码刻度尺

25. 下面移液管的使用错误的是（　　　）。

A. 一般不必吹出残留液　　　　　　　B. 用蒸馏水淋洗后即可移液

C. 用后洗净,加热烘干后即可再用　　　D. 移液管只能粗略地量取一定量液体体积

26. 有关容量瓶的使用错误的是（　　　）。

A. 通常可以用容量瓶代替试剂瓶使用

B. 先将固体药品转入容量瓶后加水溶解配制标准溶液

C. 用后洗净用烘箱烘干

D. 移液管只能粗略地量取一定量液体体积

27. 中和滴定时需要润洗的仪器有(　　)。

A. 滴定管　　　　　B. 锥形瓶　　　　　C. 烧杯　　　　　D. 移液管

28. 下列玻璃仪器中,可以用洗涤剂直接刷洗的是(　　)。

A. 容量瓶　　　　　B. 烧杯　　　　　C. 锥形瓶　　　　　D. 酸式滴定管

29. 下列天平不能较快显示重量数字的是(　　)。

A. 全自动机械加码电光天平　　　　　B. 半自动电光天平

C. 阻尼天平　　　　　　　　　　　　D. 电子天平

30. 高压气瓶内装气体按物理性质分为(　　)。

A. 压缩气体　　　　B. 液体气体　　　　C. 溶解气体　　　　D. 惰性气体

31. 可选用氧气减压阀的气体钢瓶有(　　)。

A. 氢气钢瓶　　　　B. 氮气钢瓶　　　　C. 空气钢瓶　　　　D. 乙炔钢瓶

32. 乙炔气瓶要用专门的乙炔减压阀,使用时要注意(　　)。

A. 检漏

B. 二次表的压力控制在 0.5 MPa 左右

C. 停止用气进时先松开二次表的开关旋钮,后关气瓶总开关

D. 先关乙炔气瓶的开关,再松开二次表的开关旋钮

33. 下列关于气体钢瓶的使用正确的是(　　)。

A. 使用钢瓶中气体时,必须使用减压器

B. 减压器可以混用

C. 开启时只要不对准自己即可

D. 钢瓶应放在阴凉、通风的地方

(三) 判断题

1. (　　)凡遇有人触电,必须用最快的方法使触电者脱离电源。

2. (　　)实验室中油类物质引发的火灾可用二氧化碳灭火器进行灭火。

3. (　　)在实验室里,倾注和使用易燃、易爆物时,附近不得有明火。

4. (　　)使用灭火器扑救火灾时要对准火焰上部进行喷射。

5. (　　)钡盐接触人的伤口也会使人中毒。

6. (　　)当不慎吸入 H_2S 而感到不适时,应立即到室外呼吸新鲜空气。

7. (　　)腐蚀性中毒是通过皮肤进入皮下组织,不一定立即引起表面的灼伤。

8. (　　)用过的铬酸洗液应倒入废液缸,不能再次使用。

9. (　　)在使用氢氟酸时,为预防烧伤可套上纱布手套或线手套。

10. (　　)二次蒸馏水是指将蒸馏水重新蒸馏后得到的水。

11. (　　)分析用水的质量要求中,不用进行检验的指标是密度。

12. (　　)实验室三级水 pH 的测定应在 5.0～7.5 之间,可用精密 pH 试纸或酸碱指示剂检验。

13. （　　）实验用的纯水其纯度可通过测定水的电导率大小来判断，电导率越低，说明水的纯度越高。

14. （　　）三级水可贮存在经处理并用同级水洗涤过的密闭聚乙烯容器中。

15. （　　）各级用水在贮存期间，其被污染的主要来源是容器可溶成分的溶解、空气中的二氧化碳等其他杂质。

16. （　　）锥形瓶可以用去污粉直接刷洗。

17. （　　）进行滴定操作前，要将滴定管尖处的液滴靠近锥形瓶中。

18. （　　）容量瓶可以长期存放溶液。

19. （　　）酸式滴定管可以用洗涤剂直接刷洗。

20. （　　）硝酸银标准溶液应装在棕色碱式滴定管中进行滴定。

21. （　　）若想使容量瓶干燥，可在烘箱中烘烤。

22. （　　）天平使用过程中要避免震动、潮湿、阳光直射及腐蚀性气体。

23. （　　）高压气瓶外壳不同颜色代表灌装不同气体，氧气钢瓶的颜色为深绿色，氢气钢瓶的颜色为天蓝色，乙炔气的钢瓶颜色为白色，氮气钢瓶颜色为黑色。

24. （　　）为防止发生意外，气体钢瓶重新充气前瓶内残余气体应尽可能用尽。

25. （　　）化学试剂 AR 是分析纯，为二级品，其包装瓶签为红色。

26. （　　）化学试剂中二级品试剂常用于微量分析、标准溶液的配制、精密分析工作。

27. （　　）低沸点的有机标准物质，为防止其挥发，应保存在一般冰箱内。

28. （　　）化学纯试剂品质低于实验试剂。

29. （　　）化学试剂选用的原则是：在满足实验要求的前提下，选择试剂的级别应就低而不就高，即不超级造成浪费，且不能随意降低试剂级别而影响分析结果。

30. （　　）在实验室中，皮肤溅上浓碱时，在用大量水冲洗后继而用 5% 小苏打溶液处理。

五、化工制图

（一）单选题

1. 设备分类代号中表示容器的字母为（　　）
　　A. T　　　　　　　B. V　　　　　　　C. P　　　　　　　D. R

2. 阀体涂颜色为灰色，表示阀体材料为（　　）
　　A. 合金钢　　　　B. 不锈钢　　　　C. 碳素钢　　　　D. 工具钢

3. 高温管道是指温度高于（　　）的管道。
　　A. 30 ℃　　　　　B. 350 ℃　　　　C. 450 ℃　　　　D. 500 ℃

4. 公称直径为 125 mm，工作压力为 0.8 MPa 的工业管道应选用（　　）。
　　A. 普通水煤气管道　　　　　　　　B. 无缝钢管
　　C. 不锈钢管　　　　　　　　　　　D. 塑料管

5. 普通水煤气管，适用于工作压力不超出（　　）MPa 的管道。
　　A. 0.6　　　　　　B. 0.8　　　　　　C. 1.0　　　　　　D. 1.6

6. 疏水阀用于蒸汽管道上自动排除（　　）。

  A. 蒸汽   B. 冷凝水   C. 空气   D. 以上均不是

7. 锯割时,上锯条时,锯齿应向(　　)。

  A. 前   B. 后   C. 上   D. 下

8. 表示化学工业部标准符号的是(　　)。

  A. GB   B. JB   C. HG   D. HB

9. 在方案流程图中,设备的大致轮廓线应用(　　)表示。

  A. 粗实线   B. 细实线   C. 中粗实线 D. 双点画线

10. (　　)方式在石油化工管路的连接中应用极为广泛。

  A. 螺纹连接 B. 焊接   C. 法兰连接 D. 承插连接

11. 含硫热油泵的泵轴一般选用(　　)钢。

  A. 45   B. 40Cr   C. 3Cr13   D. 1Cr18Ni9Ti

12. 氨制冷系统用的阀门不宜采用(　　)。

  A. 铜制   B. 钢制   C. 塑料   D. 铸铁

13. (　　)是装于催化裂化装置再生器顶部出口与放空烟囱之间,用以控制再生器的压力,使之与反应器的压力基本平衡。

  A. 节流阀   B. 球阀   C. 单动滑阀 D. 双动滑阀

14. 化工工艺流程图是一种表示(　　)的示意性图样,根据表达内容的详略,分为方案流程图和施工流程图。

  A. 化工设备 B. 化工过程 C. 化工工艺 D. 化工生产过程

15. 化工工艺流程图中的设备用(　　)线画出,主要物料的流程线用(　　)实线表示。

  A. 细,粗   B. 细,细   C. 粗,细   D. 粗,细

16. 设备布置图和管路布置图主要包括反映设备、管路水平布置情况的(　　)图和反映某处立面布置情况的(　　)图。

  A. 平面,立面 B. 立面,平面 C. 平面,剖面 D. 剖面,平面

17. 用于泄压起保护作用的阀门是(　　)

  A. 截止阀   B. 减压阀   C. 安全阀   D. 止逆阀

18. 化工管路常用的连接方式有(　　)。

  A. 焊接和法兰连接   B. 焊接和螺纹连接

  C. 螺纹连接和承插式连接   D. 选项 A 和 C 都是

19. 对于使用强腐蚀性介质的化工设备,应选用耐腐蚀的不锈钢,且尽量使用(　　)不锈钢种。

  A. 含锰   B. 含铬镍   C. 含铅   D. 含钛

20. 碳钢和铸铁都是铁和碳的合金,它们的主要区别是含(　　)量不同。

  A. 硫   B. 碳   C. 铁   D. 磷

21. 水泥管的连接适宜采用的连接方式为(　　)。

  A. 螺纹连接 B. 法兰连接 C. 承插式连接 D. 焊接连接

22. 管路通过工厂主要交通干线时高度不得低于(　　)m。

  A. 2   B. 4.5   C. 6   D. 5

23. 下列阀门中,(　　)是自动作用阀。

  A. 截止阀   B. 节流阀   C. 闸阀   D. 止回阀

24. 阀门阀杆转动不灵活不正确的处理方法为（　　　）。
    A. 适当放松压盖　　B. 调直修理　　　　C. 更换新填料　　D. 清理积存物

25. 指出常用的管路(流程)系统中的阀门图形符号（　　　）是"止回阀"。
    A. —▷◁—　　　　B. —▷◁—　　　　C. —▷●—　　　　D. —▶◀—

26. 设备类别代号 T 涵义为（　　　）。
    A. 塔　　　　　　　B. 换热器　　　　　C. 容器　　　　　D. 泵

27. （　　　）在工艺设计中起主导作用,是施工安装的依据,同时又作为操作运行及检修的指南。
    A. 设备布置图　　　　　　　　　　　　B. 管道布置图
    C. 工艺管道及仪表流程图　　　　　　　D. 化工设备图

28. 工艺流程图基本构成是（　　　）
    A. 图形　　　　　　B. 图形和标注　　　C. 标题栏　　　　D. 图形、标注和标题栏

29. 管道的常用表示方法是（　　　）
    A. 管径代号　　　　　　　　　　　　　B. 管径代号和外径
    C. 管径代号、外径和壁厚　　　　　　　D. 管道外径

30. 管子的公称直径是指（　　　）
    A. 内径　　　　　　B. 外径　　　　　　C. 平均直径　　　D. 设计、制造的标准直径

31. 在工艺管架中管路采用 U 型管的目的是（　　　）
    A. 防止热胀冷缩　　B. 操作方便　　　　C. 安装需要　　　D. 调整方向

32. 中压容器设计压力范围为（　　　）
    A. $0.98\,MPa{\leqslant}P{<}1.2\,MPa$　　　　　　B. $1.2\,MPa{\leqslant}P{<}1.5\,MPa$
    C. $1.568\,MPa{\leqslant}P{<}9.8\,MPa$　　　　D. $1.568\,MPa{\leqslant}P{\leqslant}98\,MPa$

33. 管壳式换热器属于（　　　）
    A. 直接混合式换热器　　　　　　　　　B. 蓄热式换热器
    C. 间壁式换热器　　　　　　　　　　　D. 以上都不是

34. 化工工艺图包括工艺流程图、设备布置图和（　　　）。
    A. 物料流程图　　　B. 管路立面图　　　C. 管路平面图　　D. 管路布置图

35. 常用的检修工具有起重工具、（　　　）、检测工具和拆卸与装配工具。
    A. 扳手　　　　　　B. 电动葫芦　　　　C. 起重机械　　　D. 钢丝绳

36. 一般化工管路由管子、管件、阀门、支管架、（　　　）及其他附件所组成。
    A. 化工设备　　　　B. 化工机器　　　　C. 法兰　　　　　D. 仪表装置

37. 法兰或螺纹连接的阀门应在（　　　）状态下安装。
    A. 开启　　　　　　B. 关闭　　　　　　C. 半开启　　　　D. 均可

38. 阀门发生关闭件泄漏,检查出产生故障的原因为密封面不严,则排除方法为（　　　）。
    A. 正确选用阀门　　　　　　　　　　　B. 提高加工或修理质量
    C. 校正或更新阀杆　　　　　　　　　　D. 安装前试压、试漏,修理密封面

39. 化工设备常用材料的性能可分为工艺性能和（　　　）。
    A. 物理性能　　　　B. 使用性能　　　　C. 化学性能　　　D. 力学性能

40. 化工容器按工作原理和作用的不同可分为反应容器、换热容器、储存容器和（　　　）。
    A. 过滤容器　　　　B. 蒸发容器　　　　C. 分离容器　　　D. 气体净化分离容器

41. 型号为 J41W－16P 的截止阀,其中"16"表示(　　)。

　　A. 公称压力为 16 MPa　　　　　　　B. 公称压力为 16 Pa

　　C. 公称压力为 1.6 MPa　　　　　　D. 公称压力为 1.6 Pa

42. 不锈钢 1Cr18Ni9Ti 表示平均含碳量为(　　)。

　　A. 0.9×10^{-2}　　B. 2×10^{-2}　　C. 1×10^{-2}　　D. 0.1×10^{-2}

43. 阅读以下阀门结构图,表述正确的是(　　)。

①　　　　　②　　　　　③　　　　　④

　　A. ①属于截止阀　　　　　　　　　B. ①②属于截止阀

　　C. ①②③属于截止阀　　　　　　　D. ①②③④都属于截止阀

44. 下图中所示法兰属于(　　)法兰。

　　A. 平焊　　　　　　B. 对焊　　　　　　C. 插焊　　　　　　D. 活动

45. 游标卡尺上与游标 0 线对应的零件尺寸为 28 mm,游标总长度为 19 mm,有 20 个刻度,游标与主尺重合刻度线为 5,该零件的实际尺寸是(　　)。

　　A. 28.5 mm　　　　B. 28.25 mm　　　C. 28.1 mm　　　D. 28.75 mm

46. 下列管路图例中(　　)代表夹套管路。

　　A. ■■■■■■　　B. ├─┼─┼─┼─┤　　C. ├─╳─╳─╳─┤　　D. ┣━▥▥▥━┫

47. 有一条蒸汽管道和两条涂漆管道相向并行,这些管道垂直面排列时由上而下排列顺序是(　　)。

　　A. 粉红—红—深绿　　　　　　　　B. 红—粉红—深绿

　　C. 红—深绿—粉红　　　　　　　　D. 深绿—红—粉红

48. ─a⌐⌐b────b⌐⌐a─ 表示有(　　)根管线投影重叠。

　　A. 5　　　　　　　　B. 4　　　　　　　　C. 3　　　　　　　　D. 2

49. 下列(　　)化工设备的代号是 E。

　　A. 管壳式余热锅炉　　　　　　　　B. 反应釜

　　C. 干燥器　　　　　　　　　　　　D. 过滤器

50. 管道轴测图一般定 Z 轴为(　　)

　　A. 东西方向　　　　B. 南北方向　　　C. 上下方向　　　D. 左右方向

51. 波形补偿器应严格按照管道中心线安装,不得偏斜,补偿器两端应设(　　)

　　A. 至少一个导向支架　　　　　　　B. 至少各有一个导向支架

　　C. 至少一个固定支架　　　　　　　D. 至少各有一个固定支架

52. 管道工程中,(　　)的闸阀,可以不单独进行强度和严密性试验。

A. 公称压力小于 1 MPa,且公称直径小于或等于 600 mm

B. 公称压力小于 1 MPa,且公称直径大于或等于 600 mm

C. 公称压力大于 1 MPa,且公称直径小于或等于 600 mm

D. 公称压力大于 1 MPa,且公称直径大于或等于 600 mm

53. 带控制点工艺流程图又称为(　　　　)。

　　A. 方案流程图　　　　B. 施工流程图　　　　C. 设备流程图　　　　D. 电气流程图

54. 浓硫酸贮罐的材质应选择(　　　　)。

　　A. 不锈钢　　　　　　B. 碳钢　　　　　　　C. 塑料材质　　　　　D. 铅质材料

55. 化工企业中压力容器泄放压力的安全装置有:安全阀与(　　　　)等。

　　A. 疏水阀　　　　　　B. 止回阀　　　　　　C. 防爆膜　　　　　　D. 节流阀

56. 在化工工艺流程图中,仪表控制点以(　　　　)在相应的管道上用符号画出。

　　A. 虚线　　　　　　　B. 细实线　　　　　　C. 粗实线　　　　　　D. 中实线

57. 带控制点的工艺流程图构成有(　　　　)。

　　A. 设备、管线、仪表、阀门、图例和标题栏

　　B. 厂房

　　C. 设备和厂房

　　D. 方框流程图

58. 20 号钢表示钢中含碳量为(　　　　)。

　　A. 0.02%　　　　　　B. 0.2%　　　　　　　C. 2.0%　　　　　　　D. 20%

59. 下列指标中(　　　　)不属于机械性能指标。

　　A. 硬度　　　　　　　B. 塑性　　　　　　　C. 强度　　　　　　　D. 导电性

60. 阀门填料函泄漏的原因不是下列哪项?(　　　　)

　　A. 填料装的不严密　　B. 压盖未压紧　　　　C. 填料老化　　　　　D. 堵塞

61. 管道标准为 W1022 - 25×2.5B,其中 10 的含义是(　　　　)。

　　A. 物料代号　　　　　B. 主项代号　　　　　C. 管道顺序号　　　　D. 管道等级

62. 在管道布置中(　　　　)。

　　A. 不论什么管道都用单线绘制

　　B. 不论什么管道都用双线绘制

　　C. 公称直径大于或等于 400 mm 的管道用双线,小于或等于 350 mm 的管道用单线绘制

　　D. 不论什么管道都用粗实线绘制

63. 化工管件中,管件的作用是(　　　　)。

　　A. 连接管子　　　　　　　　　　　　B. 改变管路方向

　　C. 接出支管和封闭管路　　　　　　　D. 选项 A、B、C 全部包括

64. 阀门的主要作用是(　　　　)。

　　A. 启闭作用　　　　　B. 调节作用　　　　　C. 安全保护作用　　D. 前三种作用均具备

65. 化工管路的连接方法,常用的有(　　　　)。

　　A. 螺纹连接　　　　　　　　　　　　B. 法兰连接

　　C. 轴承连接和焊接　　　　　　　　　D. 选项 A、B、C 均可

66. 高温下长期受载的设备,不可轻视(　　　　)。

A. 胀性破裂   B. 热膨胀性   C. 蠕变现象   D. 腐蚀问题

67. 化工设备一般都采用塑性材料制成,其所受的压力一般都应小于材料的( ),否则会产生明显的塑性变形。

A. 比例极限   B. 弹性极限   C. 屈服极限   D. 强度极限

68. 以下属于化工容器常用低合金钢的是( )

A. Q235A.F   B. 16Mn   C. 65Mn   D. 45 钢

69. 针对压力容器的载荷形式和环境条件选择耐应力腐蚀的材料,高浓度的氯化物介质,一般选用( )。

A. 低碳钢   B. 含镍、铜的低碳高铬铁素体不锈钢

C. 球墨铸铁   D. 铝合金

70.  ——||⋈||—— 表示( )。

A. 螺纹连接,手动截止阀   B. 焊接连接,自动闸阀

C. 法兰连接,自动闸阀   D. 法兰连接,手动截止阀

71. 在设备分类代号中哪个字母代表换热器?( )

A. T   B. E   C. F   D. R

72. 化工工艺流程图分为( )和施工流程图。

A. 控制流程图   B. 仪表流程图   C. 设备流程图   D. 方案流程图

73. 在工艺管道及仪表流程图中,是由图中的( )反映实际管道的粗细的。

A. 管道标注   B. 管线粗细   C. 管线虚实   D. 管线长短

74. 在化工管路中,对于要求强度高、密封性好、能拆卸的管路,通常采用( )。

A. 法兰连接   B. 承插连接   C. 焊接   D. 螺纹连接

75. 利用阀杆升降带动与之相连的圆形阀盘,改变阀盘与阀座间的距离达到控制启闭的阀门是( )。

A. 闸阀   B. 截止阀   C. 蝶阀   D. 旋塞阀

76. ( )在管路上安装时,应特别注意介质出入阀口的方向,使其"低进高出"。

A. 闸阀   B. 截止阀   C. 蝶阀   D. 旋塞阀

77. 闸阀的阀盘与阀座的密封面泄漏,一般是采用( )方法进行修理。

A. 更换   B. 加垫片   C. 研磨   D. 防漏胶水

78. 工作压力为 8 MPa 的反应器属于( )。

A. 低压容器   B. 中压容器   C. 高压容器   D. 超高压容器

79. 下列比例中,( )是优先选用的比例。

A. 4∶1   B. 1∶3   C. 5∶1   D. $1∶1.5×10^{n}$

80. 下列符号中代表指示.控制的是( )。

A. TIC   B. TdRC   C. PdC   D. AC

81. 下列四种阀门图形中,表示截止阀的是( )。

A. ⋈   B. ⋈   C. ◹   D. ⋈

82. 在工艺流程图中,常用设备如换热器、反应器、容器、塔的符号表示顺序是( )。

A. T、V、R、E   B. R、F、V、T

C. E、R、V、T   D. R、V、L、T

（二）判断题

1. （　　）不论在什么介质中不锈钢的耐腐蚀性都强于碳钢。

2. （　　）工艺流程图分为方案流程图和工艺施工流程图。

3. （　　）在阀门型号 H41T－16 中，4 表示法兰连接。

4. （　　）管件是管路中的重要零件，它起着连接管子，改变方向，接出支管和封闭管路的作用。

5. （　　）工作温度为－1.6 ℃的管道为低温管道。

6. （　　）水煤气管道广泛应用在小直径的低压管路上。

7. （　　）PPB 塑料管其耐高温性能优于 PPR 塑料管。

8. （　　）制造压力容器的钢材一般都采用中碳钢。

9. （　　）氧乙炔管道与易燃、可燃液体、气体管道或有毒液体管道可以铺设在同一地沟内。

10. （　　）Q235－AF 碳素钢的屈服极限为 235 MPa，屈服极限是指材料所能承受的最大应力。

11. （　　）管路交叉时，一般将上面（或前面）的管路断开，也可将下方（或后方）的管路画上断裂符号断开。

12. （　　）管路的投影重叠而需要表示出不可见的管段时，可采用断开显露法将上面管路的投影断开，并画上断裂符号。

13. （　　）化工工艺图主要包括化工工艺流程图、化工设备布置图和管路布置图。

14. （　　）化工管路是化工生产中所使用的各种管路的总称，一般由管子、管件、阀门、管架等组成。

15. （　　）常用材料为金属材料、非金属材料、工程材料三大类。

16. （　　）法兰连接是化工管路最常用的连接方式。

17. （　　）截止阀可用于输送含有沉淀和结晶，以及黏度较大的物料。

18. （　　）狭义上，一切金属的氧化物叫做陶瓷，其中以 SiO_2 为主体的陶瓷通常称为硅酸盐材料。

19. （　　）一个流程由流程线、物料流向、名称及物料的来源和去向构成。

20. （　　）化工管路中通常在管路的相对低点安装有排液阀。

21. （　　）酸碱性反应介质可采用不锈钢材质的反应器。

22. （　　）安全阀在设备正常工作时是处于关闭状态的。

23. （　　）离心泵开车之前，必须打开进口阀和出口阀。

24. （　　）管道的法兰连接属于可拆连接，焊接连接属于不可拆连接。

25. （　　）工作介质为气体的管道，一般应用不带油的压缩空气或氮气进行吹扫。

26. （　　）起重用钢丝绳未发现断丝就可继续使用。

27. （　　）物料管路一般都铺成一定的斜度，主要目的是在停工时可使物料自然放尽。

28. （　　）截止阀安装方向应遵守"低进高出"的原则。

29. （　　）平焊法兰刚度大，适用于工作压力等级较高、温度较高、密封要求高的管道。

30. （　　）节流阀与截止阀的阀芯形状不同，因此它比截止阀的调节性能好。

31. （　　）球阀的阀芯经常采取铜材或陶瓷材料制造，主要可使阀芯耐磨损和防止介质腐蚀。

32. （　　）在化工设备中能承受操作压力 $P \geqslant 100\,MPa$ 的容器是高压容器。

33. （　　）管法兰和压容器法兰的公称直径均应为所连接管子的外径。

34. （　　）水平管道法兰的螺栓孔，其最上面两个应保持水平。

35. （　　）离心水泵出水管应设置闸阀和调节阀。

36. （　　）一般工业管道的最低点和最高点应装设相应的放水、放气装置。

37. （　　）防腐蚀衬里管道全部用法兰连接，弯头、三通、四通等管件均制成法兰式。

38. （　　）含碳量小于 2% 的铁碳合金称为铸铁。

39. （　　）化工管路主要是由管子、管件和阀门等三部分所组成。

40. （　　）化工企业中，管道的连接方式只有焊接与螺纹连接等两种。

六、化工单元过程与设备

（一）单选题

1. 启动离心泵前应（　　）。

   A. 关闭出口阀　　　　　　　　　　　B. 打开出口阀

   C. 关闭入口阀　　　　　　　　　　　D. 同时打开入口阀和出口阀

2. 离心泵操作中，能导致泵出口压力过高的原因是（　　）。

   A. 润滑油不足　　B. 密封损坏　　　C. 排出管路堵塞　D. 冷却水不足

3. 离心泵的轴功率 N 和流量 Q 的关系为（　　）。

   A. Q 增大，N 增大　　　　　　　　B. Q 增大，N 先增大后减小

   C. Q 增大，N 减小　　　　　　　　D. Q 增大，N 先减小后增大

4. 离心泵在启动前应（　　）出口阀，旋涡泵启动前应（　　）出口阀。

   A. 打开，打开　　B. 关闭，打开　　C. 打开，关闭　　D. 关闭，关闭

5. 为了防止（　　）现象发生，启动离心泵时必须先关闭泵的出口阀。

   A. 电机烧坏　　　B. 叶轮受损　　　C. 气缚　　　　　D. 气蚀

6. 叶轮的作用是（　　）。

   A. 传递动能　　　B. 传递位能　　　C. 传递静压能　　D. 传递机械能

7. 喘振是（　　）时，所出现的一种不稳定工作状态。

   A. 实际流量大于性能曲线所表明的最小流量

   B. 实际流量大于性能曲线所表明的最大流量

   C. 实际流量小于性能曲线所表明的最小流量

   D. 实际流量小于性能曲线所表明的最大流量

8. 离心泵最常用的调节方法是（　　）。

   A. 改变吸入管路中阀门开度　　　　　B. 改变出口管路中阀门开度

   C. 安装回流支路，改变循环量的大小　D. 车削离心泵的叶轮

9. 某泵在运行的时候发现有气蚀现象应（　　）。

   A. 停泵向泵内灌液　　　　　　　　　B. 降低泵的安装高度

  C. 检查进口管路是否漏液   D. 检查出口管阻力是否过大

10. 将含晶体 10% 的悬浊液送往料槽宜选用( )。

  A. 离心泵   B. 往复泵   C. 齿轮泵   D. 喷射泵

11. 离心泵铭牌上标明的扬程是( )。

  A. 功率最大时的扬程   B. 最大流量时的扬程

  C. 泵的最大量程   D. 效率最高时的扬程

12. 离心通风机铭牌上的标明风压是 $100\ mmH_2O$ 意思是( )。

  A. 输任何条件的气体介质的全风压都达到 $100\ mmH_2O$

  B. 输送空气时不论流量的多少,全风压都可达到 $100\ mmH_2O$

  C. 输送任何气体介质当效率最高时,全风压为 $100\ mmH_2O$

  D. 输送 $20\ ℃$,$101\ 325\ Pa$ 的空气,在效率最高时全风压为 $100\ mmH_2O$

13. 压强表上的读数表示被测流体的绝对压强比大气压强高出的数值,称为( )。

  A. 真空度   B. 表压强   C. 相对压强   D. 附加压强

14. 流体由 1-1 截面流入 2-2 截面的条件是( )。

  A. $gz_1+p_1/\rho=gz_2+p_2/\rho$ B. $gz_1+p_1/\rho>gz_2+p_2/\rho$

  C. $gz_1+p_1/\rho<gz_2+p_2/\rho$ D. 以上都不是

15. 泵将液体由低处送到高处的高度差叫做泵的( )。

  A. 安装高度   B. 扬程   C. 吸上高度   D. 升扬高度

16. 造成离心泵气缚的原因是( )。

  A. 安装高度太高   B. 泵内流体平均密度太小

  C. 入口管路阻力太大   D. 泵不能抽水

17. 试比较离心泵下述三种流量调节方式能耗的大小:① 阀门调节(节流法);② 旁路调节;③ 改变泵叶轮的转速或切削叶轮。( )

  A. ②>①>③ B. ①>②>③ C. ②>③>① D. ①>③>②

18. 当两台规格相同的离心泵并联时,只能说( )。

  A. 在新的工作点处较原工作点处的流量增大一倍

  B. 当扬程相同时,并联泵特性曲线上的流量是单台泵特性曲线上流量的两倍

  C. 在管路中操作的并联泵较单台泵流量增大一倍

  D. 在管路中操作的并联泵扬程与单台泵操作时相同,但流量增大两倍

19. 离心泵内导轮的作用是( )。

  A. 增加转速 B. 改变叶轮转向 C. 转变能量形式 D. 密封

20. 当离心压缩机的操作流量小于规定的最小流量时,即可能发生( )现象。

  A. 喘振   B. 气蚀   C. 气塞   D. 气缚

21. 当流量、管长和管子的摩擦系数等不变时,管路阻力近似地与管径的( )次方成反比。

  A. 2   B. 3   C. 4   D. 5

22. 往复泵的流量调节采用( )。

  A. 入口阀开度 B. 出口阀开度 C. 出口支路 D. 入口支路

23. 往复压缩机的余隙系数越大,压缩比越大,则容积系数( )。

  A. 越小   B. 越大   C. 不变   D. 无法确定

24. 输送表压为 $0.5\,\mathrm{MPa}$,流量为 $180\,\mathrm{m^3/h}$ 的饱和水蒸气应选用(　　)。

    A. Dg80 的黑铁管　　　　　　　　　　B. Dg80 的无缝钢管

    C. Dg40 的黑铁管　　　　　　　　　　D. Dg40 的无缝钢管

25. 当两个同规格的离心泵串联使用时,只能说(　　)。

    A. 串联泵较单台泵实际的扬程增大一倍

    B. 串联泵的工作点处较单台泵的工作点处扬程增大一倍

    C. 当流量相同时,串联泵特性曲线上的扬程是单台泵特性曲线上的扬程的两倍

    D. 在管路中操作的串联泵,流量与单台泵操作时相同,但扬程增大两倍

26. 能自动间歇排除冷凝液并阻止蒸气排出的是(　　)。

    A. 安全阀　　　　　B. 减压阀　　　　　C. 止回阀　　　　　D. 疏水阀

27. 符合化工管路的布置原则的是(　　)。

    A. 各种管线成列平行,尽量走直线

    B. 平行管路垂直排列时,冷的在上,热的在下

    C. 并列管路上的管件和阀门应集中安装

    D. 一般采用暗线安装

28. 离心泵中 Y 型泵为(　　)。

    A. 单级单吸清水泵　　　　　　　　　　B. 多级清水泵

    C. 耐腐蚀泵　　　　　　　　　　　　　D. 油泵

29. 对于往复泵,下列说法错误的是(　　)。

    A. 有自吸作用,安装高度没有限制

    B. 实际流量只与单位时间内活塞扫过的面积有关

    C. 理论上扬程与流量无关,可以达到无限大

    D. 启动前必须先用液体灌满泵体,并将出口阀门关闭

30. 对离心泵错误的安装或操作方法是(　　)。

    A. 吸入管直径大于泵的吸入口直径　　B. 启动前先向泵内灌满液体

    C. 启动时先将出口阀关闭　　　　　　D. 停车时先停电机,再关闭出口阀

31. 下列物系中,不可以用旋风分离器加以分离的是(　　)。

    A. 悬浮液　　　　　B. 含尘气体　　　　C. 酒精水溶液　　　D. 乳浊液

32. 在讨论旋风分离器分离性能时,临界直径这一术语是指(　　)。

    A. 旋风分离器效率最高时的旋风分离器的直径

    B. 旋风分离器允许的最小直径

    C. 旋风分离器能够全部分离出来的最小颗粒的直径

    D. 能保持滞流流型时的最大颗粒直径

33. 以下过滤机是连续式过滤机的是(　　)。

    A. 箱式叶滤机　　　　　　　　　　　　B. 真空叶滤机

    C. 回转真空过滤机　　　　　　　　　　D. 板框压滤机

34. 当其他条件不变时,提高回转真空过滤机的转速,则过滤机的生产能力(　　)。

    A. 提高　　　　　　B. 降低　　　　　　C. 不变　　　　　　D. 不一定

35. 与降尘室的生产能力无关的是(　　)。

    A. 降尘室的长　　　B. 降尘室的宽　　　C. 降尘室的高　　　D. 颗粒的沉降速度

36. 导热系数的单位为( )。

　　A. $W/(m \cdot ℃)$　　B. $W/(m^2 \cdot ℃)$　　C. $W/(kg \cdot ℃)$　　D. $W/(S \cdot ℃)$

37. 夏天电风扇之所以能解热是因为( )。

　　A. 它降低了环境温度　　　　　　　B. 产生强制对流带走了人体表面的热量

　　C. 增强了自然对流　　　　　　　　D. 产生了导热

38. 有一种 $30℃$ 流体需加热到 $80℃$,下列三种热流体的热量都能满足要求,应选( )有利于节能。

　　A. $400℃$ 的蒸气　　B. $300℃$ 的蒸气　　C. $200℃$ 的蒸气　　D. $150℃$ 的热流体

39. 工业生产中,沸腾传热应设法保持在( )。

　　A. 自然对流区　　B. 核状沸腾区　　　C. 膜状沸腾区　　　D. 过渡区

40. 用 $120℃$ 的饱和蒸气加热原油,换热后蒸气冷凝成同温度的冷凝水,此时两流体的平均温度差之间的关系为 $(\Delta t_m)_{并流}$ ( ) $(\Delta t_m)_{逆流}$。

　　A. 小于　　　　　　B. 大于　　　　　　C. 等于　　　　　　D. 不定

41. 物质导热系数的顺序是( )。

　　A. 金属>一般固体>液体>气体　　　B. 金属>液体>一般固体>气体

　　C. 金属>气体>液体>一般固体　　　D. 金属>液体>气体>一般固体

42. 下列四种不同的对流给热过程:空气自然对流 α_1,空气强制对流 α_2(流速为 $3\,m/s$),水强制对流 α_3(流速为 $3\,m/s$),水蒸气冷凝 α_4。α 值的大小关系为( )。

　　A. $\alpha_3>\alpha_4>\alpha_1>\alpha_2$　　　　　　B. $\alpha_4>\alpha_3>\alpha_2>\alpha_1$

　　C. $\alpha_4>\alpha_2>\alpha_1>\alpha_3$　　　　　　D. $\alpha_3>\alpha_2>\alpha_1>\alpha_4$

43. 换热器中冷物料出口温度升高,可能引起的原因有多个,除了( )。

　　A. 冷物料流量下降　　　　　　　　B. 热物料流量下降

　　C. 热物料进口温度升高　　　　　　D. 冷物料进口温度升高

44. 用 $120℃$ 的饱和水蒸气加热常温空气。蒸气的冷凝膜系数约为 $2\,000\,W/(m^2 \cdot K)$,空气的膜系数约为 $60\,W/(m^2 \cdot K)$,其过程的传热系数 K 及传热面壁温接近于( )。

　　A. $2\,000\,W/(m^2 \cdot K)$,$120℃$　　　　B. $2\,000\,W/(m^2 \cdot K)$,$40℃$

　　C. $60\,W/(m^2 \cdot K)$,$120℃$　　　　　D. $60\,W/(m^2 \cdot K)$,$40℃$

45. 双层平壁定态热传导,两层壁厚相同,各层的导热系数分别为 λ_1 和 λ_2,其对应的温度差为 Δt_1 和 Δt_2。若 $\Delta t_1>\Delta t_2$,则 λ_1 和 λ_2 的关系为( )。

　　A. $\lambda_1<\lambda_2$　　　B. $\lambda_1>\lambda_2$　　　C. $\lambda_1=\lambda_2$　　　D. 无法确定

46. 水在无相变时在圆形管内强制湍流,对流传热系数 α_i 为 $1\,000\,W/(m^2 \cdot ℃)$,若将水的流量增加 1 倍,而其他条件不变,则 α_i 为( )。

　　A. $2\,000$　　　　B. $1\,741$　　　　C. 不变　　　　D. 500

47. 有一套管换热器,环隙中有 $119.6℃$ 的蒸气冷凝,管内的空气从 $20℃$ 被加热到 $50℃$,管壁温度应接近( )。

　　A. $20℃$　　　　　B. $50℃$　　　　　C. $77.3℃$　　　　D. $119.6℃$

48. 套管冷凝器的内管走空气,管间走饱和水蒸气,如果蒸气压力一定,空气进口温度一定,当空气流量增加时传热系数 K 应( )。

　　A. 增大　　　　　B. 减小　　　　　C. 基本不变　　　D. 无法判断

49. 套管冷凝器的内管走空气,管间走饱和水蒸气,如果蒸气压力一定,空气进口温度一定,当空气流量增加时空气出口温度(   )。

  A. 增大   B. 减小   C. 基本不变 D. 无法判断

  50. 利用水在逆流操作的套管换热器中冷却某物料。要求热流体的温度 T_1,T_2 及流量 W_1 不变。今因冷却水进口温度 t_1 增高,为保证完成生产任务,提高冷却水的流量 W_2,其结果(   )。

  A. K 增大,Δt_m 不变   B. Q 不变,Δt_m 下降,K 增大

  C. Q 不变,K 增大,Δt_m 不确定 D. Q 增大,Δt_m 下降

  51. 某单程列管式换热器,水走管程呈湍流流动,为满足扩大生产需要,保持水的进口温度不变的条件下,将用水量增大一倍,则水的对流传热膜系数为改变前的(   )。

  A. 1.149 倍 B. 1.74 倍 C. 2 倍   D. 不变

  52. 要求热流体从 300 ℃ 降到 200 ℃,冷流体从 50 ℃ 升高到 260 ℃,宜采用(   )换热。

  A. 逆流   B. 并流   C. 并流或逆流 D. 以上都不正确

  53. 会引起列管式换热器冷物料出口温度下降的事故有(   )。

  A. 正常操作时,冷物料进口管堵 B. 热物料流量太大

  C. 冷物料泵坏   D. 热物料泵坏

  54. 在列管式换热器操作中,不需停车的事故有(   )。

  A. 换热器部分管堵   B. 自控系统失灵

  C. 换热器结垢严重   D. 换热器列管穿孔

  55. 某换热器中冷热流体的进出口温度分别为 $T_1=400$ K,$T_2=300$ K,$t_1=200$ K,$t_2=230$ K,逆流时,$\Delta t_m=$(   )K。

  A. 170   B. 100   C. 200   D. 132

  56. 热敏性物料宜采用(   )蒸发器。

  A. 自然循环式 B. 强制循环式 C. 膜式   D. 都可以

  57. 蒸发可适用于(   )。

  A. 溶有不挥发性溶质的溶液

  B. 溶有挥发性溶质的溶液

  C. 溶有不挥发性溶质和溶有挥发性溶质的溶液

  D. 挥发度相同的溶液

  58. 对于在蒸发过程中有晶体析出的液体的多效蒸发,最好用(   )蒸发流程。

  A. 并流法   B. 逆流法   C. 平流法   D. 都可以

  59. 逆流加料多效蒸发过程适用于(   )。

  A. 黏度较小溶液的蒸发

  B. 有结晶析出的蒸发

  C. 黏度随温度和浓度变化较大的溶液的蒸发

  D. 都可以

  60. 有结晶析出的蒸发过程,适宜流程是(   )。

  A. 并流加料   B. 逆流加料

  C. 分流(平流)加料   D. 错流加料

  61. 蒸发操作中所谓温度差损失,实际是指溶液的沸点(   )二次蒸气的饱和温度。

  A. 小于   B. 等于   C. 大于   D. 上述三者都不是

62. 下列蒸发器,溶液循环速度最快的是( )
 A. 标准式 B. 悬框式 C. 列文式 D. 强制循环式

63. 减压蒸发不具有的优点是( )。
 A. 减少传热面积 B. 可蒸发不耐高温的溶液
 C. 提高热能利用率 D. 减少基建费和操作费

64. 就蒸发同样任务而言,单效蒸发生产能力 $W_单$ 与多效蒸发的生产能力 $W_多$( )。
 A. $W_单 > W_多$ B. $W_单 < W_多$ C. $W_单 = W_多$ D. 不确定

65. 在相同的条件下蒸发同样任务的溶液时,多效蒸发的总温度差损失 $\sum \Delta_多$ 与单效蒸发的总温度差损失 $\sum \Delta_单$ 的关系是( )。
 A. $\sum \Delta_多 = \sum \Delta_单$ B. $\sum \Delta_多 > \sum \Delta_单$ C. $\sum \Delta_多 < \sum \Delta_单$ D. 不确定

66. 蒸发流程中除沫器的作用主要是( )。
 A. 气液分离 B. 强化蒸发器传热
 C. 除去不凝性气体 D. 利用二次蒸气

67. 自然循环型蒸发器的中溶液的循环是由于溶液产生( )。
 A. 浓度差 B. 密度差 C. 速度差 D. 温度差

68. 化学工业中分离挥发性溶剂与不挥发性溶质的主要方法是( )。
 A. 蒸馏 B. 蒸发 C. 结晶 D. 吸收

69. 在单效蒸发器内,将某物质的水溶液自浓度 5% 浓缩至 25%(皆为质量分数),每小时处理 2 t 原料液。溶液在常压下蒸发,沸点是 373 K(二次蒸气的汽化热为 2 260 kJ/kg)。加热蒸气的温度为 403 K,汽化热为 2 180 kJ/kg。则原料液在沸点时加入蒸发器,加热蒸气的消耗量是( )。
 A. 1 960 kg/h B. 1 660 kg/h C. 1 590 kg/h D. 1.04 kg/h

70. 为了蒸发某种黏度随浓度和温度变化比较大的溶液,应采用( )。
 A. 并流加料流程 B. 逆流加料流程 C. 平流加料流程 D. 并流或平流

71. 工业生产中的蒸发通常是( )。
 A. 自然蒸发 B. 沸腾蒸发 C. 自然真空蒸发 D. 不确定

72. 在蒸发操作中,若使溶液在( )下沸腾蒸发,可降低溶液沸点而增大蒸发器的有效温度差。
 A. 减压 B. 常压 C. 加压 D. 变压

73. 料液随浓度和温度变化较大时,若采用多效蒸发,则需采用( )。
 A. 并流加料流程 B. 逆流加料流程 C. 平流加料流程 D. 以上都可采用

74. 提高蒸发器生产强度的主要途径是增大( )。
 A. 传热温度差 B. 加热蒸气压力 C. 传热系数 D. 传热面积

75. 对黏度随浓度增加而明显增大的溶液蒸发,不宜采用( )加料的多效蒸发流程。
 A. 并流 B. 逆流 C. 平流 D. 错流

76. 下列叙述正确的是( )。
 A. 空气的相对湿度越大,吸湿能力越强
 B. 湿空气的比体积为 1 kg 湿空气的体积
 C. 湿球温度与绝热饱和温度必相等
 D. 对流干燥中,空气是最常用的干燥介质

77. 50 kg 湿物料中含水 10 kg,则干基含水量为(　　)%。

    A. 15　　　　　　　B. 20　　　　　　　C. 25　　　　　　　D. 40

78. 以下关于对流干燥的特点,不正确的是(　　)。

    A. 对流干燥过程是气、固两相热、质同时传递的过程

    B. 对流干燥过程中气体传热给固体

    C. 对流干燥过程中湿物料的水被气化进入气相

    D. 对流干燥过程中湿物料表面温度始终恒定于空气的湿球温度

79. 将氯化钙与湿物料放在一起,使物料中水分除去,这是采用哪种去湿方法?(　　)

    A. 机械去湿　　　B. 吸附去湿　　　C. 供热去湿　　　D. 无法确定

80. 在总压 101.33 kPa,温度 20 ℃下,某空气的湿度为 0.01 kg 水/kg 干空气,现维持总压不变,将空气温度升高到 50 ℃,则相对湿度(　　)。

    A. 增大　　　　　B. 减小　　　　　C. 不变　　　　　D. 无法判断

81. 下面关于湿空气的干球温度 t,湿球温度 t_w,露点 t_d,三者关系中正确的是(　　)。

    A. $t>t_w>t_d$　　B. $t>t_d>t_w$　　C. $t_d>t_w>t$　　D. $t_w>t_d>t$

82. 用对流干燥方法干燥湿物料时,不能除去的水分为(　　)。

    A. 平衡水分　　　B. 自由水分　　　C. 非结合水分　　　D. 结合水分

83. 除了(　　),下列都是干燥过程中使用预热器的目的。

    A. 提高空气露点　　　　　　　　　B. 提高空气干球温度

    C. 降低空气的相对湿度　　　　　　D. 增大空气的吸湿能力

84. 化学反应速率常数与下列(　　)因素无关。

    A. 温度　　　　　B. 浓度　　　　　C. 反应物特性　　　D. 活化能

85. 利用空气作介质干燥热敏性物料,且干燥处于降速阶段,欲缩短干燥时间,则可采取的最有效措施是(　　)。

    A. 提高介质温度　　　　　　　　　B. 增大干燥面积,降低物料厚度

    C. 降低介质相对湿度　　　　　　　D. 提高介质流速

86. 将水喷洒于空气中而使空气减湿,应该使水温(　　)。

    A. 等于湿球温度　　B. 低于湿球温度　　C. 高于露点　　　D. 低于露点

87. 在一定温度和总压下,湿空气的水汽分压和饱和湿空气的水汽分压相等,则湿空气的相对湿度为(　　)。

    A. 0　　　　　　　B. 100%　　　　　C. 0～50%　　　　D. 50%

88. 将不饱和湿空气在总压和湿度不变的条件下冷却,当温度达到(　　)时,空气中的水汽开始凝结成露滴。

    A. 干球温度　　　B. 湿球温度　　　C. 露点　　　　　D. 绝热饱和温度

89. 在一定空气状态下,用对流干燥方法干燥湿物料时,能除去的水分为(　　)。

    A. 结合水分　　　B. 非结合水分　　C. 平衡水分　　　D. 自由水分

90. 当 $\varphi<100\%$ 时,物料的平衡水分一定是(　　)。

    A. 非结合水　　　B. 自由水分　　　C. 结合水分　　　D. 临界水分

91. 对于对流干燥器,干燥介质的出口温度应(　　)。

    A. 小于露点　　　B. 等于露点　　　C. 大于露点　　　D. 不能确定

92. 干燥进行的条件是被干燥物料表面所产生的水蒸气分压(　　)干燥介质中水蒸气

分压。

    A. 小于   B. 等于   C. 大于   D. 不等于

93. 气流干燥器适合于干燥(　　)介质。

    A. 热固性   B. 热敏性   C. 热稳定性   D. 一般性

94. 湿空气经预热后,它的焓增大,而它的湿含量 H 和相对湿度 φ 属于下面哪一种情况?(　　)

    A. H,φ 都升高   B. H 不变,φ 降低   C. H,φ 都降低

95. 某一对流干燥流程需一风机:① 风机装在预热器之前,即新鲜空气入口处;② 风机装在预热器之后。比较①、②两种情况下风机的风量 V_{S1} 和 V_{S2},则有(　　)。

    A. $V_{S1}=V_{S2}$ B. $V_{S1}>V_{S2}$ C. $V_{S1}<V_{S2}$ D. 无法判断

96. 精馏塔中自上而下(　　)。

    A. 分为精馏段、加料板和提馏段三个部分

    B. 温度依次降低

    C. 易挥发组分浓度依次降低

    D. 蒸气质量依次减少

97. 由气体和液体流量过大两种原因共同造成的是(　　)现象。

    A. 漏液   B. 液沫夹带   C. 气泡夹带   D. 液泛

98. 二元溶液连续精馏计算中,物料的进料状态变化将引起(　　)的变化。

    A. 相平衡线   B. 进料线和提馏段操作线

    C. 精馏段操作线   D. 相平衡线和操作线

99. 某二元混合物,若液相组成 x_A 为 0.45,相应的泡点温度为 t_1,气相组成 y_A 为 0.45,相应的露点温度为 t_2,则(　　)。

    A. $t_1<t_2$ B. $t_1=t_2$ C. $t_1>t_2$ D. 不能判断

100. 两组分物系的相对挥发度越小,则表示分离该物系越(　　)。

    A. 容易   B. 困难   C. 完全   D. 不完全

101. 在再沸器中,溶液(　　)而产生上升蒸气,是精馏得以连续稳定操作的一个必不可少条件。

    A. 部分冷凝   B. 全部冷凝   C. 部分气化   D. 全部气化

102. 正常操作的二元精馏塔,塔内某截面上升气相组成 Y_{n+1} 和下降液相组成 X_n 的关系是(　　)。

    A. $Y_{n+1}>X_n$ B. $Y_{n+1}<X_n$ C. $Y_{n+1}=X_n$ D. 不能确定

103. 精馏过程设计时,增大操作压强,塔顶温度(　　)。

    A. 增大   B. 减小   C. 不变   D. 不能确定

104. 若仅仅加大精馏塔的回流量,会引起的结果是(　　)。

    A. 塔顶产品中易挥发组分浓度提高   B. 塔底产品中易挥发组分浓度提高

    C. 提高塔顶产品的产量   D. 减少塔釜产品的产量

105. 在常压下苯的沸点为 $80.1\,℃$,环乙烷的沸点为 $80.73\,℃$,欲使该两组分混合物得到分离,则宜采用(　　)。

    A. 恒沸精馏   B. 普通精馏   C. 萃取精馏   D. 水蒸气蒸馏

106. 塔板上造成气泡夹带的原因是(　　)。

A. 气速过大　　　　B. 气速过小　　　　C. 液流量过大　　D. 液流量过小

107. 有关灵敏板的叙述,正确的是(　　)。

A. 是操作条件变化时,塔内温度变化最大的那块板

B. 板上温度变化,物料组成不一定都变

C. 板上温度升高,反应塔顶产品组成下降

D. 板上温度升高,反应塔底产品组成增大

108. 下列叙述错误的是(　　)。

A. 板式塔内以塔板作为气液两相接触传质的基本构件

B. 安装出口堰是为了保证气液两相在塔板上有充分的接触时间

C. 降液管是塔板间液流通道,也是溢流液中所夹带气体的分离场所

D. 降液管与下层塔板的间距应大于出口堰的高度

109. 精馏塔中由塔顶向下的第 $n-1$、n、$n+1$ 层塔板,其气相组成关系为(　　)。

A. $y_{n+1} > y_n > y_{n-1}$ 　　　　　　　　B. $y_{n+1} = y_n = y_{n-1}$

C. $y_{n+1} < y_n < y_{n-1}$ 　　　　　　　　D. 不确定

110. 某二元混合物,$\alpha = 3$,全回流条件下 $x_n = 0.3$,$y_{n-1} = (\ \ )$。

A. 0.9　　　　　　B. 0.3　　　　　　C. 0.854　　　　　D. 0.794

111. 下列哪个选项不属于精馏设备的主要部分?(　　)

A. 精馏塔　　　　B. 塔顶冷凝器　　　C. 再沸器　　　　　D. 馏出液贮槽

112. 在多数板式塔内,气液两相的流动,从总体上是(　　)流,而在塔板上两相为(　　)流流动。

A. 逆,错　　　　B. 逆,并　　　　　C. 错,逆　　　　　D. 并,逆

113. 某精馏塔精馏段理论塔板数为 N_1 层,提留段理论板数为 N_2 层,现因设备改造,使精馏段理论板数增加,提馏段理论板数不变,且 F、x_F、q、R、V 等均不变,则此时(　　)。

A. x_D 增加,x_W 不变　　　　　　　B. x_D 增加,x_W 减小

C. x_D 增加,x_W 增加　　　　　　　D. x_D 增加,x_W 的变化视具体情况而定

114. 某二元混合物,其中 A 为易挥发组分,当液相组成 $x_A = 0.6$,相应的泡点为 t_1,与之平衡的气相组成为 $y_A = 0.7$,与该 $y_A = 0.7$ 的气相相应的露点为 t_2,则 t_1 与 t_2 的关系为(　　)。

A. $t_1 = t_2$　　　　B. $t_1 < t_2$　　　　C. $t_1 > t_2$　　　　D. 不一定

115. 在筛板精馏塔设计中,增加塔板开孔率,可使漏液线(　　)。

A. 上移　　　　　B. 不动　　　　　　C. 下移　　　　　　D. 都有可能

116. 氨水的摩尔分率为 20%,而它的比分率应是(　　)%。

A. 15　　　　　　B. 20　　　　　　　C. 25　　　　　　　D. 30

117. 吸收操作的目的是分离(　　)。

A. 气体混合物　　　　　　　　　　B. 液体均相混合物

C. 气液混合物　　　　　　　　　　D. 部分互溶的均相混合物

118. 适宜的空塔气速为液泛气速的(　　)倍用来计算吸收塔的塔径。

A. 0.6~0.8　　　　B. 1.1~2.0　　　　C. 0.3~0.5　　　　D. 1.6~2.4

119. 在填料塔中,低浓度难溶气体逆流吸收时,若其他条件不变,但入口气量增加,则出口气体组成将(　　)。

A. 增加　　　　　B. 减少　　　　　　C. 不变　　　　　　D. 不定

120. 在吸收操作中,当吸收剂用量趋于最小用量时,为完成一定的任务,则( )。

    A. 回收率趋向最高   B. 吸收推动力趋向最大

    C. 总费用最低   D. 填料层高度趋向无穷大

121. 吸收塔尾气超标,可能引起的原因是( )。

    A. 塔压增大   B. 吸收剂降温

    C. 吸收剂用量增大   D. 吸收剂纯度下降

122. 吸收过程中一般多采用逆流流程,主要是因为( )。

    A. 流体阻力最小   B. 传质推动力最大   C. 流程最简单   D. 操作最方便

123. 某吸收过程,已知气膜吸收系数 k_y 为 4×10^{-4} kmol/(m² · S),液膜吸收系数 k_x 为 8 kmol/(m² · S),由此可判断该过程( )。

    A. 气膜控制   B. 液膜控制   C. 判断依据不足   D. 双膜控制

124. 用纯溶剂吸收混合气中的溶质。逆流操作,平衡关系满足亨利定律。当入塔气体浓度 y_1 上升,而其他入塔条件不变,则气体出塔浓度 y_2 和吸收率 φ 的变化为( )。

    A. y_2 上升,φ 下降   B. y_2 下降,φ 上升

    C. y_2 上升,φ 不变   D. y_2 上升,φ 变化不确定

125. 对于活化能越大的反应,速率常数随温度变化越( )。

    A. 大   B. 小   C. 无关   D. 不确定

126. 在进行吸收操作时,吸收操作线总是位于平衡线的( )。

    A. 上方   B. 下方   C. 重合   D. 不一定

127. 吸收混合气中苯,已知 $y_1 = 0.04$,吸收率是 80%,则 Y_1、Y_2 分别是( )。

    A. 0.041 67 kmol 苯/kmol 惰气、0.008 33 kmol 苯/kmol 惰气

    B. 0.02 kmol 苯/kmol 惰气、0.005 kmol 苯/kmol 惰气

    C. 0.041 67 kmol 苯/kmol 惰气、0.02 kmol 苯/kmol 惰气

    D. 0.083 1 kmol 苯/kmol 惰气、0.002 kmol 苯/kmol 惰气

128. 在吸收塔操作过程中,当吸收剂用量增加时,出塔溶液浓度( ),尾气中溶质浓度( )。

    A. 下降,下降   B. 增高,增高   C. 下降,增高   D. 增高,下降

129. 在气膜控制的吸收过程中,增加吸收剂用量,则( )。

    A. 吸收传质阻力明显下降   B. 吸收传质阻力基本不变

    C. 吸收传质推动力减小   D. 操作费用减小

130. 从解吸塔出来的半贫液一般进入吸收塔的( ),以便循环使用。

    A. 中部   B. 上部   C. 底部   D. 上述均可

131. 只要组分在气相中的分压( )液相中该组分的平衡分压,吸收就会继续进行,直至达到一个新的平衡为止。

    A. 大于   B. 小于   C. 等于   D. 不能确定

132. 填料塔以清水逆流吸收空气、氨混合气体中的氨。当操作条件一定时(Y_1、L、V 都一定时),若塔内填料层高度 Z 增加,而其他操作条件不变,出口气体的浓度 Y_2 将( )。

    A. 上升   B. 下降   C. 不变   D. 无法判断

133. 已知常压、20 ℃时稀氨水的相平衡关系为 $Y^* = 0.94X$,今使含氨 6%(摩尔分率)的混合气体与 $X = 0.05$ 的氨水接触,则将发生( )。

　　A. 解吸过程　　　　　　　　　　　B. 吸收过程

　　C. 已达平衡无过程发生　　　　　　D. 无法判断

134. 对接近常压的溶质浓度低的气液平衡系统,当总压增大时,亨利系数 $E($　　$)$,相平衡常数 $m($　　$)$,溶解度系数($　　$)。

　　A. 增大,减小,不变　　　　　　　　B. 减小,不变,不变

　　C. 不变,减小,不变　　　　　　　　D. 无法确定

135. 当 Y,Y_1,Y_2 及 X_2 一定时,减少吸收剂用量,则所需填料层高度 Z 与液相出口浓度 X_1 的变化为($　　$)。

　　A. Z,X_1 均增加　　　　　　　　　B. Z,X_1 均减小

　　C. Z 减少,X_1 增加　　　　　　　D. Z 增加,X_1 减小

136. 萃取剂的选择性($　　$)。

　　A. 是液液萃取分离能力的表征　　　B. 是液固萃取分离能力的表征

　　C. 是吸收过程分离能力的表征　　　D. 是吸附过程分离能力的表征

137. 三角形相图内任一点,代表混合物的($　　$)个组分含量。

　　A. 一　　　　　B. 二　　　　　C. 三　　　　　D. 四

138. 在溶解曲线以下的两相区,随温度的升高,溶解度曲线范围会($　　$)。

　　A. 缩小　　　　B. 不变　　　　C. 扩大　　　　D. 缩小及扩大

139. 萃取中当出现($　　$)时,说明萃取剂选择的不适宜。

　　A. $k_A < 1$　　　B. $k_A = 1$　　　C. $\beta > 1$　　　D. $\beta \leqslant 1$

140. 单级萃取中,在维持料液组成 x_F、萃取相组成 y_A 不变条件下,若用含有一定溶质 A 的萃取剂代替纯溶剂,所得萃余相组成 x_R 将($　　$)。

　　A. 增高　　　　B. 减小　　　　C. 不变　　　　D. 不确定

141. 进行萃取操作时,应使溶质的分配系数($　　$)1。

　　A. 等于　　　　B. 大于　　　　C. 小于　　　　D. 无法判断

142. 萃取剂的加入量应使原料与萃取剂的和点 M 位于($　　$)。

　　A. 溶解度曲线上方区　　　　　　　B. 溶解度曲线下方区

　　C. 溶解度曲线上　　　　　　　　　D. 任何位置均可

143. 萃取操作包括若干步骤,除了($　　$)。

　　A. 原料预热　　　　　　　　　　　B. 原料与萃取剂混合

　　C. 澄清分离　　　　　　　　　　　D. 萃取剂回收

144. 在 B-S 完全不互溶的多级逆流萃取塔操作中,原用纯溶剂,现改用再生溶剂,其他条件不变,则对萃取操作的影响是($　　$)。

　　A. 萃余相含量不变　　　　　　　　B. 萃余相含量增加

　　C. 萃取相含量减少　　　　　　　　D. 萃余分率减少

145. 下列不属于多级逆流接触萃取的特点是($　　$)。

　　A. 连续操作　　　B. 平均推动力大　　C. 分离效率高　　D. 溶剂用量大

146. 能获得含溶质浓度很少的萃余相,但得不到含溶质浓度很高的萃取相的是($　　$)。

　　A. 单级萃取流程　　　　　　　　　B. 多级错流萃取流程

　　C. 多级逆流萃取流程　　　　　　　D. 多级错流或逆流萃取流程

147. 在原料液组成 x_F 及溶剂化(S/F)相同条件下,将单级萃取改为多级萃取,萃取率变化

趋势是（　　　）。

    A. 提高　　　　　　B. 降低　　　　　　C. 不变　　　　　　D. 不确定

148. 在 B-S 部分互溶萃取过程中,若加入的纯溶剂量增加而其他操作条件不变,则萃取液浓度 y_A'（　　　）。

    A. 增大　　　　　　B. 下降　　　　　　C. 不变　　　　　　D. 变化趋势不确定

149. 有四种萃取剂,对溶质 A 和稀释剂 B 表现出下列特征,则最合适的萃取剂应选择（　　　）。

    A. 同时大量溶解 A 和 B　　　　　　　　B. 对 A 和 B 的溶解都很小

    C. 大量溶解 A,少量溶解 B　　　　　　　D. 大量溶解 B,少量溶解 A

150. 对于同样的萃取回收率,单级萃取所需的溶剂量相比多级萃取（　　　）。

    A. 比较小　　　　　B. 比较大　　　　　C. 不确定　　　　　D. 相等

151. 多级逆流萃取与单级萃取比较,如果溶剂比、萃取相浓度一样,则多级逆流萃取可使萃余相浓度（　　　）。

    A. 变大　　　　　　B. 变小　　　　　　C. 基本不变　　　　D. 不确定

152. 在原溶剂 B 与萃取剂 S 部分互溶体系的单级萃取过程中,若加入的纯萃取剂的量增加而其他操作条件不变,则萃取液中溶质 A 的浓度 y_A'（　　　）。

    A. 增大　　　　　　B. 下降　　　　　　C. 不变　　　　　　D. 不确定

153. 分配曲线能表示（　　　）。

    A. 萃取剂和原溶剂两相的相对数量关系

    B. 两相互溶情况

    C. 被萃取组分在两相间的平衡分配关系

    D. 都不是

154. 萃取剂的选择性系数是溶质和原溶剂分别在两相中的（　　　）。

    A. 质量浓度之比　　B. 摩尔浓度之比　　C. 溶解度之比　　D. 分配系数之比

155. 在原料液组成及溶剂化(S/F)相同条件下,将单级萃取改为多级萃取,如下参数的变化趋势是萃取率（　　　）,萃余率（　　　）。

    A. 提高,不变　　　B. 提高,降低　　　C. 不变,降低　　　D. 不确定

156. 使用固体催化剂时一定要防止其中毒,若中毒后其活性可以重新恢复的中毒是（　　　）

    A. 永久中毒　　　　B. 暂时中毒　　　　C. 碳沉积　　　　　D. 钝化

157. 固定床反应器具有反应速度快、催化剂不易磨损、可在高温高压下操作等特点,床层内的气体流动可看成（　　　）

    A. 湍流　　　　　　B. 对流　　　　　　C. 理想置换流动　　D. 理想混合流动

158. 下列性质不属于催化剂三大特性的是（　　　）。

    A. 活性　　　　　　B. 选择性　　　　　C. 稳定性　　　　　D. 溶解性

159. 与平推流反应器比较,进行同样的反应过程,全混流反应器所需要的有效体积要（　　　）

    A. 大　　　　　　　B. 小　　　　　　　C. 相同　　　　　　D. 无法确定

160. 流化床的实际操作速度显然应（　　　）临界流化速度。

    A. 大于　　　　　　B. 小于　　　　　　C. 相同　　　　　　D. 无关

161. 当固定床反应器操作过程中发生超压现象,需要紧急处理时,应按以下哪种方式操

作?（　　）

    A. 打开入口放空阀放空　　　　　　B. 打开出口放空阀放空

    C. 降低反应温度　　　　　　　　　D. 通入惰性气体

162. 在对峙反应 $A+B \rightleftharpoons C+D$ 中加入催化剂（k_1、k_2分别为正、逆向反应速率常数），则（　　）。

    A. k_1、k_2都增大，k_1/k_2增大　　　B. k_1增大，k_2减小，k_1/k_2增大

    C. k_1、k_2都增大，k_1/k_2不变　　　D. k_1和k_2都增大，k_1/k_2减小

163. 平推流的特征是（　　）

    A. 进入反应器的新鲜质点与留存在反应器中的质点能瞬间混合

    B. 出口浓度等于进口浓度

    C. 流体物料的浓度和温度在与流动方向垂直的截面上处处相等，不随时间变化

    D. 物料一进入反应器，立即均匀地发散在整个反应器中

164. 釜式反应器可用于不少场合，除了（　　）。

    A. 气液　　　　　B. 液液　　　　　C. 液固　　　　　D. 气固

165. 下列（　　）项不属于预防催化剂中毒的工艺措施。

    A. 增加清净工序　　　　　　　　　B. 安排预反应器

    C. 更换部分催化剂　　　　　　　　D. 装入过量催化剂

166. 化学反应器的分类方式很多，按（　　）的不同可分为管式、釜式、塔式、固定床、流化床等。

    A. 聚集状态　　　B. 换热条件　　　C. 结构　　　　　D. 操作方式

167. 固定床反应器内流体的温差比流化床反应器（　　）

    A. 大　　　　　　B. 小　　　　　　C. 相等　　　　　D. 不确定

168. 当化学反应的热效应较小，反应过程对温度要求较宽，反应过程要求单程转化率较低时，可采用（　　）反应器。

    A. 自热式固定床反应器　　　　　　B. 单段绝热式固定床反应器

    C. 换热式固定床反应器　　　　　　D. 多段绝热式固定床反应器

169. 在同样的反应条件和要求下，为了更加经济地选择反应釜，通常选择（　　）。

    A. 全混釜　　　　B. 平推流反应器　C. 间歇反应器　　D. 不能确定

170. 载体是固体催化剂的特有成分，载体一般具有（　　）的特点。

    A. 大结晶、小表面、多孔结构　　　　B. 小结晶、小表面、多孔结构

    C. 大结晶、大表面、多孔结构　　　　D. 小结晶、大表面、多孔结构

171. 各种类型反应器采用的传热装置中，描述错误的是（　　）。

    A. 间歇操作反应釜的传热装置主要是夹套和蛇管，大型反应釜传热要求较高时，可在釜内安装列管式换热器

    B. 对外换热式固定床反应器的传热装置主要是列管式结构

    C. 鼓泡塔反应器中进行的放热反应，必需设置如夹套、蛇管、列管式冷却器等塔内换热装置或设置塔外换热器进行换热

    D. 同样反应所需的换热装置，传热温差相同时，流化床所需换热装置的换热面积一定小于固定床换热器

172. 既适用于放热反应，也适用于吸热反应的典型固定床反应器类型是（　　）。

　　A. 列管结构对外换热式固定床　　　　B. 多段绝热反应器

　　C. 自换热式固定床　　　　　　　　　D. 单段绝热反应器

173. 薄层固定床反应器主要用于(　　　)。

　　A. 快速反应　　　B. 强放热反应　　C. 可逆平衡反应　D. 可逆放热反应

174. 釜式反应器的换热方式有夹套式、蛇管式、回流冷凝式和(　　　)。

　　A. 列管式　　　　　B. 间壁式　　　　C. 外循环式　　　D. 直接式

175. 工业反应器按形状分为管式、(　　　)、塔式。

　　A. 釜式　　　　　　B. 平推式　　　　C. 固定床式　　　D. 等温式

176. 工业反应器的设计评价指标:a. 转化率;b. 选择性;c.(　　　)。

　　A. 效率　　　　　　B. 产量　　　　　C. 收率　　　　　D. 操作性

177. 间歇式反应器出料组成与反应器内物料的最终组成(　　　)。

　　A. 不相同　　　B. 可能相同　　　C. 相同　　　　D. 可能不相同

178. 间歇反应器是(　　　)。

　　A. 一次加料,一次出料　　　　　　　B. 二次加料,一次出料

　　C. 一次加料,二次出料　　　　　　　D. 二次加料,二次出料

179. 把制备好的钝态催化剂经过一定方法处理后,变为活泼态的催化剂的过程称为催化剂的(　　　)。

　　A. 活化　　　　　B. 燃烧　　　　　C. 还原　　　　　D. 再生

180. 下列不属于化工过程的经济参数有(　　　)

　　A. 生产能力　　　B. 原料价格　　　C. 消耗定额　　　D. 生产强度

181. 属于理想的均相反应器的是(　　　)。

　　A. 全混流反应器　B. 固定床反应器　C. 流化床反应器　D. 鼓泡反应器

182. 工业催化剂不包括下列哪种成分?(　　　)

　　A. 活性组分　　　B. 蛋白质　　　　C. 载体　　　　　D. 抑制剂

183. 反应釜加强搅拌的目的是(　　　)。

　　A. 强化传热与传质B. 强化传热　　　C. 强化传质　　　D. 提高反应物料温度

184. 某反应的活化能是 $33\ kJ\cdot mol^{-1}$,当 $T=300\ K$ 时,温度增加 $1\ K$,反应速率常数增加的百分数约为(　　　)。

　　A. 4.5%　　　　　B. 9.4%　　　　　C. 11%　　　　　D. 50%

185. 在任意条件下,任一基元反应的活化能 Ea(　　　)。

　　A. 一定大于零　　B. 一定小于零　　C. 一定等于零　　D. 条件不全,无法确定

186. 对于同一个反应,反应速度常数主要与(　　　)有关。

　　A. 温度、压力、溶剂等　　　　　　　B. 压力、溶剂、催化剂等

　　C. 温度、溶剂、催化剂等　　　　　　D. 温度、压力、催化剂等

187. 以下有关空间速度的说法,不正确的是(　　　)。

　　A. 空速越大,单位时间单位体积催化剂处理的原料气量就越大

　　B. 空速增加,原料气与催化剂的接触时间缩短,转化率下降

　　C. 空速减小,原料气与催化剂的接触时间增加,主反应的选择性提高

　　D. 空速的大小影响反应的选择性与转化率

（二）多选题

1. 离心泵的主要性能参数是（　　　）。
   A. 叶轮直径　　　　　B. 流量　　　　　　C. 扬程　　　　　D. 效率

2. 离心泵使用时出现异常响声,可能的原因为（　　　）。
   A. 离心泵轴承损坏　　　　　　　　B. 离心泵泵轴间隙大小不标准
   C. 液位过高　　　　　　　　　　　D. 无空气

3. 往复泵适用于（　　　）。
   A. 小流量　　　　B. 小扬程　　　　C. 大流量　　　　D. 高扬程

4. 液体在直管中流动时,沿程阻力与（　　　）成正比,与管径成反比。
   A. 流速　　　　　B. 管长　　　　　C. 流量　　　　　D. 动压头

5. 从液面恒定的高位槽向常压容器加水,若将放水管路上的阀门开度关小,则管内水流量将____,管路总阻力将____。（设动能项可忽略）（　　　）
   A. 变小　　　　　B. 变大　　　　　C. 不变　　　　　D. 无法确定

6. 泵的吸液高度是有极限的,而且与（　　　）有关。
   A. 液体的质量　　B. 液体的密度　　C. 当地大气压　　D. 液体的流量

7. 下列四种流量计,属于差压式流量计的是（　　　）。
   A. 孔板流量计　　　　　　　　　　B. 旋转活塞流量计
   C. 转子流量计　　　　　　　　　　D. 文丘里流量计

8. 流体在管内流动时,管壁处属于（　　　）。
   A. 湍流　　　　　B. 层流　　　　　C. 过渡流　　　　D. 滞流

9. 在化工计算中,常用（　　　）来度量压强的数值大小。
   A. 相对高度　　　B. 相对密度　　　C. 绝对压强　　　D. 相对压强

10. 相对压强可能为（　　　）。
    A. 正值　　　　　B. 负值　　　　　C. 零　　　　　　D. 不知道

11. 目前普遍采用的化工管路连接方式有（　　　）。
    A. 法兰连接　　　B. 螺纹连接　　　C. 焊接连接　　　D. 承插式连接

12. 流体在管内作湍流流动时,其摩擦系数与（　　　）等有关。
    A. 流速　　　　　B. 管径　　　　　C. 流体密度　　　D. 管壁的粗糙度

13. 在管路计算中,无论是简单管路还是复杂管路,其主要计算工具有（　　　）。
    A. 连续性方程　　B. 伯努利方程　　C. 动量守恒方程　D. 阻力计算式

14. 要正确选择管子,首先要根据（　　　）来确定管材和类型。
    A. 流体的工作压力　　　　　　　　B. 流体的工作温度
    C. 流体的腐蚀性　　　　　　　　　D. 流体的分子量

15. （　　　）属于定截面、变压差的流量计或流速计。
    A. 转子流量计　　B. 皮托测速计　　C. 文丘里流量计　D. 孔板流量计

16. 流体输送机械依结构及运行方式不同可分为（　　　）。
    A. 离心式　　　　B. 往复式　　　　C. 旋转式　　　　D. 流体作用式

17. 对一台特定的离心泵,在转速一定的情况下,其扬程、轴功率和效率都与其流量有一一对应关系,其中以（　　　）之间的关系最为重要。

　　A. 扬程　　　　　　B. 轴功率　　　　　C. 效率　　　　　　D. 流量

18. 按照分离依据的不同,非均相物系的分离方法有(　　)。
　　A. 沉降分离　　　　B. 精馏分离　　　　C. 过滤分离　　　　D. 静电分离

19. 离心泵的特性曲线有(　　)。
　　A. H-Q 线　　　　B. N-Q 线　　　　C. η-Q 线　　　　D. q 线

20. 管件在管路中有(　　)等作用。
　　A. 连接管子　　　　B. 改变管路方向　　C. 接出支管　　　　D. 改变管路直径

21. 往复压缩机工作循环有(　　)阶段。
　　A. 吸气阶段　　　　B. 压缩阶段　　　　C. 排气阶段　　　　D. 膨胀阶段

22. (　　)方法可以调节泵的工作点。
　　A. 改变泵的特性曲线　　　　　　　　B. 改变管路的特性曲线
　　C. 改变泵的安装地点　　　　　　　　D. 调节泵出口阀的开启程度

23. 安装有泵的管路的输液量,即管路的流量的调节方法有(　　)。
　　A. 在离心泵出口管路上安装调节阀,改变调节阀开度
　　B. 改变泵的特性曲线
　　C. 改变泵的组合方式
　　D. 泵的并联组合流量总是优于串联组合流量

24. 离心泵的选择原则有(　　)。
　　A. 输送系统流量与压头的确定　　　　B. 泵的类型与型号的确定
　　C. 核算泵的轴功率　　　　　　　　　D. 离心泵的选择没有依据,可以任选

25. 离心泵的效率、轴功率与流量的关系为(　　)。
　　A. 流量增加,效率增加　　　　　　　B. 流量一定,效率先增加后减小
　　C. 流量增加,轴功率增加　　　　　　D. 流量增加,轴功率先增加后减小

26. 多级压缩的优点有(　　)。
　　A. 避免压缩后气体温度过高　　　　　B. 提高气缸容积系数
　　C. 减少压缩所需功率　　　　　　　　D. 降低设备数量

27. 化工管路常用的连接方式有(　　)。
　　A. 焊接和法兰连接　　　　　　　　　B. 焊接和螺纹连接
　　C. 螺纹连接和承插式连接　　　　　　D. 法兰连接和螺纹连接

28. 阀门的主要作用是(　　)。
　　A. 连接作用　　　　B. 调节作用　　　　C. 安全保护作用　　D. 启闭作用

29. 对于安全泄压排放量大的中低压容器不能采用的是(　　)。
　　A. 全启式安全阀　　B. 微启式安全阀　　C. 爆破片　　　　　D. 以上都行

30. 离心泵的主要构件是(　　)。
　　A. 叶轮　　　　　　B. 曲轴　　　　　　C. 轴封装置　　　　D. 泵壳

31. 评价化工生产的常用指标有(　　)。
　　A. 停留时间　　　　B. 生产成本　　　　C. 催化剂的活性　　D. 生产能力

32. 下列哪些因素影响旋转真空过滤机的生产能力?(　　)
　　A. 过滤面积　　　　B. 转速　　　　　　C. 过滤时间　　　　D. 浸没角

33. 下列单位换算正确的一项是(　　)。

　　A. 1 atm＝1.033 kgf /m² 　　　　　　　B. 1 atm＝760 mmHg

　　C. 1 atm＝735.6 mmHg 　　　　　　　D. 1 atm＝10.33 mH₂O

34. 层流流动时影响阻力大小的参数是(　　　)。

　　A. 管径　　　　　　B. 管长　　　　　　C. 流速　　　　　　D. 管壁粗糙度

35. 离心泵气蚀余量 Δh 与流量 Q 的关系为错误的是(　　　)。

　　A. Q 增大，Δh 增大 　　　　　　B. Q 增大，Δh 减小

　　C. Q 增大，Δh 不变 　　　　　　D. Q 增大，Δh 先增大后减小

36. 若基元反应 aA＋bB $\longrightarrow$ cC＋dD 成立，则该反应速度与(　　　)有关？

　　A. C_A^a　　　　　　B. C_B^b　　　　　　C. C_C^c　　　　　　D. C_D^d

37. 关于化学反应速率，下列说法正确的是(　　　)。

　　A. 表示反应进行的程度

　　B. 表示反应速度的快慢

　　C. 其值等于正逆反应方向推动力之比

　　D. 常以某物质单位时间内浓度的变化来表示

38. 温度高低影响反应的主要特征是(　　　)。

　　A. 反应速率　　　　B. 反应组成　　　　C. 反应效果　　　　D. 能源消耗

39. 速度单位的法定符号正确的是(　　　)。

　　A. m·s⁻¹ 的表示 待修正

　　A. $m \cdot s^{-1}$　　　　B. m/s　　　　C. ms^{-1}　　　　D. $m-s^{-1}$

40. 在釜式反应器中，对于物料黏稠性很大的液体混合，不能选择(　　　)搅拌器。

　　A. 锚式　　　　　　B. 浆式　　　　　　C. 框式　　　　　　D. 涡轮式

41. 固体催化剂的组成主要由(　　　)组成。

　　A. 主体　　　　　　B. 助催化剂　　　　C. 载体　　　　　　D. 阻化剂

42. 气固相催化反应过程属于扩散过程的步骤是(　　　)。

　　A. 反应物分子在催化剂表面上进行化学反应

　　B. 反应物分子从固体催化剂外表面向催化剂内表面传递

　　C. 反应物分子从气相主体向固体催化剂外表面传递

　　D. 反应物分子从催化剂内表面向外表面传递

43. 工业上对反应 $2SO_2＋O_2\Longrightarrow 2SO_3＋Q$ 不是使用催化剂的目的是(　　　)。

　　A. 扩大反应物的接触面

　　B. 促使平衡向正反应方向移动

　　C. 缩短达到平衡所需的时间，提高 SO_2 的转化率

　　D. 增大产品的产量

44. 关于正催化剂，下列说法中不正确的是(　　　)。

　　A. 降低反应的活化能，增大正逆反应速率

　　B. 增加反应的活化能，使正反应速率加快

　　C. 增加正反应速率，降低逆反应速率

　　D. 提高平衡转化率

45. 下列性质不属于催化剂三大特性的是(　　　)。

　　A. 活性　　　　　　B. 选择性　　　　　C. 稳定性　　　　　D. 溶解性

46. 固体催化剂的组成包括下列哪种组分？(　　　)

　　A. 活性组分　　　B. 载体　　　　　C. 固化剂　　　　D. 助催化剂

47. 关于催化剂的作用,下列说法中正确的是(　　　)。
　　A. 催化剂改变反应途径　　　　　　B. 催化剂能改变反应的指前因子
　　C. 催化剂能改变体系的始末态　　　D. 催化剂改变反应的活化能

48. 制备好的催化剂在使用的活化过程常伴随着(　　)和(　　)。
　　A. 化学变化　　　　　　　　　　　B. 热量变化
　　C. 物理变化　　　　　　　　　　　D. 温度变化

49. 釜式反应器可用于(　　)场合。
　　A. 气液　　　　　　B. 液液　　　　　C. 液固　　　　　D. 气固

50. 按催化材料的成分分类,一般催化剂可分为(　　)等。
　　A. 过渡金属催化剂　　　　　　　　B. 硫化物催化剂
　　C. 金属氧化物催化剂　　　　　　　D. 固体酸催化剂

51. 化学反应器的分类方式很多,按换热条件的不同可分(　　)等。
　　A. 管式　　　　　　B. 釜式　　　　　C. 固定床　　　　D. 流化床

52. 催化剂的活性随运转时间变化的曲线可分为(　　)三个时期。
　　A. 青年期　　　　　B. 稳定期　　　　C. 衰老期　　　　D. 成熟期

53. 关于催化剂的描述下列正确的是(　　　)。
　　A. 催化剂能改变化学反应速度　　　B. 催化剂能加快逆反应的速度
　　C. 催化剂能改变化学反应平衡　　　D. 催化剂对反应过程具有一定的选择性

54. 催化剂的作用与下列哪些因素有关?(　　　)
　　A. 反应速度　　　B. 平衡转化率　　　C. 反应的选择性　D. 设备的生产能力

55. 载体是固体催化剂的特有成分,载体一般具有(　　)的特点。
　　A. 大结晶　　　　　B. 寿命长　　　　C. 大表面　　　　D. 多孔结构

56. 在实验室衡量一个催化剂的价值时,下列哪些因素应加以考虑?(　　　)
　　A. 活性　　　　　　B. 选择性　　　　C. 寿命　　　　　D. 价格

57. 催化剂失活的类型正确的是(　　　)。
　　A. 化学　　　　　　B. 热的　　　　　C. 机械　　　　　D. 物理

58. 催化剂中毒有(　　)两种情况。
　　A. 短期性　　　　　B. 暂时性　　　　C. 永久性　　　　D. 长期性

59. 催化剂一般由(　　)组成。
　　A. 黏合剂　　　　　B. 助催化剂　　　C. 活性主体　　　D. 载体组成

60. 催化剂的评价指标主要有(　　)。
　　A. 比表面和内表面利用率　　　　　B. 孔隙率和堆积密度
　　C. 活性温度范围　　　　　　　　　D. 机械强度

61. 工业反应器按形状分为(　　)。
　　A. 釜式　　　　　　B. 管式　　　　　C. 固定床式　　　D. 塔式

62. 工业反应器的设计评价指标有(　　)。
　　A. 转化率　　　　　B. 选择性　　　　C. 收率　　　　　D. 操作性

63. 气固相催化反应器,分为(　　)反应器。
　　A. 流化床　　　　　B. 移动床　　　　C. 固定床　　　　D. 连续

64. 间歇反应器是（　　）。

    A. 一次加料　　　　B. 一次出料　　　　C. 二次加料　　　　D. 二次出料

65. 对于催化剂特征的描述,哪一点是正确的?（　　）

    A. 催化剂只能缩短达到平衡的时间而不能改变平衡状态

    B. 催化剂在反应前后其物理性质和化学性质皆不变

    C. 催化剂不能改变平衡常数

    D. 催化剂的加入不能实现热力学上不可能进行的反应

66. 以下是尿素合成塔应具备的条件的是（　　）。

    A. 高温　　　　B. 高压　　　　C. 耐腐蚀　　　　D. 能移走反应热

67. 流化床反应器主要由（　　）构成。

    A. 气体分布装置　B. 内部构件　　　C. 换热装置　　　　D. 气体分离装置

68. 在催化剂中常用载体,载体所起的主要作用是（　　）。

    A. 提高催化剂的机械强度　　　　　　B. 增大催化剂活性表面

    C. 改善催化剂的热稳定性　　　　　　D. 防止催化剂中毒

69. 反应釜加强搅拌的目的是（　　）。

    A. 强化传热与传质 B. 强化传热　　　C. 强化传质　　　　D. 提高反应物料温度

(三)判断题

1. （　　）相对密度为 1.5 的液体密度为 1 500 kg/m^3。

2. （　　）转子流量计的转子位子越高,流量越大。

3. （　　）大气压等于 760 mmHg。

4. （　　）离心泵的密封环损坏会导致泵的流量下降。

5. （　　）将含晶体 10% 的悬浮液送往料槽宜选用往复泵。

6. （　　）离心泵最常用的流量调节方法是改变吸入阀的开度。

7. （　　）往复泵的流量随扬程增加而减少。

8. （　　）离心泵停车时要先关出口阀后断电。

9. （　　）在运转过程中,滚动轴承的温度一般不应大于 65 ℃。

10. （　　）输送液体的密度越大,泵的扬程越小。

11. （　　）离心泵停车时,先关闭泵的出口阀门,以避免压出管内的液体倒流。

12. （　　）由于泵内存在气体,使离心泵启动时无法正常输送液体而产生气蚀现象。

13. （　　）转子流量计也称等压降、等流速流量计。

14. （　　）小管路除外,一般对于常拆管路应采用法兰连接。

15. （　　）离心泵铭牌上注明的性能参数是轴功率最大时的性能。

16. （　　）往复泵有自吸作用,安装高度没有限制。

17. （　　）若某离心泵的叶轮转速足够快,且设泵的强度足够大,则理论上泵的吸上高度 H_g 可达无限大。

18. （　　）当旋涡泵流量为零时轴功率也为零。

19. （　　）流体在截面为圆形的管道中流动时,当流量为定值时,流速越大,管径越小,则基建费用减少,但日常操作费用增加。

20. （　　）离心泵在使用过程中,电机被烧坏,事故原因有两方面,一方面是发生气蚀现象,另一方面是填料压得太紧,开泵前未进行盘车。

21. ( )同一管路系统中并联泵组的输液量等于两台泵单独工作时的输液量之和。

22. ( )由离心泵和某一管路组成的输送系统,其工作点由泵铭牌上的流量和扬程所决定。

23. ( )当离心泵发生气缚或气蚀现象时,处理的方法均相同。

24. ( )流体发生自流的条件是上游的能量大于下游的能量。

25. ( )离心压缩机的"喘振"现象是由于进气量超过上限所引起的。

26. ( )扬程为 20 m 的离心泵,不能把水输送到 20 m 的高度。

27. ( )流体的流动型号态分为层流、过渡流和湍流三种。

28. ( )离心泵的性能曲线中的 H-Q 线是在功率一定的情况下测定的。

29. ( )闸阀的特点是密封性能较好,流体阻力小,具有一定的调节流量性能,适用于控制清洁液体,安装时没有方向。

30. ( )离心泵的泵壳既是汇集叶轮抛出液体的部件,又是流体机械能的转换装置。

31. ( )转子流量计可以安装在垂直管路上,也可以在倾斜管路上使用。

32. ( )转鼓真空过滤机在生产过程中,滤饼厚度达不到要求,主要是由于真空度过低。

33. ( )颗粒的自由沉降是指颗粒间不发生碰撞或接触等相互影响的情况下的沉降过程。

34. ( )在一般过滤操作中,起到主要介质作用的是过滤介质本身。

35. ( )板框压滤机的滤板和滤框,可根据生产要求进行任意排列。

36. ( )利用电力来分离非均相物系可以彻底将非均相物系分离干净。

37. ( )在一般过滤操作中,实际上起到主要介质作用的是滤饼层而不是过滤介质本身。

38. ( )将降尘室用隔板分层后,若能 100% 除去的最小颗粒直径要求不变,则生产能力将变大,沉降速度不变,沉降时间变小。

39. ( )沉降器具有澄清液体和增稠悬浮液的双重功能。

40. ( )为提高离心机的分离效率,通常采用小直径、高转速的转鼓。

41. ( )物质的导热率均随温度的升高而增大。

42. ( )辐射不需要任何物质作媒介。

43. ( )冷热流体在换热时,并流时的传热温度差要比逆流时的传热温度差大。

44. ( )换热器投产时,先通入热流体,后通入冷流体。

45. ( )换热器冷凝操作应定期排放蒸气侧的不凝气体。

46. ( )热负荷是指换热器本身具有的换热能力。

47. ( )提高传热速率的最有效途径是提高传热面积。

48. ( )工业设备的保温材料,一般都是取导热系数较小的材料。

49. ( )换热器正常操作之后才能打开放空阀。

50. ( )为了提高传热效率,采用蒸气加热时必须不断排除冷凝水并及时排放不凝性气体。

51. ( )在螺旋板式换热器中,流体只能做严格的逆流流动。

52. ( )通过三层平壁的定态热传导,各层界面间接触均匀,第一层两侧温度为 120 ℃ 和 80 ℃,第三层外表面温度为 40 ℃,则第一层热阻 R_1 和第二、三层热阻 R_2、R_3 之间的关系为

$R_1 > (R_2 + R_3)$。

53. ( )列管换热器中设置补偿圈的目的主要是为了便于换热器的清洗和强化传热。

54. ( )导热系数是物质导热能力的标志,导热系数值越大,导热能力越弱。

55. ( )流体与壁面进行稳定的强制湍流对流传热,层流内层的热阻比湍流主体的热阻大,故层流内层内的传热比湍流主体内的传热速率小。

56. ( )饱和水蒸气和空气通过间壁进行稳定热交换,由于空气侧的膜系数远远小于饱和水蒸气侧的膜系数,故空气侧的传热速率比饱和水蒸气侧的传热速率小。

57. ( )在多效蒸发时,后一效的压力一定比前一效的低。

58. ( )多效蒸发的目的是为了节约加热蒸气。

59. ( )蒸发操作中,少量不凝性气体的存在,对传热的影响可忽略不计。

60. ( )蒸发过程中操作压力增加,则溶质的沸点增加。

61. ( )采用多效蒸发的主要目的是为了充分利用二次蒸气。效数越多,单位蒸气耗用量越小,因此过程越经济。

62. ( )在膜式蒸发器的加热管内,液体沿管壁呈膜状流动,管内没有液层,故因液柱静压强而引起的温度差损失可忽略。

63. ( )蒸发过程主要是一个传热过程,其设备与一般传热设备并无本质区别。

64. ( )用分流进料方式蒸发时,得到的各份溶液浓度相同。

65. ( )提高蒸发器的蒸发能力,其主要途径是提高传热系数。

66. ( )饱和蒸气压越大的液体越难挥发。

67. ( )在多效蒸发的流程中,并流加料的优点是各效的压力依次降低,溶液可以自动地从前一效流入后一效,不需用泵输送。

68. ( )中央循环管式蒸发器是强制循环蒸发器。

69. ( )湿空气温度一定时,相对湿度越低,湿球温度也越低。

70. ( )若以湿空气作为干燥介质,由于夏季的气温高,则湿空气用量就少。

71. ( )恒速干燥阶段,湿物料表面的湿度也维持不变。

72. ( )湿空气在预热过程中露点是不变的参数。

73. ( )对流干燥中湿物料的平衡水分与湿空气的性质有关。

74. ( )同一物料,如恒速阶段的干燥速率加快,则该物料的临界含水量将增大。

75. ( )若相对湿度为零,说明空气中水汽含量为零。

76. ( )沸腾床干燥器中的适宜气速应大于带出速度,小于临界速度。

77. ( )湿空气进入干燥器前预热,不能降低其含水量。

78. ( )干燥操作的目的是将物料中的含水量降至规定的指标以上。

79. ( )干燥过程既是传热过程,又是传质过程。

80. ( )空气的干球温度和湿球温度相差越大,说明该空气偏移饱和程度就越大。

81. ( )在对热敏性混合液进行精馏时必须采用加压分离。

82. ( )连续精馏预进料时,先打开放空阀,充氮置换系统中的空气,以防在进料时出现事故。

83. ( )精馏操作中,操作回流比小于最小回流比时,精馏塔不能正常工作。

84. ( )精馏塔板的作用主要是为了支承液体。

85. ( )筛板塔板结构简单,造价低,但分离效率较泡罩低,因此已逐步被淘汰。

86. (　　)最小回流比状态下的理论塔板数为最少理论塔板数。

87. (　　)雾沫挟带过量是造成精馏塔液泛的原因之一。

88. (　　)精馏塔的操作弹性越大,说明保证该塔正常操作的范围越大,操作越稳定。

89. (　　)混合液的沸点只与外界压力有关。

90. (　　)对乙醇-水系统,用普通精馏方法进行分离,只要塔板数足够,可以得到纯度为0.98(摩尔分数)以上的纯酒精。

91. (　　)理想的进料板位置是其气体和液体的组成与进料的气体和液体组成最接近。

92. (　　)精馏操作时,若 F、D、X_F、q、R、加料板位置都不变,而将塔顶泡点回流改为冷回流,则塔顶产品组成 X_D 变大。

93. (　　)已知某精馏塔操作时的进料线(q 线)方程为 $y=0.6$,则该塔的进料热状况为饱和液体进料。

94. (　　)含 50% 乙醇和 50% 水的溶液,用普通蒸馏的方法不能获得 98% 的乙醇-水溶液。

95. (　　)筛孔塔板易于制造,易于大型化,压降小,生产能力高,操作弹性大,是一种优良的塔板。

96. (　　)填料吸收塔正常操作时的气速必须小于载点气速。

97. (　　)填料塔开车时,我们总是先用较大的吸收剂流量来润湿填料表面,甚至淹塔,然后再调节到正常的吸收剂用量,这样吸收效果较好。

98. (　　)吸收操作中,增大液气比有利于增加传质推动力,提高吸收速率。

99. (　　)水吸收氨-空气混合气中的氨的过程属于液膜控制。

100. (　　)在逆流吸收操作中,若已知平衡线与操作线为互相平行的直线,则全塔的平均推动力 ΔY_m 与塔内任意截面的推动力 $Y-Y^*$ 相等。

101. (　　)吸收塔的吸收速率随着温度的提高而增大。

102. (　　)根据双膜理论,在气液两相界面处传质阻力最大。

103. (　　)填料塔的基本结构包括:圆柱形塔体、填料、填料压板、填料支承板、液体分布装置、液体再分布装置。

104. (　　)亨利系数随温度的升高而减小,由亨利定律可知,当温度升高时,表明气体的溶解度增大。

105. (　　)吸收操作线方程是由物料衡算得出的,因而它与吸收相平衡、吸收温度、两相接触状况、塔的结构等都没有关系。

106. (　　)在吸收操作中,选择吸收剂时,要求吸收剂的蒸气压尽可能高。

107. (　　)吸收操作是双向传质过程。

108. (　　)在吸收操作中,只有气液两相处于不平衡状态时,才能进行吸收。

109. (　　)对一定操作条件下的填料吸收塔,如将塔填料层增高一些,则塔的 H_{OG} 将增大,N_{OG} 将不变。

110. (　　)当气体溶解度很大时,吸收阻力主要集中在液膜上。

111. (　　)萃取剂对原料液中的溶质组分要有显著的溶解能力,对稀释剂必须不溶。

112. (　　)在一个既有萃取段,又有提浓段的萃取塔内,往往是萃取段维持较高温度,而提浓段维持较低温度。

113. (　　)萃取中,萃取剂的加入量应使其和点的位置位于两相区。

114. (　　)萃取塔操作时,流速过大或振动频率过快易造成液泛。

115. (　　)分离过程可以分为机械分离和传质分离过程两大类。萃取是机械分离过程。

116. (　　)萃取操作设备不仅需要混合能力,而且还应具有分离能力。

117. (　　)萃取塔开车时,应先注满连续相,后进分散相。

118. (　　)均相混合液中有热敏性组分,采用萃取方法可避免物料受热破坏。

119. (　　)溶质 A 在萃取相中和萃余相中的分配系数 $k_A > 1$,是选择萃取剂的必备条件之一。

120. (　　)在连续逆流萃取塔操作时,为增加相际接触面积,一般应选流量小的一相作为分散相。

121. (　　)对任何化学反应,温度升高,则总的反应速度增加。

122. (　　)转化率是参加化学反应的某种原料量占通入反应体系的该种原料总量的百分率。

123. (　　)动力学分析只涉及反应过程的始态和终态,不涉及中间过程。

124. (　　)固体催化剂的组成主要包括活性组分、助催化剂和载体。

125. (　　)对于列管式固定床反应器,当反应温度为 280 ℃时可选用导生油作热载体。

126. (　　)间歇操作釜式反应器既可以用于均相的液相反应,也可用于非均相液相反应,但不能用于非均相气液相鼓泡反应。

127. (　　)气液相反应器按气液相接触形态分类时,气体以气泡形式分散在液相中的反应器形式有鼓泡塔反应器、搅拌鼓泡釜式反应器和填料塔反应器等。

128. (　　)在一定接触时间内,一定反应温度和反应物配比下,主反应的转化率愈高,说明催化剂的活性愈好。

129. (　　)绝热式固定床反应器适合热效应不大的反应,反应过程无需换热。

130. (　　)无论是暂时性中毒后的再生,还是高温烧积炭后的再生,均不会引起固体催化剂结构的损伤,活性也不会下降。

131. (　　)工业反应器按换热方式可分为等温反应器,绝热反应器,非等温、非绝热反应器等。

132. (　　)间歇反应器的一个生产周期应包括:反应时间,加料时间,出料时间,加热(或冷却)时间,清洗时间等。

133. (　　)非均相反应器可分为气固相反应器和气液相反应器。

134. (　　)流化床中,由于床层内流体和固体剧烈搅动混合,使床层温度分布均匀,避免了局部过热现象。

135. (　　)选择反应器要从满足工艺要求出发,并结合各类反应器的性能和特点来确定。

136. (　　)在管式反应器中单管反应器只适合热效应小的反应过程。

137. (　　)对于连串反应,若目的产物是中间产物,则反应物转化率越高其目的产物的选择性越低。

138. (　　)若一个化学反应是一级反应,则该反应的速率与反应物浓度的一次方成正比。

139. (　　)在单位时间内,反应器处理的原料量或生产的产品量称为反应器的生产能力。

140. (　　)原料的转化率越高,得到的产品就越多,选择性就越好。

141. (　　)优良的固体催化剂应具有:活性好、稳定性强、选择性高、无毒,并耐毒、耐热、机械强度高、有合理的流体流动性、原料易得制造方便等性能。

142.（　　）釜式反应器、管式反应器、流化床反应器都可用于均相反应过程。

143.（　　）在连续操作釜式反应器中,串联的釜数越多,其有效容积越小,则其经济效益越好。

144.（　　）在催化剂的组成中,活性组分就是含量最大的成分。

145.（　　）管式反应器的优点是减小返混和控制反应时间。

146.（　　）固定床催化剂床层的温度必须严格控制在同一温度,以保证反应有较高的收率。

147.（　　）流化床反应器的操作速度一定要小于流化速度。

148.（　　）为了减少连续操作釜式反应器的返混,工业上常采用多釜串联操作。

149.（　　）对于 $n > 0$ 的简单反应,各反应器的生产能力大小为:PFR 最小,N - CSTR 次之,1 - CSTR 最大。

150.（　　）对于气固相反应,适宜的反应器应该是裂解炉。

151.（　　）反应釜加强搅拌的目的是提高反应物料温度。

152.（　　）多分子层吸附属于 Langmuir 等温吸附的假定。

153.（　　）起催化作用的根本性的物质是活性组分。

154.（　　）不属于气固相催化反应的表面过程的是吸附。

155.（　　）蛇管式换热器是换热器中传热面积较大但是焊缝较多的类型。

156.（　　）当气流速度升高到某一极限值时,流化床上界面消失,颗粒分散悬浮在气流中,被气流带走,这种状态称为固定床。

157.（　　）可以采用造粉器控制流化床内的颗粒粒度。

158.（　　）固定床反应器内流体的温差比流化床反应器小。

159.（　　）化学反应器中,填料塔适用于液相、气液相。

160.（　　）流化床反应器内的固体颗粒的运动形式可以近似看作理想混合。

七、精细化学品分析

单选题

1. 下列物质不属于精细化学品分析研究范畴的是（　　）。
   A. 煤炭　　　　　　B. 胶黏剂　　　　　C. 表面活性剂　　D. 涂料
2. 在气相色谱分析中,要使分配比增加,可以采取（　　）。
   A. 增加柱长　　　　　　　　　　B. 减小流动相流速
   C. 降低柱温　　　　　　　　　　D. 增加柱温
3. 在气相色谱中用于定性的参数是（　　）。
   A. 相对保留值　　B. 半峰宽　　　　　C. 校正因子　　　D. 峰面积
4. 高效液相色谱法之所以高效是由于（　　）。
   A. 较高的流动相速率　　　　　　B. 高灵敏度的检测器
   C. 粒径小,孔浅而且均一的填料　　D. 精密的进样系统
5. 红外光谱分析法通常用下列哪个英文缩写表示?（　　）

    A. HPLC   B. GC   C. IR   D. TLC

6. 化合物 $CH_3CH_2COOCH_2CH_2COOCH_3$ 的 ^1HNMR 中有几组吸收峰？（　　）

    A. 四组峰   B. 一组峰   C. 三组峰   D. 五组峰

7. 在高效液相色谱中，色谱柱的长度一般为（　　）。

    A. $10\sim30$ cm   B. $20\sim50$ m   C. $1\sim2$ m   D. $2\sim5$ m

8. 色谱流出曲线中的基线是指（　　）。

    A. 当流动相含有组分时通过检测器所得到的信号

    B. 在只有流动相通过检测器时所得到的信号

    C. 分离后的组分依次进入检测器而形成的色谱流出曲线

    D. 色谱流出曲线的横坐标

9. 反相键合相色谱是指（　　）。

    A. 固定相为极性，流动相为非极性   B. 固定相的极性小于流动相的极性

    C. 键合相的极性小于载体的极性   D. 键合相的极性大于载体的极性

10. 对下列化合物进行质谱测定后，分子离子峰为奇数的是（　　）。

    A. $C_6H_6N_4$ B. $C_6H_5NO_2$ C. $C_9H_{10}O_2$ D. $C_8H_{15}O_2$

11. 下列各项不属于 $H = A + B/u + Cgu + CLu$ 的影响因素的是（　　）。

    A. 涡流扩散项   B. 分子扩散项   C. 传质阻力项   D. 纵向扩散项

12. 下列不属于气相色谱仪部件的是（　　）。

    A. 载气钢瓶   B. 色谱柱   C. 光电管   D. 检测器

13. 在薄层色谱分析中，溶质的运动速度与展开剂的运动速度之比为（　　）。

    A. 保留值   B. 比移值   C. 中心距离   D. 分离度

14. 下列叙述不正确的是（　　）。

    A. 常用的紫外-可见光谱及红外光谱均属于吸收光谱范畴。

    B. 电磁辐射具有波动性现象和粒子性现象。

    C. 最大吸收波长向长波方向移动的现象称为蓝移。

    D. 吸光度为 0 也可以说是透射比为 100%。

15. 在紫外-可见光谱分析中，可以把经吸收池后的光信号转变成可被感知的信号的装置是（　　）。

    A. 色散系统   B. 检测器   C. 显示系统   D. 样品室

16. 表面活性剂按亲水基团是否带电分类，分为离子型和非离子型，离子型不包括（　　）。

    A. 阴离子型   B. 阳离子型   C. 中性离子型   D. 两性离子型

17. 用一个相对的值即 HLB 值（Hydrophilic Lipophilic Balance，简写为 HLB）来表示表面活性物质的亲水性，HLB 越大，则亲水性（　　）。

    A. 强   B. 弱   C. 不变   D. 不确定

18. 洗涤剂主要组分不包括下列哪项？（　　）

    A. 表面活性剂   B. 乳化剂   C. 助洗剂   D. 添加剂

19. 下列哪项是需光性除草剂种类？（　　）

    A. 苯甲酸类   B. 有机杂环类   C. 苯氧乙酸类   D. 二苯醚类

20. 下列哪项是固化剂的代号？（　　）

    A. X   B. F   C. G   D. H

21. 短油度醇酸树脂油度含量为（　　　）。
    A. 10%～35%　　B. 30%～45%　　C. 30%～55%　　D. 40%～65%
22. 指出活性染料的结构中 Re 表示（　　　）。
    A. 活性基　　　　　B. 连接基　　　　　C. 染料母体　　　　D. 水溶性基团

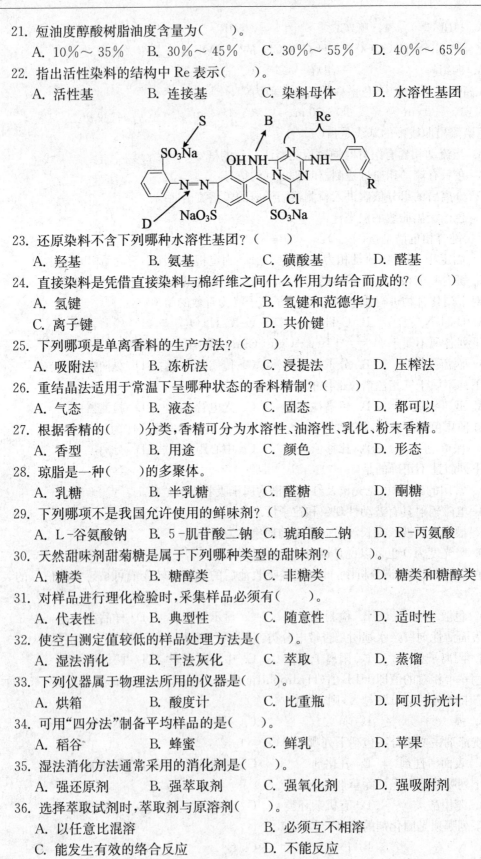

23. 还原染料不含下列哪种水溶性基团？（　　　）
    A. 羟基　　　　　　B. 氨基　　　　　　C. 磺酸基　　　　　D. 醛基
24. 直接染料是凭借直接染料与棉纤维之间什么作用力结合而成的？（　　　）
    A. 氢键　　　　　　　　　　　　　　B. 氢键和范德华力
    C. 离子键　　　　　　　　　　　　　D. 共价键
25. 下列哪项是单离香料的生产方法？（　　　）
    A. 吸附法　　　　　B. 冻析法　　　　　C. 浸提法　　　　　D. 压榨法
26. 重结晶法适用于常温下呈哪种状态的香料精制？（　　　）
    A. 气态　　　　　　B. 液态　　　　　　C. 固态　　　　　　D. 都可以
27. 根据香精的（　　　）分类，香精可分为水溶性、油溶性、乳化、粉末香精。
    A. 香型　　　　　　B. 用途　　　　　　C. 颜色　　　　　　D. 形态
28. 琼脂是一种（　　　）的多聚体。
    A. 乳糖　　　　　　B. 半乳糖　　　　　C. 醛糖　　　　　　D. 酮糖
29. 下列哪项不是我国允许使用的鲜味剂？（　　　）
    A. L-谷氨酸钠　　B. 5-肌苷酸二钠　　C. 琥珀酸二钠　　D. R-丙氨酸
30. 天然甜味剂甜菊糖是属于下列哪种类型的甜味剂？（　　　）。
    A. 糖类　　　　　　B. 糖醇类　　　　　C. 非糖类　　　　　D. 糖类和糖醇类
31. 对样品进行理化检验时，采集样品必须有（　　　）。
    A. 代表性　　　　　B. 典型性　　　　　C. 随意性　　　　　D. 适时性
32. 使空白测定值较低的样品处理方法是（　　　）。
    A. 湿法消化　　　　B. 干法灰化　　　　C. 萃取　　　　　　D. 蒸馏
33. 下列仪器属于物理法所用的仪器是（　　　）。
    A. 烘箱　　　　　　B. 酸度计　　　　　C. 比重瓶　　　　　D. 阿贝折光计
34. 可用"四分法"制备平均样品的是（　　　）。
    A. 稻谷　　　　　　B. 蜂蜜　　　　　　C. 鲜乳　　　　　　D. 苹果
35. 湿法消化方法通常采用的消化剂是（　　　）。
    A. 强还原剂　　　　B. 强萃取剂　　　　C. 强氧化剂　　　　D. 强吸附剂
36. 选择萃取试剂时，萃取剂与原溶剂（　　　）。
    A. 以任意比混溶　　　　　　　　　　B. 必须互不相溶
    C. 能发生有效的络合反应　　　　　　D. 不能反应

37. 当蒸馏物受热易分解或沸点太高时,可选用(　　)方法从样品中分离。

    A. 常压蒸馏　　　　B. 减压蒸馏　　　　C. 高压蒸馏　　　　D. 以上都不行

38. 色谱分析法的作用是(　　)。

    A. 只能作分离手段　　　　　　　　B. 只供测定检验用

    C. 可以分离组分作为定性手段　　　D. 可分离组分作为定量手段

39. 防止减压蒸馏爆沸现象产生的有效方法是(　　)。

    A. 加入爆沸石　　　　　　　　　　B. 插入毛细管与大气相通

    C. 加入干燥剂　　　　　　　　　　D. 加入分子筛

40. 水蒸气蒸馏利用具有一定挥发度的被测组分与水蒸气混合成分的沸点(　　)而有效地把被测成分从样液中蒸发出来。

    A. 升高　　　　　　B. 降低　　　　　　C. 不变　　　　　　D. 无法确定

41. 在对食品进行分析检测时,采用的行业标准应该比国家标准的要求(　　)。

    A. 高　　　　　　　B. 低　　　　　　　C. 一致　　　　　　D. 随意

42. 表示精密度正确的数值是(　　)。

    A. 0.2%　　　　　　B. 20%　　　　　　C. 20.23%　　　　　D. 1%

43. 表示滴定管体积读数正确的是(　　)。

    A. 11.1 mL　　　　B. 11 mL　　　　　C. 1.10 mL　　　　　D. 11.105 mL

44. 用万分之一分析天平称量样品质量正确的读数是(　　)。

    A. 0.234 0 g　　　　B. 0.234 g　　　　C. 23 400 g　　　　D. 2.340 g

45. 要求称量误差不超过 0.01,称量样品 10 g 时,选用的称量仪器是(　　)。

    A. 准确度百分之一的台称　　　　　B. 准确度千分之一的天平

    C. 准确度为万分之一的天平　　　　D. 任意天平

46. 有效酸度是指(　　)。

    A. 未离解的酸和已离解的酸的浓度　　B. 被测定溶液中氢离子的浓度

    C. 用 pH 计测定出的酸度　　　　　　D. 已离解的酸的浓度

47. 标定氢氧化钠标准溶液用(　　)作基准物。

    A. 草酸　　　　　　B. 邻苯二甲酸氢钾C. 碳酸钠　　　　　D. 盐酸

48. 可用(　　)来标定盐酸标准溶液。

    A. 氢氧化钠标准溶液　　　　　　　B. 邻苯二甲酸氢钾

    C. 碳酸钠　　　　　　　　　　　　D. 基准碳酸钠

49. 测定葡萄的总酸度时,其测定结果以(　　)来表示。

    A. 柠檬酸　　　　　B. 苹果酸　　　　　C. 酒石酸　　　　　D. 乙酸

50. 蒸馏挥发酸时,一般用(　　)。

    A. 直接蒸馏法　　　B. 水蒸气蒸馏法　　C. 减压蒸馏法　　　D. 加压蒸馏法

51. 蒸馏样品时加入适量的磷酸,其目的是(　　)。

    A. 使溶液的酸性增强　　　　　　　B. 使磷酸根与挥发酸结合

    C. 使结合态的挥发酸游离出来,便于蒸出

    D. 提高蒸馏温度

52. pH 计是以(　　)为指示电极。

    A. 饱和甘汞电极　　B. 玻璃电极　　　　C. 晶体电极　　　　D. 复合电极

53. 酸度计用标准缓冲溶液校正后,电极插入样品液后(　　)。

    A. 调节定位旋钮,读表上 pH

    B. 不可动定位旋钮,直接读表上 pH

    C. 调节定位旋钮,选择 pH 范围,读表上 pH

    D. 调节温度补偿旋钮后读数

54. 下列说法正确的是(　　)。

    A. 滴定管的初读数必须是"0.00"

    B. 直接滴定分析中,各反应物的物质的量应成简单整数比

    C. 滴定分析具有灵敏度高的优点

    D. 基准物应具备的主要条件是摩尔质量大

55. 下列操作中错误的是(　　)。

    A. 用间接法配制 HCl 标准溶液时,用量筒取水稀释

    B. 用右手拿移液管,左手拿洗耳球

    C. 用右手食指控制移液管的液流

    D. 移液管尖部最后留有少量溶液及时吹入接收器中

56. 用基准邻苯二甲酸氢钾标定 NaOH 溶液时,对标定结果产生负误差的是(　　)。

    A. 标定完成后,最终读数时,发现滴定管挂水珠

    B. 规定溶解邻苯二甲酸氢钾的蒸馏水为 50 mL,实际用量约为 60 mL

    C. 最终读数时,终点颜色偏深

    D. 锥形瓶中有少量去离子水,使邻苯二甲酸氢钾稀释

57. 含 O、N、S、卤素等杂原子的饱和有机物,其杂原子均含有未成键的(　　)电子,由于其所占据的非键轨道能级较高,所以其到 σ^* 跃迁能(　　)。

    (1) A. π B. n   C. σ

    (2) A. 小   B. 大   C. 100 nm 左右   D. 300 nm 左右

58. 质谱中分子离子能被进一步裂解成多种碎片离子,其原因是(　　)。

    A. 加速电场的作用   B. 电子流的能量大

    C. 分子之间相互碰撞   D. 碎片离子均比分子离子稳定

59. 用紫外-可见光谱法可用来测定化合物构型,在几何构型中,顺式异构体的波长一般都比反式的对应值短,并且强度也较小,造成此现象最主要的原因是(　　)。

    A. 溶剂效应   B. 立体障碍   C. 共轭效应   D. 都不对

60. 下面化合物中质子化学位移最大的是(　　)。

    A. CH_3Cl B. 乙烯   C. 苯   D. CH_3Br

61. 核磁共振在解析分子结构的主要参数是(　　)。

    A. 化学位移   B. 质荷比   C. 保留值   D. 波数

62. 在红外吸收光谱图中,$2\,000 - 1\,650\ cm^{-1}$ 和 $900 - 650\ cm^{-1}$ 两谱带是什么化合物的特征谱带?(　　)

    A. 苯环   B. 酯类   C. 烯烃   D. 炔烃

63. 在 1H 核磁共振中,苯环上的质子由于受到苯环的去屏蔽效应,化学位移位于低场,其化般为(　　)。

    A. 1~2   B. 3~4   C. 5~6   D. 7~8

64. 紫外光谱的产生是由电子能级跃迁所致，其能级差的大小决定了（　　）。

  A. 吸收峰的强度   B. 吸收峰的数目

  C. 吸收峰的位置   D. 吸收峰的形状

65. 一种能作为色散型红外光谱仪的色散元件材料为（　　）。

  A. 玻璃   B. 石英   C. 红宝石   D. 卤化物晶体

66. 若外加磁场的强度 H_0 逐渐加大时，使原子核自旋能级的低能态跃迁到高能态所需的能量是如何变化的？（　　）。

  A. 不变   B. 逐渐变大   C. 逐渐变小   D. 随原子核而变

67. 化学位移 δC—H 的大小与该碳杂化轨道中 s 成分（　　）。

  A. 成反比   B. 成正比   C. 变化无规律   D. 无关

68. 二溴乙烷质谱的分子离子峰（M）与 M+2、M+4 的相对强度为（　　）。

  A. 1∶1∶1   B. 2∶1∶1   C. 1∶2∶1   D. 1∶1∶2

69. 以下不是羰基化合物的测定的是（　　）。

  A. 肟化法   B. 亚硫酸氢钠法   C. 分光度法   D. 气相色谱法

70. 以下不是影响 R_f 值的因素是（　　）。

  A. pH   B. 温度   C. 纸的性质   D. 湿度

71. 下列属于酸性含氧化合物的是（　　）。

  A. 酚   B. 醇   C. 酸酐   D. 醚

72. 为取得一令人满意的衍生物，在制备时下列不应符合的条件是（　　）。

  A. 衍生物必须是固体

  B. 衍生物制备的方法应简便、快速、副产物少

  C. 衍生物和未知物在物理和化学性质上不应有明显的差别

  D. 衍生物最好有几个易于测定的物理常数

73. 下列基团中不会发生红移现象的是（　　）

  A. —OH   B. —NH$_2$ C. —Cl   D. —CH$_3$

74. 下列哪一项不是影响化学位移的因素？（　　）

  A. 诱导效应   B. 共轭效应   C. 溶剂效应   D. 离子效应

75. 哪项不属于红外光谱分析对样品的要求？（　　）

  A. 样品的浓度和测试厚度应适宜

  B. 样品不含水分

  C. 样品应是单一组分的纯物质，其纯度应不小于 98%

  D. 样品可以含多种组分

76. 红外光谱法的优势不包括（　　）。

  A. 固、液、气均能分析   B. 样品用量少

  C. 价格低廉，便于普及   D. 侧重于定量分析

77. 影响键的开裂因素有（　　）。

  A. 化学键的相对强度   B. 离子效应

  C. 分子极性   D. 共轭效应

78. 鉴定芳烃类化合物比较有效的方法是（　　）。

  A. 红外光谱法   B. 紫外光谱法

  C. 可见分光光度法   D. 原子吸收法

79. 红外光谱分析对样品的要求不包括( )。

  A. 样品的浓度和测试厚度应适应 B. 样品应不含有水,包括游离水和结晶水

  C. 样品不能有紫外吸收能力   D. 样品应为单一组分的纯物质

80. 混合物的分离方法不包括( )。

  A. 根据组分的挥发性不同进行分离 B. 根据组分的密度不同进行分离

  C. 根据组分的溶解性不同进行分离 D. 根据组分的化学性质不同进行分离

81. 紫外可见光区的波长范围( )。

  A. $200\sim780$ nm B. $360\sim720$ nm C. $300\sim720$ nm D. $300\sim780$ nm

82. 熔点测定的方法是( )。

  A. 蒸馏法   B. 毛细管法   C. 高分辨质谱法 D. 半微量测定法

83. 下列化合物的极性顺序大致为( )。

  A. 饱和烃>不饱和烃>羰基化合物>酸、碱

  B. 饱和烃>羰基化合物>不饱和烃>酸、碱

  C. 酸、碱>饱和烃>不饱和烃>羰基化合物

  D. 羰基化合物>饱和烃>不饱和烃>酸、碱

84. 紫外吸收光谱法中,若物质在 $200\sim750$ mm 内无吸收,则此种物质不可能为( )。

  A. 支链烷烃   B. 环烷烃   C. 饱和脂肪酸 D. 共轭烯烃

85. 测定碳和氢常用的方法是( )。

  A. 燃烧分解法 B. 酸碱滴定法 C. 配位滴定法 D. 双指示剂法

八、精细有机合成技术

(一) 单选题

1. 下列物质中,不属于有机合成材料的是( )。

  A. 聚氯乙烯 B. 电木塑料 C. 有机玻璃 D. 普通玻璃

2. 下列物质中,不属于合成材料的是( )。

  A. 涤纶   B. 尼龙   C. 真丝   D. 腈纶

3. 下列材料,属于无机非金属材料的是( )。

  A. 钢筋混凝土 B. 塑料   C. 陶瓷   D. 钢铁

4. 在酒精的水溶液中,分子间的作用力有( )。

  A. 取向力、色散力   B. 诱导力、氢键

  C. 选项 A、B 都有   D. 选项 A、B 都没有

5. 大部分有机物均不溶于水,但乙醇能溶于水,原因是( )。

  A. 能与水形成氢键   B. 含有两个碳原子

  C. 能形成稳定的二聚体   D. 乙醇分子之间可以形成氢键

6. 在室温下能与硝酸银反应,并立刻生成沉淀的化合物是( )。

  A. $CH_2\!=\!CHCl$ B. $CH_3CH_2CH_2Cl$ C. $CH_3CHClCH_3$ D. $CH_2ClCH\!=\!CH_2$

7. 下列化合物中碱性最强的是( )。

   A. 二乙胺   B. 苯胺   C. 乙酰苯胺   D. 氨

8. 下列化合物具有芳香性的是( )。

   A.   B.   C.   D.

9. 下列化合物哪个水解反应的速度最快?( )

   A. 酰胺   B. 酯   C. 酰氯   D. 酸酐

10. 能区别伯、仲、叔胺的试剂是( )。

   A. 无水 $ZnCl$＋浓 HCl B. $NaHCO_3$

   C. $NaOH+I_2$ D. $NaNO_2$＋HCl/0 ℃

11. 能发生碘仿反应的化合物是( )。

   A. 丁醛   B. 3-戊酮   C. 2-丁醇   D. 叔丁醇

12. sp^3 杂化的碳原子的空间几何形状是( )。

   A. 四面体型   B. 平面三角形（sp^2杂化）

   C. 直线型（sp杂化）   D. 金字塔形

13. 下列化合物中含仲碳原子的是( )。

   A. $CH_3CH(CH_3)_2$ B. $CH_3CH_2CH_3$ C. $(CH_3)_4C$ D. CH_3CH_3

14. 在苯环的亲电取代反应中,属于邻对位定位基的是( )。

   A. CH_3CONH B. $—SO_3H$ C. $—NO_2$ D. $—COCH_3$

15. 沸点最高的是( )。

   A. 丁酸   B. 丁醛   C. 丁醇   D. 2-丁酮

   E. 1-丁烯

16. 下列化合物中碱性最强的是( )。

   A. 二甲胺   B. 苯胺   C. 甲胺   D. 氨

17. 甲基环己烷的最稳定构象是( )。

   A.   B.

   C.   D.

18. 能发生重氮化反应的胺是( )。

   A.   B.

   C.   D.

19. 乙酰乙酸乙酯与 $FeCl_3$ 溶液呈紫色是由于它具有( )。

   A. 顺反异构   B. 构象异构   C. 旋光异构   D. 互变异构

20. 能与托伦试剂反应的化合物是( )。

   A. 苯甲酸   B. 呋喃甲醛   C. 苯甲醇   D. 苯乙酮

21. 下列环烷烃中加氢开环最容易的是( )。

　　　A. 环丙烷　　　　　B. 环丁烷　　　　　C. 环戊烷　　　　　D. 环己烷

22. 下列化合物中,酸性最强的是(　　　)。

　　　A. CH_3CCl_2COOH　　　　　　　　B. $CH_3CHClCOOH$

　　　C. $ClCH_2CH_2COOH$　　　　　　　D. CH_3CH_2COOH

23. 下列试剂哪一个不是亲电试剂?(　　　)

　　　A. NO_2^+　　　　　B. Cl_2　　　　　C. Fe^{2+}　　　　　D. Fe^{3+}

24. 按极性分类,下列溶剂中哪一个是非极性溶剂?(　　　)

　　　A. 丙酮　　　　　B. 环己烷　　　　　C. 水　　　　　D. 甲醇

25. 最常用的氨基化剂是(　　　)。

　　　A. 氨水　　　　　B. 气氨　　　　　C. 液氨　　　　　D. 碳酸氢氨

26. 下面哪一个置换卤化最容易发生?(　　　)

　　　A. $CH_3CH_2CH_2CH_2—OH+HCl$　　　B. $(CH_3)_3C—OH+HCl$

　　　C. $CH_3CH_2CH_2CH_2—OH+HI$　　　D. $(CH_3)_3C—OH+HI$

27. 苯与卤素的取代卤化反应 $Ar+X_2 \rightleftharpoons ArX+HX$,下面哪一个不能用作催化剂?
(　　　)。

　　　A. $FeCl_3$　　　　　B. I_2　　　　　C. $FeCl_2$　　　　　D. $HOCl$

28. 下面哪一个化合物最容易发生硝化反应?(　　　)

　　　A. 氯苯　　　　　B. 苯酚　　　　　C. 一硝基苯　　　　　D. 苯磺酸

29. 生产乙苯时,用三氯化铝作催化剂,采用的助催化剂为(　　　)。

　　　A. HCl　　　　　B. HF　　　　　C. H_2SO_4　　　　　D. HNO_3

30. 重氮化反应中,下面哪一个是亲电进攻试剂?(　　　)

　　　A. H^+　　　　　B. $NOCl$　　　　　C. NO_2　　　　　D. N_2O_4

31. 下列关于磺化 π 值的说法正确的有(　　　)。

　　　A. 容易磺化的物质 π 值越大　　　B. 容易磺化的物质 π 值越小

　　　C. π 值越大,所用磺化剂的量越少　　D. π 值越大,所用磺化剂的量越多

32. 下列醇中,—OH 最易被氯置换的是(　　　)。

　　　A. $(CH_3)_3COH$　　　　　　　　B. $CH_3CH_2CH(OH)CH_3$

　　　C. $CH_3CH_2CH_2CH_2OH$　　　　　D. CH_3CH_2OH

33. 用卤烷作烷化剂,当烷基相同时,卤烷活性次序正确的是(　　　)。

　　　A. $R—I > R—Br > R—Cl$　　　　B. $R—Br > R—Cl > R—I$

　　　C. $R—Cl > R—Br > R—I$　　　　D. $R—Br > R—I > R—Cl$

34. 下列卤代烃发生烷基化反应时,活性最小的是(　　　)。

　　　A. CH_3CH_2Cl　　B. CH_3CH_2I　　C. CH_3CH_2Br　　D. $(CH_3)_2CHCl$

35. 下列有机物酰化反应时,哪个反应能力最强?(　　　)

　　　A. 苯胺　　　　　B. 苯甲醚　　　　　C. 氯苯　　　　D 甲苯

36. 十二烷基苯在一磺化时主产物中磺基的位置是(　　　)。

　　　A. 邻位　　　　　B. 对位　　　　　C. 间位　　　　　D. 邻间位

37. 下列物质中可以用作烷基化剂的是(　　　)。

　　　A. 苯　　　　　B. 乙烷　　　　　C. 乙酸酐　　　　　D. 烯烃

38. C-酰化反应的反应机理均属于(　　　)。

A. 亲电加成   B. 亲电取代   C. 自由基加成   D. 自由基取代

39. 直链烷基苯可通过( )反应制备苯甲酸。

    A. 还原   B. 酯化   C. 酰化   D. 氧化

40. 硝化反应中参加反应的活泼质点是( )。

    A. HNO_3 B. NO_3^- C. NO_2^+ D. H_3O^+

41. 下列物质中常用作酰化剂的是( )。

    A. 乙醇   B. 丙酮   C. 乙酸酐   D. 苯基甲基酮

42. 沸腾氯化法制备氯苯用的氯化剂是( )。

    A. Cl_2 B. $HOCl$ C. HCl D. $FeCl_3$

43. 下列说法正确的是( )。

    A. 异丙苯氧化可制备苯酚   B. 不能通过烷烃氧化制备醇

    C. 常用叔卤烷氨解制备叔胺   D. 苯氯化反应的原料中可含有水分

44. 对于羟醛缩合反应,列说法不正确的是( )。

    A. 醛能与醛缩合   B. 酯不能与酯缩合

    C. 醛能与醇缩合   D. 醛能与丙酮缩合

45. 叔丁基氯在下面哪一个溶剂中水解生成叔丁醇的反应速率最快?( )

    A. 甲醇   B. 乙醇   C. 甲酸   D. 水

46. 生产乙苯时,用三氯化铝作催化剂,采用的助催化剂为( )。

    A. HCl B. HF C. H_2SO_4 D. HNO_3

47. 用混酸硝化时,关于脱水值 DVS 正确的说法是( )。

    A. DVS 增加,废酸中水含量增加,硝化能力减小

    B. DVS 增加,废酸中水含量减小,硝化能力减小

    C. DVS 增加,废酸中硫酸含量减小,硝化能力减小

    D. DVS 增加,废酸中硫酸含量增加,硝化能力增加

48. 苯胺一硝化时,采用的硝酸比 Φ 应当是( )。

    A. 1.0   B. 1.01~1.05   C. 1.1~1.2   D. 2.0

49. 不能使溴水褪色的化合物是( )。

    A.   B. $CH\equiv CH$ C.   D. —CH_3

50. 以下关于溶剂的说法不正确的是( )。

    A. 溶剂不能和反应底物、产物发生化学反应

    B. 在反应条件下和后处理时具有稳定性

    C. 溶剂对反应底物和产物均需具有溶解性

    D. 溶剂可使反应物更好地分散

51. 有机物料泄漏时,尽快关掉所有与( )相关的阀门,将泄漏范围控制在最小范围内。

    A. 伴热   B. 泄漏设备   C. 风机   D. 机泵

52. 下列化合物中,α-H 原子酸性值最强的是( )。

    A. CH_3CHO B. $CH_3COOC_2H_5$ C. CH_3COCH_3

53. NaOH 比 $NaOCH_3$ 的碱性( )。

    A. 强   B. 弱   C. 一样   D. 无法比较

54. 用三氧化硫作磺化剂的缺点是(　　)。

  A. 有废酸产生   B. 有无机杂质产生

  C. 易生成副产物   D. 成本高

55. 用浓硫酸磺化时,亲电质点是(　　)。

  A. SO_3 B. H^+ C. H_3O^+ D. SO_2

56. 用浓硫酸作磺化剂,动力学方程的特点是反应速率(　　)。

  A. 与水的浓度成正比   B. 与水的浓度成反比

  C. 与水的浓度的平方成正比   D. 与水的浓度的平方成反比

57. 使用消防水枪进行灭火时,应射向(　　)才能有效将火扑灭。

  A. 火源底部   B. 火源中部   C. 火源顶部   D. 火源中上部

58. 乙苯混酸硝化制备硝基乙苯,为了提高对位产率,可采用哪一个方法?(　　)

  A. 混酸中加水   B. 混酸中加盐酸   C. 提高混酸用量   D. 提高混酸浓度

59. 下面哪一个重氮盐偶合时的反应活性最高?(　　)。

  A. $Cl-Ar-N\!=\!N^+$ B. $O_2N-Ar-N\!=\!N^+$

  C. $H_3C-Ar-N\!=\!N^+$ D. $H_3CO-Ar-N\!=\!N^+$

60. 下面哪一个不是自由基生成(链引发)的方式?(　　)。

  A. 加压   B. 加热

  C. 加过氧化苯甲酰   D. 光照

61. 芳香环上 C-烃化时,最常用的酸性卤化物催化剂是(　　)。

  A. $AlBr_3$ B. $AlCl_3$ C. BF_3 D. $ZnCl_2$

62. 用多硫化钠还原硝基苯制备苯胺时,一般不用 Na_2S_n($n=3\sim4$),而用 Na_2S_2,因为 Na_2S_n($n=3\sim4$)的(　　)。

  A. 还原能力差   B. 易生成硫磺   C. 价格较贵   D. 副反应多

63. 下列烯烃亲电加成反应活性最高的是(　　)。

  A. 丙烯   B. 苯乙烯   C. 氯乙烯   D. 甲基乙烯基醚

64. 下列化合物在亲电取代反应中活性最大的是(　　)。

  A. 苯   B. 噻吩   C. 呋喃   D. 吡啶

65. 下列哪个不是引入保护基团时必须遵守的条件?(　　)

  A. 易于引入   B. 对正常反应无影响

  C. 易于除去   D. 性质不活泼

66. 下列化合物哪个可能是 Dieles-Alder 反应的产物(　　)。

  A.   B.   C.   D.

67. 烯键上加成常常是反式加成,但是下列加成中哪一种是顺式的?(　　)

  A. Br_2,CCl_4 B. (1)H_2SO_4,(2)H_2O

  C. H_2,Pt D. Cl_2,OH^-

68. 下列化合物中碱性最强的是(　　)。

  A. MeN   B. ⬡—NH_2

  C. ⬡—$CONH_2$ D. ⬡—SO_3H

69. 下列活性中间体最稳定的是（　　　）。

A. $CH_3\overset{+}{C}HCH_3$　　B. $Cl_3\overset{+}{C}HCH_3$　　C. $(CH_3)_3\overset{+}{C}$　　D. $Cl_3\overset{+}{C}C(CH_3)_2$

70. 格式试剂主要用来直接合成哪一类化合物？（　　）

A. 酮　　　　　　B. 卤代烃　　　　C. 醇　　　　　　D. 混合醚

71. 下面的还原反应需要何种试剂（　　　）。

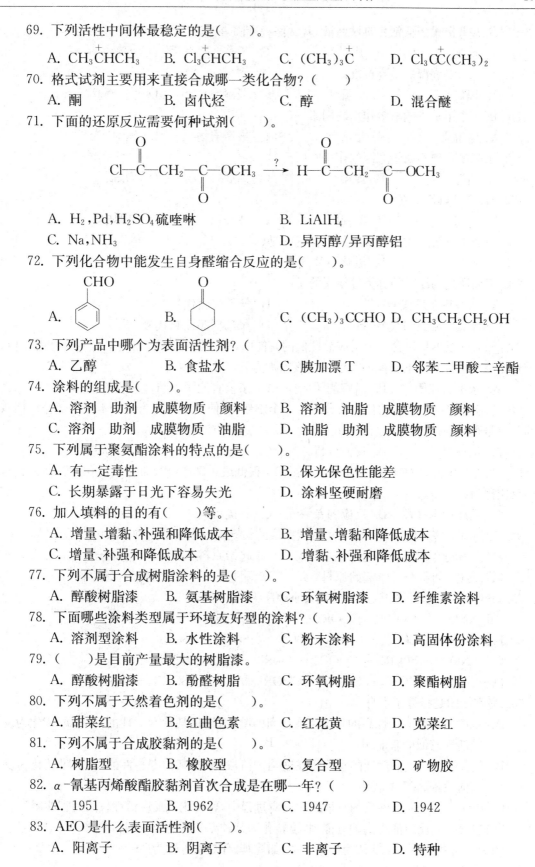

A. H_2，Pd，H_2SO_4 硫喹啉　　　　　　B. $LiAlH_4$

C. Na，NH_3　　　　　　　　　　　　D. 异丙醇/异丙醇铝

72. 下列化合物中能发生自身醛缩合反应的是（　　　）。

A. [苯甲醛]　　　B. [环己酮]　　　C. $(CH_3)_3CCHO$　D. $CH_3CH_2CH_2OH$

73. 下列产品中哪个为表面活性剂？（　　　）

A. 乙醇　　　　　B. 食盐水　　　　C. 胰加漂 T　　　D. 邻苯二甲酸二辛酯

74. 涂料的组成是（　　　）。

A. 溶剂　助剂　成膜物质　颜料　　　B. 溶剂　油脂　成膜物质　颜料

C. 溶剂　助剂　成膜物质　油脂　　　D. 油脂　助剂　成膜物质　颜料

75. 下列属于聚氨酯涂料的特点的是（　　　）。

A. 有一定毒性　　　　　　　　　　　B. 保光保色性能差

C. 长期暴露于日光下容易失光　　　　D. 涂料坚硬耐磨

76. 加入填料的目的有（　　　）等。

A. 增量、增黏、补强和降低成本　　　B. 增量、增黏、补强和降低成本

C. 增量、补强和降低成本　　　　　　D. 增黏、补强和降低成本

77. 下列不属于合成树脂涂料的是（　　　）。

A. 醇酸树脂漆　　B. 氨基树脂漆　　C. 环氧树脂漆　　D. 纤维素涂料

78. 下面哪些涂料类型属于环境友好型的涂料？（　　　）

A. 溶剂型涂料　　B. 水性涂料　　　C. 粉末涂料　　　D. 高固体份涂料

79. （　　　）是目前产量最大的树脂漆。

A. 醇酸树脂漆　　B. 酚醛树脂　　　C. 环氧树脂　　　D. 聚酯树脂

80. 下列不属于天然着色剂的是（　　　）。

A. 甜菜红　　　　B. 红曲色素　　　C. 红花黄　　　　D. 苋菜红

81. 下列不属于合成胶黏剂的是（　　　）。

A. 树脂型　　　　B. 橡胶型　　　　C. 复合型　　　　D. 矿物胶

82. α-氰基丙烯酸酯胶黏剂首次合成是在哪一年？（　　　）

A. 1951　　　　　B. 1962　　　　　C. 1947　　　　　D. 1942

83. AEO 是什么表面活性剂（　　　）。

A. 阳离子　　　　B. 阴离子　　　　C. 非离子　　　　D. 特种

84. 一些非离子表面活性剂洗涤液,其洗涤程度随表面活性剂的 CMC 增加而(　　)。

　　A. 增加　　　　　B. 减弱　　　　　C. 不变　　　　　D. 不确定

85. (　　)是润湿的最高标准。

　　A. 铺展　　　　　B. 沾湿　　　　　C. 浸湿　　　　　D. 完全润湿

86. 哪一个不是影响增溶作用的因素?(　　)

　　A. 电解质　　　　B. 增溶剂　　　　C. 被增溶物　　　D. 压力

87. 下列哪一项不属于润湿的作用?(　　)

　　A. 沾湿　　　　　B. 浸湿　　　　　C. 铺展　　　　　D. 增溶

88. W/O 型,HLB 值(　　)。

　　A. 2～6　　　　　B. 8～10　　　　　C. 12～14　　　　D. 16～18

89. 不属于气溶胶化妆品常用的液化气的是(　　)。

　　A. 氟利昂类　　　B. 液化石油气　　C. 二甲醚　　　　D. 乙醇

90. 下面所列的涂料的分类号错误的是(　　)。

　　A. 醇酸树脂漆代号"C"　　　　　　　B. 氨基树脂代号"A"

　　C. 环氧树脂涂料代号"H"　　　　　　D. 聚酯树脂涂料代号"W"

91. 如果分子本身包含一个反应活性低的官能团,在适当的阶段,通过某种专一性的反应,可转化为反应活性较高的官能团。这种官能团称为(　　)。

　　A. 亲电官能团　　B. 潜官能团　　　C. 亲核官能团　　D. 极性官能团

92. 想象选择一个合适的位置将分子的一个键切断,使分子转变为两个不同的部分。用双线箭头符号和画一条曲线穿过被切断的键来表示。这种方法称为(　　)。

　　A. 极性反转　　　B. 反向分析　　　C. 分子切断　　　D. 反应选择性

93. 在复杂化合物的合成中,有些反应转化率很低或正副产物很难分离纯化,反应时间长,这些反应称为(　　)。

　　A. 反应的选择性　B. 反应的专一性　C. 关键反应　　　D. 控制因素

94. 如何将一些新反应设计到一个合成路线的关键反应中去的这种方法可表示为(　　)。

　　A. 目标分子—反应—起始原料　　　　B. 起始原料—反应—目标分子

　　C. 反应—目标分子—起始原料　　　　D. 目标分子—中间体—起始原料

95. 下列起活化作用的基团,其活性大小顺序为(　　)。

　　A. —NO$_2$＞—COR＞—COOR＞—SO$_2$R＞—CN＞—SOR＞—C$_6$H$_5$

　　B. —NO$_2$＞—COR＞—COOR＞—CN＞—SO$_2$R＞—SOR＞—C$_6$H$_5$

　　C. —NO$_2$＞—SO$_2$R＞—COOR＞—COR＞—CN＞—SOR＞—C$_6$H$_5$

　　D. —NO$_2$＞—COR＞—SO$_2$R＞—COOR＞—CN＞—SOR＞—C$_6$H$_5$

96. 潜官能团是指分子本身(　　)。

　　A. 包含一个反应活性高的官能团在适当的阶段,通过某种专一性的反应,可转化为反应活性较低的官能团

　　B. 包含一个反应活性低的官能团在适当的阶段,通过某种专一性的反应,可转化为反应活性较高的官能团

　　C. 包含一个反应活性低的官能团在反应过程中,可转化为反应活性较高的官能团

　　D. 包含一个反应活性高的官能团,可转化为某种专一性的反应的官能团

97. 在磷叶立德分类时,若 R 为推电子基,如烷基、环烷基等称为(　　)。

　　A. 稳定的磷叶立德　　　　　　　　B. 活泼的磷叶立德

　　C. 半稳定的磷叶立德　　　　　　　D. 共价型的磷叶立德

98. 绿色化学是指在制造和应用化学品时(　　　)。

　　A. 应有效利用(最好可再生)原料,消除废物和避免使用有毒的或危险的试剂和溶剂

　　B. 应全部利用可再生原料,消除废物和避免使用有毒的或危险的试剂和溶剂

　　C. 应部分利用可再生原料,消除废物和避免使用有毒的或危险的试剂和溶剂

　　D. 应直接利用无毒原料,消除废物和避免使用危险的试剂和溶剂

99. 可用于鉴别 $CH_3C{\equiv}CH$ 和 $CH_3CH{=}CH_2$ 的试剂是(　　　)。

　　A. Lucas 试剂　　　B. $Ag(NH_3)_2NO_3$　　C. $CuSO_4$　　　　D. 酸性 $KMnO_4$

　　E. Br_2/H_2O

100. 下列物质中不与托伦试剂作用的是(　　　)。

　　A. 葡萄糖　　　　　B. 蔗糖　　　　　　C. 麦芽糖　　　　　D. 果糖

101. 在有机反应中,能引入羟基的反应是(　　　)。

　　A. 硝化反应　　　　B. 消去反应　　　　C. 水解反应　　　　D. 聚合反应

102. 测定熔点时,如遇下列情况,会使熔点偏高的是(　　　)。

　　A. 熔点管不干净,样品不干燥　　　　B. 固体样品放在纸上粉碎装管

　　C. 样品中混有熔点较高的杂质　　　　D. 在距熔点 100 ℃ 以下较快速度升温

　　E. 样品研磨得不细或装管不紧密　　　F. 读数时,俯视温度计的刻度

103. 下列哪些液体有机物不宜用无水氯化钙来干燥?(　　　)

　　A. 乙醚　　　　　　B. 三苯甲醇　　　　C. 1-溴丁烷　　　D. 环己烯

104. 下列玻璃器皿能减压的是(　　　)。

　　A. 磨口的锥形瓶　　B. 抽滤瓶　　　　　C. 圆底烧瓶　　　　D. 烧杯

105. 用减压蒸馏来提纯化合物时,下列说法不正确的是(　　　)。

　　A. 减压蒸馏主要用于受热易分解或氧化、高沸点等物质的提纯

　　B. 在程序操作上,先后顺序为搭装置、连接泵、抽真空、加热,接收到所需产品后,停止
　　　加热,后关泵

　　C. 进行减压蒸馏时,可以不需要装温度计在蒸馏头上

　　D. 减压蒸馏的沸点是唯一的,全班同学应该一样

106. 当混合物中含有大量的固体或焦油状物质,通常的蒸馏、过滤、萃取等方法都不适用
时,可以采用(　　　)将难溶于水的液体有机物进行分离。

　　A. 重结晶　　　　　　B. 分馏　　　　　　C. 水蒸气蒸馏　　D. 减压蒸馏

107. 在重结晶时,下面操作正确的是(　　　)。

　　A. 为避免热滤时晶体析出,可以加过量 50%～100% 的溶剂

　　B. 为了节省时间,溶液处于沸腾状态下,不需冷却就可加入活性炭脱色

　　C. 活性炭可以一开始时就加入

　　D. 溶剂的用量是根据溶解度计算量多加 20%～30%

108. 关于红外光谱测定的时候,下列说法不正确的是(　　　)。

　　A. 只有液体可以用液膜法测定红外光谱

　　B. 液体用的样品池是用氯化钠或溴化钾做的,所以所作的样品必须干燥,不能含有水

　　C. 液体用的样品池也可以用玻璃材质

　　　D. 固体样品可以用溴化钾压片法来测定红外光谱

109. 分析纯试剂常用的表示方法（　　　）。

　　　A. GC　　　　　　　　B. CP　　　　　　　C. AR　　　　　　　D. AP

110. 低沸点液体蒸馏时（如乙醚），除了与一般蒸馏操相同以外，最要强调的是（　　　）。

　　　A. 都有一处大气　　　　　　　　　　B. 接收器用冰水浴冷却

　　　C. 要加沸石　　　　　　　　　　　　D. 不能用明火加热

111. O/W 型，HLB 值（　　　）。

　　　A. 2～6　　　　　　　B. 8～10　　　　　　C. 12～14　　　　　D. 16～18

112. 在使用分液漏斗进行分液时,操作中应防止下面哪种正确的做法?（　　　）

　　　A. 分离液体时,分液漏斗上的小孔应于大气相通后打开旋塞

　　　B. 分离液体时,将漏斗拿在手中进行分离

　　　C. 上层液体经漏斗的下口放出

　　　D. 没有将两层间存在的絮状物放出

113. 下列关于使用和保养分液漏斗,正确的做法是（　　　）。

　　　A. 分液漏斗的上端的磨口如果是非标准磨口,塞子就绝对不可以用标准磨口玻璃塞,
　　　　　这种说法是不对的

　　　B. 使用前,旋塞应涂少量凡士林或油脂,并检查各磨口是否严密

　　　C. 使用时,应按操作规程操作,两种液体混合振荡时不可过于剧烈,以防乳化振荡时应
　　　　　注意及时放出气体,上层液体从上口倒出,下层液体从下口放出

　　　D. 使用后,应洗净晾干,部件拆开放置就可以了

114. 烧瓶中少量有机溶剂着火时,最简易有效的处理方法是（　　　）。

　　　A. 用水浇灭　　　　B. 用湿布盖灭　　　C. 用泡沫灭火器　　D. 用四氯化碳灭火器

115. 若用乙醇进行重结晶时,最佳的重结晶装置是（　　　）。

　　　A. 可用烧杯作容器进行重结晶　　　　　B. 用圆底烧瓶加球形冷凝管装置

　　　C. 用锥形瓶作容器　　　　　　　　　　D. 用锥形瓶加直形冷凝管装置

116. 某有机物沸点在 140～150 ℃,蒸馏时应用（　　　）。

　　　A. 球形冷凝管　　　B. 空气冷凝管　　　C. 直形冷凝管

117. 下列哪种物质不与高锰酸钾溶液反应?（　　　）

　　　A. 甲苯　　　　　　B. 苄醇　　　　　　C. 苄氯　　　　　　D. 甲基环己烷

118. 在制备格式试剂时,不可用下列哪些溶剂?（　　　）

　　　A. 丙酮　　　　　　B. 乙醚　　　　　　C. 乙醇　　　　　　D. 四氢呋喃

119. 在安全疏散中,厂房内主通道宽度不少于（　　　）。

　　　A. 0.5 m　　　　　B. 0.8 m　　　　　　C. 1.0 m　　　　　　D. 1.2 m

120. NaOH 滴定 H_3PO_4 以酚酞为指示剂,终点时生成（　　　）。（已知 H_3PO_4 的各级离解
常数: $K_{a_1}=6.9\times10^{-3}$, $K_{a_2}=6.2\times10^{-8}$, $K_{a_3}=4.8\times10^{-13}$）

　　　A. NaH_2PO_4　　　B. Na_2HPO_4　　　C. Na_3PO_4　　　　D. $NaH_2PO_4+Na_2HPO_4$

121. 烷烃:① 正庚烷;② 正己烷;③ 2-甲基戊烷;④ 正癸烷的沸点由高到低的顺序是
（　　　）。

　　　A. ①②③④　　　　B. ③②①④　　　　C. ④③②①　　　　D. ④①②③

122. 下列烯烃中哪个不是最基本的有机合成原料"三烯"中的一个?（　　　）

    A. 乙烯   B. 丁烯   C. 丙烯   D. 1,3-丁二烯

123. 化工装置用来消除静电危害的主要方法为( )。

    A. 泄漏法   B. 中和法   C. 接地法   D. 释放法

124. 在苯甲酸的碱性溶液中,含有( )杂质,可用水蒸气蒸馏方法除去。

    A. $MgSO_4$ B. CH_3COONa C. C_6H_5CHO D $NaCl$

125. 下列物质中既能被氧化,又能被还原,还能发生缩聚反应的是( )。

    A. 甲醇   B. 甲醛   C. 甲酸   D. 苯酚

126. 在下列反应中,硫酸只起催化作用的是( )。

    A. 乙醇和乙酸酯化   B. 苯的磺化反应

    C. 乙酸乙酯水解   D. 乙醇在 170 ℃时脱水生成乙烯

127. 苯酐的构造式是( )。

    A.   B.

    C.   D.

128. 下列物质或其主要成分不属于酯类化合物的是( )。

    A. 酚醛树脂   B. 牛油   C. 火棉   D. 醋酸纤维

129. 下列说法中正确的是( )。

    A. 有机物与浓硝酸反应都是硝化反应

    B. 能水解的含氧有机物不一定是酯

    C. 能发生银镜反应的有机物一定是醛

    D. 由小分子合成高分子化合物的反应都是加聚反应

130. 下列说法不正确的是( )。

    A. 在一定的条件下,苯可以跟氢气起加成反应

    B. 苯跟浓硫酸可以起磺化反应

    C. 苯可以被浓硝酸和浓硫酸的混合物硝化

    D. 芳香族化合物是分子组成符合 $C_nH_{2n-6}(n \geqslant 6)$ 的一类物质

131. 下列四种物质中能发生氧化反应、还原反应和加成反应的是( )。

    A. 氯乙烷   B. 甲醛   C. 氯甲烷   D. 氨基乙酸

132. 下列物质不能发生水解反应的是( )。

    A. 氯甲烷   B. 植物油   C. 甘油   D. 蔗糖

133. 目前有些学生喜欢使用涂改液,经实验证明,涂改液中含有许多挥发性有害物质,二氯甲烷就是其中一种。下面关于二氯甲烷(CH_2Cl_2)的几种说法:① 它是由碳、氢、氯三种元素组成的化合物;② 它是由氯气和甲烷组成的混合物;③ 它的分子中碳、氢、氯元素的原子个数比为 1:2:2;④ 它是由多种原子构成的一种化合物。说法正确的是( )。

　　　A. ①③　　　　　　B. ②④　　　　　C. ②③　　　　　D. ①④

134. 在一个绝热刚性容器中发生一化学反应,使系统的温度从 T_1 升高到 T_2,压力从 P_1 升高到 P_2,则(　　)。

　　　A. $Q<0,W<0,\Delta U<0$　　　　　　　B. $Q=0,W=0,\Delta U=0$
　　　C. $Q=0,W<0,\Delta U<0$　　　　　　　D. $Q<0,W=0,\Delta U<0$

135. 磺化能力最强的是(　　)。
　　　A. 三氧化硫　　　B. 氯磺酸　　　　C. 硫酸　　　　D. 二氧化硫

136. 磺化剂中真正的磺化物质是(　　)。
　　　A. SO_3　　　　B. SO_2　　　　C. H_2SO_4　　　D. H_2SO_3

137. 不属于硝化反应加料方法的是(　　)。
　　　A. 并加法　　　B. 反加法　　　　C. 正加法　　　　D. 过量法

138. 侧链上卤代反应的容器不能为(　　)。
　　　A. 玻璃质　　　B. 搪瓷质　　　　C. 铁质　　　　D. 衬镍

139. 氯化反应进料方式应为(　　)。
　　　A. 逆流　　　　B. 并流　　　　C. 层流　　　　D. 湍流

140. 下列物质的反应活性正确的是(　　)。
　　　A. 酰氯>酸酐>羧酸　　　　　　　B. 羧酸>酰氯>酸酐
　　　C. 酸酐>酰氯>羧酸　　　　　　　D. 酰氯>羧酸>酸酐

141. 化学氧化法的优点是(　　)。
　　　A. 反应条件温和　　　　　　　　B. 反应易控制
　　　C. 操作简便,工艺成熟　　　　　　D. 以上都对

142. 不同电解质对铁屑还原速率影响最大的(　　)。
　　　A. NH_4Cl　　　B. $FeCl_2$　　　C. $NaCl$　　　D. $NaOH$

143. 氨解反应属于(　　)。
　　　A. 一级反应　　　B. 二级反应　　　C. 多级反应　　　D. 零级反应

144. 卤烷烃化能力最强的是(　　)。
　　　A. RI　　　　　B. RBr　　　　C. RCl　　　　D RF

145. 醛酮缩合中常用的酸催化剂是(　　)。
　　　A. 硫酸　　　　B. 硝酸　　　　C. 磷酸　　　　D. 亚硝酸

146. 在工业生产中,芳伯胺的水解可看做是羟基氨解反应的逆过程,方法有(　　)。
　　　A. 酸性水解法　　　　　　　　　B. 碱性水解法
　　　C. 亚硫酸氢钠水解法　　　　　　D. 以上都对

147. 下列能加速重氮盐分解的是(　　)。
　　　A. 铁　　　　　B. 铝　　　　　C. 玻璃　　　　D. 搪瓷

148. 向 $AgCl$ 的饱和溶液中加入浓氨水,沉淀的溶解度将(　　)。
　　　A. 不变　　　　B. 增大　　　　C. 减小　　　　D. 无影响

149. 某化合物溶解性试验呈碱性,且溶于 5% 的稀盐酸,与亚硝酸作用时有黄色油状物生成,该化合物为(　　)。
　　　A. 乙胺　　　　B. 脂肪族伯胺　　　C. 脂肪族仲胺　　　D. 脂肪族叔胺

150. 能区分伯、仲、叔醇的实验是(　　)。

A. N-溴代丁二酰亚胺实验　　　　　　B. 酰化实验

C. 高碘酸实验　　　　　　　　　　　D. 硝酸铈实验

151. 既溶解于水又溶解于乙醚的是(　　)。

A. 乙醇　　　　　B. 丙三醇　　　　　C. 苯酚　　　　　D. 苯

152. 指出下列滴定分析操作中,规范的操作是(　　)。

A. 滴定之前,用待装标准溶液润洗滴定管三次

B. 滴定时摇动锥形瓶有少量溶液溅出

C. 在滴定前,锥形瓶应用待测液淋洗三次

D. 滴定管加溶液不到零刻度 1 cm 时,用滴管加溶液到溶液弯月面最下端与"0"刻度相切

153. 拟采用一个降尘室和一个旋风分离器来除去某含尘气体中的灰尘,则较适合的安排是(　　)。

A. 降尘室放在旋风分离器之前　　　B. 降尘室放在旋风分离器之后

C. 降尘室和旋风分离器并联　　　　D. 方案 AB 均可

154. 甲烷和氯气在光照的条件下发生的反应属于(　　)。

A. 自由基取代　　B. 亲核取代　　　C. 亲电取代　　　D. 亲核加成

155. 下列酰化剂在进行酰化反应时,活性最强的是(　　)。

A. 羧酸　　　　　B. 酰氯　　　　　C. 酸酐　　　　　D. 酯

156. 下列芳环上取代卤化反应是吸热反应的是(　　)。

A. 氟化　　　　　B. 氯化　　　　　C. 溴化　　　　　D. 碘化

157. 烘焙磺化法适合于下列何种物质的磺化?(　　)

A. 苯胺　　　　　B. 苯　　　　　　C. 甲苯　　　　　D. 硝基苯

158. 下列不是 O-烷化的常用试剂(　　)。

A. 卤烷　　　　　B. 硫酸酯　　　　C. 环氧乙烷　　　D. 烯烃

159. 下列加氢催化剂中在空气中会发生自燃的是(　　)。

A. 骨架 Ni　　　　B. 金属 Ni　　　　C. 金属 Pt　　　　D. MoO_3

160. 下列选项中能在双键上形成碳-卤键并使双键碳原子上增加一个碳原子的卤化剂是(　　)。

A. 多卤代甲烷衍生物　　　　　　　B. 卤素

C. 次卤酸　　　　　　　　　　　　D. 卤化氢

161. 下列按环上硝化反应的活性顺序排列正确的是(　　)。

A. 对二甲苯>间二甲苯>甲苯>苯

B. 间二甲苯>对二甲苯>甲苯>苯

C. 甲苯>苯>对二甲苯>间二甲苯

D. 苯>甲苯>间二甲苯>对二甲苯

162. 苯环上具有吸电子基团时,芳环上的电子云密度降低,这类取代基如(　　)从而使取代卤化反应比较困难,需要加入催化剂并且在较高温度下进行。

A. —NO_2　　　　B. —CH_3　　　　C. —CH_2CH_3　　D. —NH_2

163. 把肉桂酸 ⬡—CH=CH—COOH 还原成肉桂醇可选用(　　)还原剂?

A. 骨架 Ni
B. 锌汞齐(Zn - Hg)

C. 金属 Pt
D. 氢化铝锂(LiAlH$_4$)

164. 在相同条件下,下列物质用铁作还原剂还原成相应的芳胺反应速度最快的是(　　)。

A. (NO$_2$)

B. (NO$_2$, NO$_2$)

C. (CH$_3$, NO$_2$)

D. (Cl, NO$_2$)

165. 下类芳香族卤化合物在碱性条件下最易水解生成酚类的是(　　)。

A. (Cl, NO$_2$)

B. (Cl, Cl)

C. (Cl, O$_2$N)

D. (Cl, O$_2$N, NO$_2$)

166. CO、H$_2$、CH$_4$ 三种物质,火灾爆炸危险性由小到大排列正确的是(　　)。

A. CO>H$_2$>CH$_4$
B. CO>CH$_4$>H$_2$

C. CH$_4$>CO>H$_2$
D. CH$_4$>H$_2$>CO

167. 在化工厂供电设计时,对于正常运行时可能出现爆炸性气体混合物的环境定为(　　)。

A. 0 区
B. 1 区
C. 2 区
D. 危险区

168. 在管道布置中,为安装和操作方便,管道上的安全阀布置高度可为(　　)。

A. 0.8 m
B. 1.2 m
C. 2.2 m
D. 3.2 m

169. 化工生产中防静电措施不包含(　　)。

A. 工艺控制
B. 接地
C. 增湿
D. 安装保护间隙

170. 下列物质不需用棕色试剂瓶保存的是(　　)。

A. 浓 HNO$_3$
B. AgNO$_3$
C. 氯水
D. 浓 H$_2$SO$_4$

171. 既有颜色又有毒性的气体是(　　)。

A. Cl$_2$
B. H$_2$
C. CO
D. CO$_2$

172. 按被测组分含量来分,分析方法中常量组分分析指含量(　　)。

A. <0.1%
B. >0.1%
C. <1%
D. >1%

173. 国家标准规定的实验室用水分为(　　)级。

A. 4
B. 5
C. 3
D. 2

174. 混酸是(　　)的混合物。

A. 硝酸、硫酸
B. 硝酸、醋酸
C. 硫酸、磷酸
D. 醋酸、硫酸

175. 能将酮羰基还原成亚甲基(—CH$_2$—)的还原剂为(　　)。

A. H$_2$/Raney
B. Fe/HCl
C. Zn - Hg/HCl
D. 保险粉

176. 可选择性还原多硝基化合物中一个硝基的还原剂是(　　)。

A. H$_2$/Raney
B. Fe/HCl
C. Sn/HCl
D. Na$_2$S

177. 作业人员进入有限空间前,应首先制定(　　),作业过程中适当安排人员轮换。

A. 作业方案
B. 个人防护方案
C. 逃生方案
D. 值班方案

178. 20%发烟硝酸换算成硫酸的浓度为(　　)。

A. 104.5% B. 106.8% C. 108.4% D. 110.2%

179. 转化率、选择性和收率间的关系是( )。
  A. 转化率×选择性=收率 B. 转化率×收率=选择性
  C. 收率×选择性=转化率 D. 没有关系

180. 下列试剂中属于硝化试剂的是( )。
  A. 浓硫酸 B. 氨基磺酸 C. 混酸 D. 三氧化硫

181. 混酸配制时,应使配酸的温度控制在( )。
  A. 30 ℃以下 B. 40 ℃以下 C. 50 ℃以下 D. 不超过 80 ℃

182. 下列活化基的定位效应强弱次序正确的是( )。
  A. —NH$_2$>—OH>—CH$_3$ B. —OH>—NH$_2$>—CH$_3$
  C. —OH>—CH$_3$>—NH$_2$ D. —NH$_2$>—CH$_3$>—OH

183. 搅拌的作用是强化( )。
  A. 传质 B. 传热 C. 传质和传热 D. 流动

184. 磺化反应中将废酸浓度以三氧化硫的重量百分数表示称为( )。
  A. 废酸值 B. 磺化 θ 值 C. 磺化 π 值 D. 磺化 β 值

185. 用作还原的铁粉,一般采用( )。
  A. 含硅铸铁粉 B. 含硅熟铁粉 C. 钢粉 D. 化学纯铁粉

186. 能选择还原羧酸的优良试剂是( )。
  A. 硼氢化钾 B. 氯化亚锡 C. 氢化铝锂 D. 硼烷

187. 能将碳碳三键还原成双键的试剂是( )。
  A. Na/NH$_3$ B. Fe/HCl C. KMnO$_4$/H$^+$ D. Zn-Hg/HCl

188. 下列化学试剂不属于氧化剂的是( )。
  A. Na/C$_2$H$_5$OH B. HNO$_3$ C. Na$_2$Cr$_2$O$_7$/H$^+$ D. H$_2$O$_2$

189. 活性炭常作为催化剂的( )。
  A. 主活性物 B. 辅助成分 C. 载体 D. 溶剂

190. 下列对于脱氢反应的描述不正确的( )。
  A. 脱氢反应一般在较低的温度下进行
  B. 脱氢催化剂与加氢催化剂相同
  C. 环状化合物不饱和度越高,脱氢芳构化反应越容易进行
  D. 可用硫、硒等非金属作脱氢催化剂

191. 硫酸二甲酯可用作( )。
  A. 烷基化剂 B. 酰基化剂 C. 还原剂 D. 氧化剂

192. 下列化学试剂中属于还原剂的是( )。
  A. KMnO$_4$/OH$^-$ B. Na$_2$S$_2$O$_4$ C. CH$_3$COOOH D. 氧化剂

193. 不能用作烷基化试剂的是( )。
  A. 氯乙烷 B. 溴甲烷 C. 氯苯 D. 乙醇

194. 自由基积累的时间也叫( )。
  A. 积累期 B. 诱导期 C. 累积期 D. 成长期

195. 用铁粉还原硝基化合物是用( )作溶剂时,酰化物的含量可明显减少。
  A. 水 B. 醋酸 C. 乙醇 D. 丙酮

196. 不能发生羟醛缩合反应的是（　　）。

    A. 甲醛与乙醛   B. 乙醛和丙酮   C. 甲醛和苯甲醛 D. 乙醛和丙醛

197. F-C酰化反应不能用于（　　）。

    A. 甲酰化   B. 乙酰化   C. 苯甲酰化   D. 苯乙酰化

198. 当羟基处于萘环的1位时，磺酸基处于（　　）时，氨基化反应较容易进行。

    A. 2位   B. 3位   C. 4位   D. 5位

199. 重氮化反应中，无机酸是稀硫酸时，亲电质点为（　　）。

    D. N_2O_3 B. NOCL   C. NO^+ D. NO

200. 亚硝酸是否过量可用（　　）进行检测

    A. 碘化钾淀粉试剂 B. 石蕊试纸   C. 刚果红试纸   D. pH试纸

201. 碱熔反应中最常用的碱熔剂为（　　）。

    A. NaOH   B. $Ca(OH)_2$ C. Na_2CO_3 D. NH_4OH

202. 加入（　　）催化剂有利于芳香族氯化物的氨基化反应。

    A. 钠   B. 铁   C. 铜   D. 铝

203. 格氏试剂是有机（　　）化合物。

    A. 镁   B. 铁   C. 铜   D. 硅

204. 在制备多磺酸时，常采用（　　）加酸法。

    A. 平行   B. 分段   C. 分次   D. 按需

205. 当向活泼亚甲基位引入两个烷基时，则下列描述正确的是（　　）。

    A. 应先引入较大的伯烷基，再引入较小的伯烷基

    B. 应引入较小的伯烷基，再引入较大的伯烷基

    C. 应先引入仲烷基，再引入伯烷基

    D. 烷基引入的先后次序没有关系

206. 不能发生烷基化反应的物质是（　　）。

    A. 苯   B. 甲苯   C. 硝基苯   D. 苯胺

207. 不宜用（　　）来进行氨基化反应。

    A. 氯甲烷   B. 二氯乙烷   C. 叔基烷氯   D. 2-氯乙烷

208. 下列化学物质属于麻醉性毒物的是（　　）。

    A. 氯   B. 一氧化碳   C. 醇类   D. 氨

209. 下列气瓶需要每两年就进行检验的是（　　）。

    A. 氧气   B. 氯气   C. 氦   D. 氮气

210. 下列物质属于剧毒物质的是（　　）。

    A. 光气   B. 氮   C. 乙醇   D. 氯化钡

211. 用熔融碱进行碱熔时，磺酸盐中无机盐的含量要求控制在（　　）。

    A. 5%以下   B. 10%以下   C. 15%以下   D. 20%以下

212. 某烷烃与Cl_2反应只能生成一种一氯代产物，该烃的分子式为（　　）。

    A. C_4H_{10} B. C_5H_{12} C. C_3H_8 D. C_6H_{14}

213. 某反应在一定条件下达到化学平衡时的转化率为36%，当有催化剂存在，且其他条件不变时，则此反应的转化率应（　　）。

    A. >36%   B. <36%   C. =36%   D. 不能确定

214. 催化剂之所以能提高反应速率,其原因是(　　　)。

　　A. 改变了反应的活化能,但指数前因子不变

　　B. 改变了指前因子,但反应的活化能不变

　　C. 既改变了指前因子,也改变了活化能

　　D. 催化剂先作为反应物起反应生成中间产物,然后释放出催化剂

215. 某一级反应的半衰期为 12 min,则 36 min 后反应物浓度为原始浓度的(　　　)。

　　A. 1/9　　　　　　　B. 1/3　　　　　　　C. 1/4　　　　　　　D. 1/8

216. 下列哪组数字含四位和两位有效数字?(　　　)

　　A. 1 000 和 0.100　　B. 10.00 和 0.01　　C. 10.02 和 12　　D. 100.0 和 0.110

217. 配制 I_2 标准溶液时需加入 KI,以下论述哪一项是正确的?(　　　)

　　A. 提高 I_2 的氧化能力　　　　　　　　B. 加快反应速度

　　C. 防止 I^- 的氧化　　　　　　　　　　D. 防止 I_2 挥发,增大 I_2 的溶解度

218. NH_4NO_2 分子中,前后 2 个 N 的氧化值分别为(　　　)。

　　A. $+1, -1$　　　　B. $+1, +2$　　　　C. $+1, +5$　　　　D. $-3, +3$

219. 欲使 $Mg(OH)_2$ 的溶解度降低,最好加入下列哪种物质?(　　　)

　　A. NaOH　　　　　B. H_2O　　　　　C. HCl　　　　　D. H_2SO_4

220. 不是有机化合物的是(　　　)。

　　A. CH_3I　　　　　B. NH_3　　　　　C. CH_3OH　　　　D. CH_3CN

221. 根据酸碱质子理论,不属于两性物质的是(　　　)。

　　A. H_2O　　　　　B. HCO_3^-　　　　C. NH_4Ac　　　　D. NH_4^+

222. 已知 $pK_a(HAc) = 4.75$,$pK_b(NH_3) = 4.75$。将 0.1 mol/L HAc 溶液与 0.1 mol/L NH_3 溶液等体积混合,则混合溶液的 pH 为(　　　)。

　　A. 4.75　　　　　　B. 6.25　　　　　　C. 7.00　　　　　　D. 9.25

223. 难溶硫化物如 FeS、CuS、ZnS 等,有的溶于盐酸溶液,有的不溶于盐酸溶液,主要是因为它们的(　　　)。

　　A. 酸碱性不同　　B. 溶解速率不同　　C. K_{sp} 不同　　　　D. 晶体晶型不同

224. 用无水 Na_2CO_3 作一级标准物质标定 HCl 溶液时,如果 Na_2CO_3 中含少量中性杂质,则标定出 HCl 溶液的浓度会(　　　)。

　　A. 偏高　　　　　　B. 偏低　　　　　　C. 无影响　　　　　D. 不能确定

225. 滴定管、移液管、刻度吸管和锥形瓶是滴定分析中常用的四种玻璃仪器,在使用前不必用待装溶液润洗的是(　　　)。

　　A. 滴定管　　　　　B. 移液管　　　　　C. 刻度吸管　　　　D. 锥形瓶

226. 下列各组元素的原子半径按大小排列,正确的是(　　　)。

　　A. F>O>N　　　　B. F>Cl>Br　　　　C. K>Ca>Mg　　D. Li>Na>K

227. 在血红色的 $[Fe(NCS)_6]_3^-$ 溶液中,加入足量的 NaF,其现象是(　　　)。

　　A. 几乎变成无色　　B. 红色加深　　　　C. 产生沉淀　　　　D. 红色变浅

228. 在日常生活中,常用作灭火剂、干洗剂的是(　　　)。

　　A. $CHCl_3$　　　　　B. CCl_4　　　　　C. CCl_2F_2　　　　D. CH_2Cl_2

229. 下列各组化合物中沸点最高的是(　　　)。

　　A. 乙醚　　　　　　B. 溴乙烷　　　　　C. 乙醇　　　　　　D. 丙烷

230. 下列化学物酸性最强的是（　　　）。

　　A. $CH_3CH=CHCH_3$ 　　　　　　　　B. $CH_3CH=CH-CH=CH_2$

　　C. $CH_3CH_2CH_2CH=CH_2$ 　　　　　D. $CH_3CH_2CH_2C≡CH$

231. 下列反应中，产物违反马氏规则的是（　　　）。

　　A. $CH_3CH=CH_2+HI \xrightarrow{过氧化物}$ 　　　B. $(CH_3)_2C=CH_2+HBr \longrightarrow$

　　C. $CH_3C≡CH+HBr \xrightarrow{过氧化物}$ 　　　D. $CH_3C≡CH+HCl \xrightarrow{过氧化物}$

232. 在光照条件下，甲苯与溴发生的是（　　　）。

　　A. 亲电取代　　　　B. 亲核取代　　　　C. 自由基取代　　　　D. 亲电加成

233. 下列化合物发生硝化时，反应速度最快的是（　　　）。

A. （苯环，Cl）　　　B. （苯环，CH_3）　　　C. （苯环，NO_2）　　　D. （苯环）

234. 下列化合物与苯发生烷基化反应时，会产生异构现象的是（　　　）。

　　A. 1-溴丙烷　　　B. 2-溴丙烷　　　C. 溴乙烷　　　D. 2-甲基-2-溴丙烷

235. 下列化合物中，苯环上两个基团的定位效应不一致的是（　　　）。

A. （苯环，NO_2/OCH_3）　　B. （苯环，NO_2/Br）　　C. （苯环，CH_2CH_3/$COCH_3$）　　D. （苯环，CH/SO_3H）

236. 下列化合物中，苯环上两个基团属于同一类定位基的是（　　　）。

A. （苯环，NO_2/OCH_3）　　B. （苯环，NO_2/Br）　　C. （苯环，CH_2CH_3/$COCH_3$）　　D. （苯环，CH/SO_3H）

237. 下列基团中，能使苯环活化程度最大的是（　　　）。

　　A. —OH　　　B. —Cl　　　C. —CH_3　　　D. —CN

238. 下列基团中，能使苯环钝化程度最大的是（　　　）。

　　A. —NH_2　　　B. —$NHCH_3$　　　C. —CHO　　　D. —NO_2

239. 由苯合成 （苯环，COOH/Br/NO_2），最佳的合成路线是（　　　）。

　　A. 苯→烷基化→溴化→硝化→氧化　　B. 苯→烷基化→硝化→溴化→氧化

　　C. 苯→溴化→烷基化→硝化→氧化　　D. 苯→硝化→溴化→烷基化→氧化

240. 下列卤代烷中最易进行 SN1 反应的是（　　　）。

A. $CH_3-\underset{\underset{CH_3}{|}}{\overset{\overset{CH_3}{|}}{C}}-Br$ 　　　　　　　　　B. $CH_3CHCH_2CH_3$（下标 Br）

C. $CH_3—CH \!=\! CH—CH_2Br$ 　　　D. $CH_3CH_2CH_2CH_2Br$

241. 烃烯的过氧化物效应是针对( )而言。

　　A. 加 HBr 　　　B. 加 HCl 　　　C. 加 HI 　　　D. 加 H_2O

242. 卤代烷的水解反应属于( )反应历程。

　　A. 亲电取代 　　　B. 自由基取代 　　　C. 亲核加成 　　　D. 亲核取代

243. 以苯为原料要制备纯的 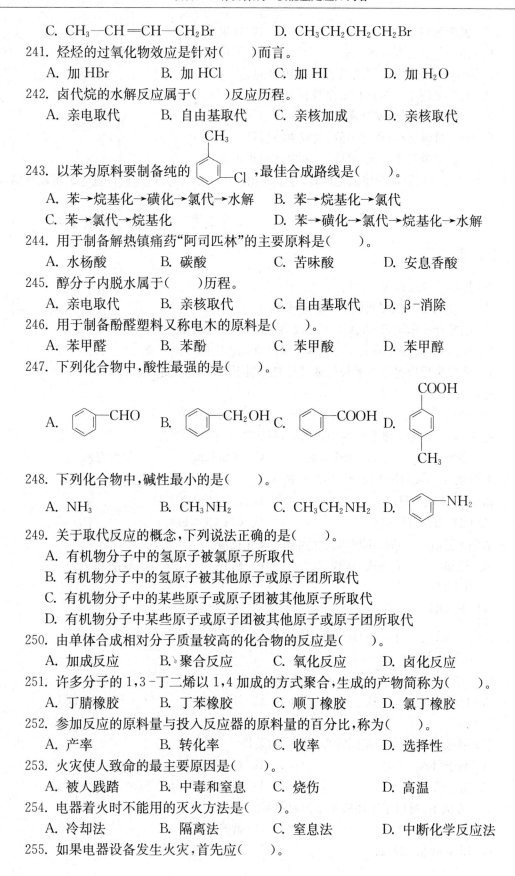 ，最佳合成路线是( )。

　　A. 苯→烷基化→磺化→氯代→水解 　　　B. 苯→烷基化→氯代

　　C. 苯→氯代→烷基化 　　　D. 苯→磺化→氯代→烷基化→水解

244. 用于制备解热镇痛药"阿司匹林"的主要原料是( )。

　　A. 水杨酸 　　　B. 碳酸 　　　C. 苦味酸 　　　D. 安息香酸

245. 醇分子内脱水属于( )历程。

　　A. 亲电取代 　　　B. 亲核取代 　　　C. 自由基取代 　　　D. β-消除

246. 用于制备酚醛塑料又称电木的原料是( )。

　　A. 苯甲醛 　　　B. 苯酚 　　　C. 苯甲酸 　　　D. 苯甲醇

247. 下列化合物中,酸性最强的是( )。

248. 下列化合物中,碱性最小的是( )。

　　A. NH_3 　　　B. CH_3NH_2 　　　C. $CH_3CH_2NH_2$ 　　　D.

249. 关于取代反应的概念,下列说法正确的是( )。

　　A. 有机物分子中的氢原子被氯原子所取代

　　B. 有机物分子中的氢原子被其他原子或原子团所取代

　　C. 有机物分子中的某些原子或原子团被其他原子所取代

　　D. 有机物分子中某些原子或原子团被其他原子或原子团所取代

250. 由单体合成相对分子质量较高的化合物的反应是( )。

　　A. 加成反应 　　　B. 聚合反应 　　　C. 氧化反应 　　　D. 卤化反应

251. 许多分子的1,3-丁二烯以1,4加成的方式聚合,生成的产物简称为( )。

　　A. 丁腈橡胶 　　　B. 丁苯橡胶 　　　C. 顺丁橡胶 　　　D. 氯丁橡胶

252. 参加反应的原料量与投入反应器的原料量的百分比,称为( )。

　　A. 产率 　　　B. 转化率 　　　C. 收率 　　　D. 选择性

253. 火灾使人致命的最主要原因是( )。

　　A. 被人践踏 　　　B. 中毒和窒息 　　　C. 烧伤 　　　D. 高温

254. 电器着火时不能用的灭火方法是( )。

　　A. 冷却法 　　　B. 隔离法 　　　C. 窒息法 　　　D. 中断化学反应法

255. 如果电器设备发生火灾,首先应( )。

    A. 大声喊叫   B. 打报警电话

    C. 寻找合适的灭火器灭火   D. 关闭电源开关

256. 下列选项中不属于班组安全活动内容的是(　　)。

    A. 对外来施工人员进行安全教育

    B. 学习安全文件、安全通报

    C. 安全讲座、分析典型事故,吸取事故教训

    D. 开展安全技术座谈,消防,气防实地救护训练

257. 在向反应器装填固体催化剂时,通常催化剂具有较强的毒性,所以进入装填现场的人员必须(　　)。

    A. 戴安全帽   B. 戴手套   C. 带手电筒   D. 穿戴防护服装

(二) 多选题

1. 下列说法正确的是(　　)。

    A. 首次人工合成尿素的科学家是维勒

    B. 柏琴合成苯胺紫,首次人工合成染料,开辟染料工业

    C. Witting 反应是醛或酮与三苯基磷叶立德作用的一类反应

    D. 光化学反应是指在紫外灯或可见光照射下发生的化学反应

2. 氢化所用的催化剂有(　　)。

    A. 金属(如 Ni)   B. 金属氧化物   C. 金属硫化物   D. 金属氢化物

3. 对于 $4n+2\pi$ 电子体系的电环化反应,对称性允许的条件是(　　)。

    A. 加热顺旋   B. 加热对旋   C. 光照顺旋   D. 光照对旋

4. 下列化合物与 HNO_2 反应,放出 N_2 的是(　　)。

    A. $CH_3CH_2NH_2$ B. $(CH_3CH_2)_2NH$

    C. $CH_3CH_2CH_2NH_2$ D. CH_3CONH_2

5. 苯环上连有(　　)时,不可以发生付氏烷基化反应。

    A. 羟基   B. 氨基   C. 硝基   D. 磺酸基

6. $\begin{array}{c} CHO \\ H\!-\!\!-\!OH \\ H\!-\!\!-\!OCH_3 \\ H\!-\!\!-\!OH \\ CH_2OH \end{array}$ 与 2 个 HIO_4 作用的产物是(　　)。

    A. HCOOH   B. $\begin{array}{c} CHO \\ H\!-\!\!-\!OMe \\ CHO \end{array}$ C. HCHO   D. $CHOCH_2OH$

7. 下列哪些是引入保护基团时必须遵守的条件?(　　)

    A. 易于引入   B. 对正常反应无影响

    C. 易于除去   D. 性质不活泼

8. 下列方法中,可以用于还原羰基为亚甲基的有(　　)。

    A. 克莱门森还原法   B. 黄鸣龙法

    C. Lindlar 催化剂法   D. 缩硫酮氢解法

9. 合成分析法的分割步骤要符合哪些原则？（　　　）

　　A. 合成路线短　　　　B. 产率较高　　　　C. 原料经济易得　　D. 反应条件温和

　　E. 环境造成污染小

10. 下列说法错误的是（　　　）。

　　A. 贝克曼重排是指醛肟或酮肟在酸作用下重排为酰胺的反应

　　B. 在过氧化氢的作用下，酮可被氧化为相应的酯，这类反应称为霍夫曼重排

　　C. 贝耶尔-维林格重排是重排到缺电子的碳电子上

　　D. 沃尔夫重排是通过生成反应中间体碳烯的重排反应

11. 羧酸的合成方法有（　　　）。

　　A. 烷基苯的氧化　　　　　　　　　　B. 伯醇和醛的氧化

　　C. 甲基酮的氧化　　　　　　　　　　D. 醛的还原

12. 以苯为主要原料一步就能制备以下哪些物质？（　　　）

　　A. ⬡—CHO　　B. ⬡—Br　　C. ⬡—MgBr　　D. ⬡—CH₂CH₂MgBr

13. 以甲苯为主要原料能制备以下哪些物质？（　　　）

　　A. ⬡—COOH　　B. ⬡(COOH)—Cl　　C. ⬡(COOH)—OCH₃　　D. ⬡(COOH)—OCH₃, OH

14. 以下化合物酸性比苯酚大的是（　　　）。

　　A. 乙酸　　　　　B. 乙醚　　　　　C. 硫酸　　　　　D. 碳酸

15. 不能与 HNO_2 反应能放出 N_2 的是（　　　）。

　　A. 伯胺　　　　　B. 仲胺　　　　　C. 叔胺　　　　　D. 都可以

16. 可以由乙酰乙酸乙酯合成的产物是（　　　）。

　　A. $CH_3\overset{O}{\overset{\|}{C}}CH(CH_3)CH_2CHO$　　　　B. $CH_3\overset{O}{\overset{\|}{C}}CH(CH_3)CH_2CH{=}CH_2$

　　C. $CH_3\overset{O}{\overset{\|}{C}}CH(CH_3)COOC_2H_5$　　　　D. $CH_3\overset{O}{\overset{\|}{C}}{-}C(CH_2CH{=}CH_2)(CH_3)COOC_2H_5$

17. 下列化合物碱性比氨气弱的是（　　　）。

　　A. 苯胺　　　　　B. 苄胺　　　　　C. 吡咯　　　　　D. 吡啶

18. 以下物质可能具有旋光性的是（　　　）。

　　A. 一氯甲烷　　　B. 樟脑　　　　　C. 酒石酸　　　　D. 乳酸

19. 下列合成能够进行的是（　　　）。

　　A. 由苯、乙酸合成　C₆H₅—⬡(—C₆H₅)(—CH₂OH)

B. 由间硝基甲苯合成

Br—[benzene ring with Br at positions]—COOH

C. 对溴苯甲醛合成 D—[benzene ring]—CHCH₂CH₃
　　　　　　　　　　　　　　　　　|
　　　　　　　　　　　　　　　　　OH

D. $CH_3CH_2COOH \longrightarrow CH_3CH_2CH_2COOH$

20. 下列合成反应能够完成的是（　　）。

A. 由苯酚为起始原料合成 [bicyclic structure with COOEt and O]

B. 仅由乙酰乙酸乙酯、丙烯酸乙酯合成 [bicyclic structure with OH and O]

C. 仅苯、丙酸、二甲胺合成 $CH_3CH_2C-O-C-CH-CH_2N(CH_3)_2$ [with Ph, CH₃, O, CH₂C₆H₅ substituents]

D. 不可以由苯合成 [benzene ring with CH₂Cl and Cl]

21. 精细有机合成的原料主要有（　　）。
　　A. 煤　　　　　　　B. 石油　　　　　　C. 天然气　　　　　D. 农副产品

22. 以下关于芳环上发生卤化、磺化的说法正确的是（　　）。
　　A. 均属亲电历程　　　　　　　　　　B. 均属亲核历程
　　C. 反应均有副反应　　　　　　　　　D. 反应均无副反应

23. 用三氧化硫作磺化剂的缺点有（　　）。
　　A. 反应强烈放热,需冷却　　　　　　B. 副反应有时较多
　　C. 反应物的黏度有时较高　　　　　　D. 反应有时难以控制

24. 对叔丁基甲苯在四氯化碳中,在光照下进行一氯化可得到的产物是（　　）。
　　A. 对叔丁基氯苄　　　　　　　　　　B. 对叔丁基-α-一氯甲基苯
　　C. 对叔丁基-2-氯甲苯　　　　　　　D. 对甲基-2-叔丁基苯

25. 以下可作为相转移催化剂的有（　　）。
　　A. 季铵盐类　　　　B. 叔胺　　　　　　C. 聚醚类　　　　　D. 冠醚

(三) 判断题

1. (　　)Woodward 等完成了 B_{12} 的合成,并提出了分子轨道对称守恒原理。

2. (　　)LiAlH₄ 遇水、醚、含羟基或巯基的有机物会发生分解,因此必须在无水乙醚或无水四氢呋喃等溶剂中使用。

3. （　　）在加热条件下 环合生成 。

4. （　　）水相合成法有仿生意义，但是其缺点是价格昂贵。

5. （　　）N 在高锰酸钾的催化条件下氧化成 —COOH。

6. （　　）引入保护基团时，只要基团易于引入即可引入该基团。

7. （　　）Baeyer-Villiger 重排（氧化羰基化合物成酯或酸）中，下列结构迁移能力次序为 $H>Ph>3°>2°>1°>CH_3$。

8. （　　）2-甲基-2-碘丙烷与乙醇钠反应的主要产物是 2-甲基丙烯。

9. （　　）不对称烯烃与 HBr 加成符合查依采夫规则，而卤代烃发生消除反应时则遵守马氏规则。

10. （　　）可以用亚硫酸氢钠分离天然香料中的不饱和醛。

11. （　　）天然香料一般是一种挥发性芳香化合物，可直接用于加香产品。

12. （　　）醇酸树脂漆是目前产量最大的树脂漆。

13. （　　）雪花膏搽在皮肤上会像雪融化一样立即消失，故而得名。

14. （　　）丙烯酸系聚合物的玻璃化温度是其最重要特征之一。

15. （　　）丙烯酸系胶黏剂常用单体有丙烯酸甲酯、丙烯酸乙酯等。

16. （　　）阴离子型表面活性剂是表面活性剂中发展历史最悠久、产量最大、品种最多的一类产品。

17. （　　）增稠剂分子有许多亲水基团，如羟基、羧基、氨基和羧酸根等，能与水分子发生水化作用。

18. （　　）来自于动物组织的增稠剂是从动物的皮、骨、筋、乳中提取，主要是脂类。

19. （　　）烘漆只限于烘烤磁漆，主要是氨基烘漆，也包括烘烤成膜的醇酸。

20. （　　）沥青的代号是"L"。

21. （　　）涂料分为着色颜料、防锈颜料和体质颜料三种。

22. （　　）化妆品在使用前不在人身上直接实验。

23. （　　）精细化工的生产多采用间歇生产装置或多功能生产装置。

24. （　　）凡是加入少量能使其溶液体系的界面状态发生明显变化的物质，称为表面活性剂。

25. （　　）虫胶是目前广泛使用的动物天然树脂。

26. （　　）聚乙烯醇水性涂料是高档内墙涂。

27. （　　）水剂类化妆品必须保持清澈透明，香气纯净，即使在 5 ℃左右的低温也不能产生浑浊和沉淀。

28. （　　）多数化妆品属于胶体分散体系，本质上是热力学不稳定体系。

29. （　　）硝基涂料的施工大多以喷涂为主，其用量一般为涂料的 1～1.2 倍，潮湿气候下施工可酌情增加 10％～25％的硝基漆专用防潮剂。

30. （　　）化妆品的开发程序:产品设计—试制试验—使用试验—配方、制法、容器规格—

制造—商品。

31.（　　）醋酸乙烯的乳液聚合后冷却到 50 ℃以下，加入 50％的碳酸氢钠溶液和苯二甲酸二丁酯搅拌均匀出料。

32.（　　）接触角大于 180°是完全湿润。

33.（　　）作为合成洗涤剂用阴离子表面活性剂 LAS 使用量最多。

34.（　　）酶是生物细胞源生成的具有高度催化活性的蛋白质，因其来源于生物体，其被称为"生物催化剂"。

35.（　　）表面活性剂、胶质原料、香料和色素等是化妆品常用辅助原料和成分。

36.（　　）胶黏剂是一类通过黏附作用而使被黏物体结合在一起的物质。

37.（　　）大多数胶黏剂为有机合成高分子物质。

38.（　　）黏接可实现不同种类或不同形状的材料之间的有效连接。

39.（　　）出于防腐的考虑，设备材质大多采用不锈钢、搪瓷或玻璃。

40.（　　）不含颜料的透明涂料称为清漆，含有颜色的不透明涂料称为色漆。

41.（　　）$Cl_{12}H_{25}C_8H_4SO_3—Na^+$ 属于两性表面活性剂 。

42.（　　）某表面活性剂的 HLB 值为 18，比较适宜制造油包水的乳化体。

43.（　　）纤维素涂料是指天然纤维素经物理处理而作为主要成膜物质的涂料。

44.（　　）助剂的作用主要是是涂料中各分散项分散均匀。

45.（　　）"亲水-亲油平衡"是指表面活性剂的亲水基和疏水基之间在大小和力量上的平衡关系，反映这种平衡程度的量被称为亲水-亲油平衡值。

46.（　　）聚醋酸乙烯酯俗称白乳胶。

47.（　　）CMC 越小，则表面活性剂形成胶冻的浓度越低。

48.（　　）对于碳氢链亲油基，直链易于生物降解。

49.（　　）按交联温度，丙烯酸酯乳液有室温交联与高温交联两种。

50.（　　）聚乙烯醇膜厚度太大时遇水容易发生溶胀，所以一般不宜采用浓度过大的聚乙烯醇滚溶液作为基料。

51.（　　）芳香环侧链的取代卤化反应属于亲电取代反应。

52.（　　）芳磺酸的酸性水解反应是亲核反应。

53.（　　）催化剂组成中，对目的反应具有良好催化活性的成分称为催化活性物质。

54.（　　）当萘环上已有一个第一类取代基，则新取代基进入已有取代基的同环。

55.（　　）用浓硫酸作磺化剂进行的芳环上的磺化反应是不可逆反应。

56.（　　）催化剂的寿命是指催化剂在工业反应器中使用的总时间。

57.（　　）苯的氯化是一个连串反应，一氯化时总伴随有二氯化产物。

58.（　　）芳伯胺烘焙磺化时，—SO_3H 主要进入—NH_2 的对位，对位被占据时，则进入邻位。

59.（　　）苯的氯化是一个连串反应，氯化时总伴随有二氯化产物。

60.（　　）反应步骤往往由最快一步决定。

61.（　　）苯环上发生亲电取代反应时，邻对位取代基常使苯环活化。

62.（　　）烘培磺化多用于芳香族伯胺的磺化。

63.（　　）在连续分离器中，可加入仲辛胺以加速硝化产物与废酸分离。

64.（　　）相比指混酸与被硝化物的物质的量之比。

65.（　　）卤化反应时自由基光照引发常用红外光。

66. （　　）在取代氯化时，用 Cl_2+O_2 可促进反应进行。

67. （　　）氯化深度指氯与苯的物质的量之比。

68. （　　）硝化后废酸浓度一般不低于 68%，否则对钢板产生强腐蚀。

69. （　　）LAS 的生产常采用发烟硫酸磺化法。

70. （　　）反应步骤往往由最慢一步决定。

71. （　　）苯环上发生亲电取代反应时，间位取代基常使苯环活化。

72. （　　）共沸去水磺化多用于芳香族伯胺的磺化。

73. （　　）在连续分离器中，可加入叔辛胺以加速硝化产物与废酸分离。

74. （　　）硝酸比指硝酸与被硝化物的量比。

75. （　　）卤化反应时自由基光照引发常用紫外光。

76. （　　）在取代氯化时，用 Cl_2+O_3 可促进反应进行。

77. （　　）控制氯化深度可通过测定出口处氯化液比重来实现。

78. （　　）硝化反应为可逆反应。

79. （　　）LAS 的生产常采用三氧化硫磺化法。

80. （　　）甲苯的侧链氯化是典型的自由基反应历程。

81. （　　）芳烃侧链的取代卤化主要为芳环侧链上的 α-氢的取代氯化。

82. （　　）苯和氯气的氯化反应是以气态的形式进行的。

83. （　　）芳环上连有给电子基，卤代反应容易进行，且常发生多卤代现象。

84. （　　）萘的卤化比苯容易。

85. （　　）甲苯一硝化时产物主要以间位为主。

86. （　　）取代卤化反应，通常是反应温度高，容易发生多卤代及其他副反应。

87. （　　）芳环的侧链取代卤化最常用的自由基引发剂是有机过氧化物。

88. （　　）氯磺酸遇水立即分解成硫酸和氯化氢，并放出大量的热，容易发生喷料或爆炸事故。

89. （　　）易于磺化的 π 值要求较低。

90. （　　）难以磺化的 π 值要求较高。

91. （　　）废酸浓度高于 100% 的硫酸，一定可以使硝基苯一磺化。

92. （　　）因为存放时间长的氯磺酸会因吸潮分解而含有磺化能力弱的硫酸，最好使用存放时间短的氯磺酸。

93. （　　）氯磺酸磺化法主要用于制备芳磺酰氯。

94. （　　）芳环上取代卤化时，硫化物使催化剂失效。

95. （　　）芳环上取代卤化时，水分使反应变慢。

96. （　　）在混酸硝化时，混酸的组成是重要的影响因素，硫酸浓度越大，硝化能力越强。

97. （　　）稀硝酸硝化通常用于易硝化的芳族化合物，硝酸约过量 10%~65%。

98. （　　）乙酸与醇类按等物质的量反应制备酯，伯醇的反应活性最小。

99. （　　）乙酸与醇类按等物质的量反应制备酯，叔醇反应活性最大。

100. （　　）芳香环侧链的取代卤化反应属于亲电取代反应。

101. （　　）芳磺酸的酸性水解反应是亲核反应。

102. （　　）$LiAlH_4$ 遇水、醚、含羟基或巯基的有机物会发生分解，因此必须在无水乙醚或无水四氢呋喃等溶剂中使用。

103. （　　）多硝基化合物用硫化碱部分还原时,处于—OH 或—OR 等基团对位的硝基可被优先还原。

104. （　　）芳环上的 C -烷化反应是亲电取代反应。

105. （　　）当萘环上已有一个第一类取代基,则新取代基进入已有取代基的同环。

106. （　　）间歇操作时,反应物料的组成不随时间而改变。

107. （　　）用铁粉还原时,一般采用干净、质软的灰色铸铁粉。

108. （　　）用卤烷烷化时,常加入与卤烷等当量的碱性物质,这些碱性物质称为缚酸剂。

109. （　　）用浓硫酸作磺化剂进行的芳环上的磺化反应是不可逆反应。

110. （　　）颗粒状催化剂常用于流化床反应器。

111. （　　）芳环上卤基的碱性水解反应是亲电取代反应。

九、精细化工工艺学

(一) 单选题

1. 精细化工常用原料为(　　)。
   A. 煤　　　　　　B. 石油　　　　　　C. 天然气　　　　　D. 基本化工原料

2. 精细化学品生产方式常用(　　)。
   A. 连续式　　　　B. 间歇式　　　　　C. 间歇与连续　　　D. 窖藏

3. 制备干空气的过程是(　　)。
   A. 压缩→冷却→吸附　　　　　　　　B. 吸附→冷却→蒸发
   C. 冷却→吸附→压缩　　　　　　　　D. 蒸发→压缩→冷却

4. 下列产品中,属于表面活性剂是(　　)。
   A. 乙醇　　　　　B. 食盐水　　　　　C. 吐温类　　　　　D. 苯甲酸

5. 碳氢链的亲油基,易生物分解的是(　　)。
   A. 支链型　　　　B. 直链型　　　　　C. 异构体　　　　　D. 芳香基

6. 下列诸项中,不属于润湿作用的是(　　)。
   A. 沾湿　　　　　B. 浸湿　　　　　　C. 铺展　　　　　　D. 增溶

7. 表面活性剂分子中的亲油基来自(　　)。
   A. 硅氧链　　　　B. 氮氧化合物　　　C. 碳氢链　　　　　D. 水合物

8. 洗涤剂主要组分不包括下列(　　)项。
   A. 表面活性剂　　B. 乳化剂　　　　　C. 助洗剂　　　　　D. 添加剂

9. 液体洗涤剂生产操作不包括(　　)。
   A. 配料　　　　　B. 混合　　　　　　C. 蒸馏　　　　　　D. 调整
   E. 过滤　　　　　F. 脱气

10. 洗衣粉生产方法主要是(　　)。
    A. 喷雾干燥法　　B. 蒸馏法　　　　　C. 萃取法　　　　　D. 粉碎法

11. 除去空气中二氧化硫的常用方法是(　　)。
    A. 吸附　　　　　B. 水洗　　　　　　C. 碱液吸收　　　　D. 酸洗

12. 下列各项中,不是化妆品主要基质原料和成分的为( )。

    A. 油脂原料   B. 粉质原料   C. 胶质原料   D. 香料

13. 膏霜类化妆品生产中不需要的操作是( )。

    A. 原料加热   B. 蒸发   C. 混合乳化   D. 冷却

14. 食品防腐剂山梨酸(2,4-己二烯酸)的生产,较好的生产路线是( )。

    A. 以巴豆醛(丁烯醛)和乙烯酮为原料,先催化加成,再用硫酸水解

    B. 以巴豆醛和丙二酸为原料,先催化加成,再用硫酸水解

    C. 以山梨酸钾为原料,用硫酸酸解

    D. 以巴豆醛和丙酮为原料,先合成庚酮,再用次氯酸钠氧化,后经氢氧化钠水解

    E. 以山梨醛为原料,催化氧化成山梨酸

15. 以大豆油副产品为原料生产食用级大豆磷脂,工艺步骤不包括( )。

    A. 脱胶   B. 研磨   C. 脱色   G. 精制

16. 提取天然产物,近年来开发的有效新方法是( )。

    A. 水蒸气蒸馏法   B. 压榨法   C. 吸收法   D. 超临界萃取法

17. 单细胞蛋白是指细菌、真菌、酵母、藻类等单细胞的细胞蛋白质,是重要的饲料添加剂,可用纤维素废弃物等作原料,主要的工艺步骤是( )。

    A. 发酵→菌种筛选→分离→洗涤→水解→干燥→成品

    B. 水解→发酵→分离→洗涤→菌种筛选→干燥→成品

    C. 菌种筛选→发酵→分离→洗涤→水解→干燥→成品

    D. 洗涤→发酵→分离→菌种筛选→水解→干燥→成品

18. 下列各方法中,单离香料的生产方法是( )。

    A. 吸附法   B. 冻析法   C. 浸提法   D. 压榨法

19. 下面属于植物性天然香料的提取方法是( )。

    A. 重结晶   B. 吸收法   C. 浸提法   D. 压榨法

20. 采用挥发性溶剂浸提得到半固体膏状物,通常称为( )。

    A. 香精   B. 酊剂   C. 浸膏   D. 香脂

21. 一剂香精配方中的香料不包括( )。

    A. 主香料   B. 修饰剂   C. 调和剂   D. 混合剂

22. 胶黏剂中加入填料的目的有( )。

    A. 增量、增黏、补强和降低成本   B. 增量、增黏和降低成本

    C. 增量、补强和降低成本   D. 增黏、补强和降低成本

23. 氯丁橡胶是由( )经乳液聚合而成。

    A. 丁二烯   B. 氯丁二烯   C. 乙烯   D. 丁烷

24. 胺固化环氧树脂涂料的固化剂为( )。

    A. 胺类   B. 有机酸类

    C. 异氰酸酯类   D. 含活性基团的合成树脂类

25. 涂料的主要成分是( )。

    A. 成膜物质、助剂、颜料   B. 溶剂、油脂、成膜物质、颜料

    C. 助剂、成膜物质、还原剂   D. 油脂、助剂、催干剂、颜料

26. 下面涂料类型,不属于环境友好型的是( )。

A. 有机溶剂型涂料　　　　　　　　B. 水性涂料

C. 粉末涂料　　　　　　　　　　　D. 高固体分涂料

27. 溶液性涂料的生产工艺是(　　　)。

A. 混合→溶解→研磨→调和→检测　B. 调和→混合→研磨→溶解→检测

C. 研磨→溶解→混合→调和→检测　D. 溶解→混合→研磨→调和→检测

28. 着色原料的基本色不包括(　　　)。

A. 白色　　　　　B. 黄色　　　　　C. 蓝色　　　　　D. 紫色

29. 不适于蒸馏器中蒸馏的物料是(　　　)。

A. 有机混合物　　B. 乙醇水溶液　　C. 水合物　　　　D. 碳氢混合物

30. (　　　)是利用混合物中不同组分凝固点的差异。

A. 冻析法　　　　B. 分馏法　　　　C. 重结晶法　　　D. 吸收法

31. 增稠剂可以从植物表皮损伤的渗出液中制得,下列属于植物增稠剂的是(　　　)。

A. 有机膨润土　　B. 聚丙烯酰胺　　C. 阿拉伯树胶　　D. 羧甲基纤维素

32. 有利于增强乳化剂稳定性的是(　　　)。

A. 高温　　　　　B. 高电荷　　　　C. 低黏度　　　　D. 减少界面膜强度

33. 绿色精细化工技术不包括(　　　)。

A. 使用原料无毒无害　　　　　　　B. 过程环境友好

C. 废物回收　　　　　　　　　　　D. 产品无公害

34. (　　　)是分离新技术。

A. 水浸提　　　　B. 真空蒸馏　　　C. 超声促溶　　　D. 膜分离

35. 下列技术中,属于精细化工发展的是(　　　)。

A. 精细生物工程　B. 光电控制　　　C. 磁控制　　　　D. 网络化

(二) 多选题

1. 精细化工的特点是(　　　)。

A. 工序多　　　　B. 产量大　　　　C. 流程长　　　　D. 技术密集度高

2. 精细化学品生产宜用(　　　)。

A. 单一流程　　　B. 单元操作　　　C. 综合生产流程　D. 柔性操作

3. 精细化学品较好的生产装置是(　　　)。

A. 单用装置　　　B. 多功能装置　　C. 自清洗系统　　D. 计算机控制系统

4. 精细化学品生产方法有(　　　)。

A. 化学合成法　　B. 生物转化法　　C. 混合法　　　　D. 提取法

E. 粉碎法

5. 影响精细化学品合成的主要因素有(　　　)。

A. 温度　　　　　B. 催化剂　　　　C. 压力　　　　　D. 加料器

6. 制备干空气的合适工艺是(　　　)。

A. 压缩→冷却→吸附　　　　　　　B. 吸附→冷却→蒸发

C. 压缩→冷却→干燥　　　　　　　D. 蒸发→压缩→冷却

7. 下列属于离子表面型活性剂的是(　　　)。

A. 阳离子型表面型活性剂　　　　　B. 阴离子表面型活性剂

  C. 两性表面型活性剂   D. 特殊表面型活性剂

8. 表面活性剂的应用性能有(　　)。

  A. 润湿   B. 乳化   C. 分散   D. 起泡与消泡

  E. 增溶   F. 洗涤   G. 氧化

9. 洗涤剂的主要成分有(　　)。

  A. 表面活性剂   B. 增塑剂   C. 洗涤助剂   D. 交联剂

10. 以硫磺、烷基苯、氢氧化钠为原料,生产烷基苯磺酸钠的反应有(　　)。

  A. 氧化   B. 还原   C. 磺化   D. 硝化

  E. 中和

11. 液体洗涤剂生产操作包括(　　)。

  A. 配料   B. 混合   C. 蒸馏   D. 过滤

  E. 脱气   F. 调整

12. 下列选项中,化妆品在试制试验中应包括(　　)。

  A. 安全性   B. 稳定性   C. 有用性   D. 嗜好性

13. 属于化妆品使用前要进行的实验的是(　　)。

  A. 人体试验   B. 皮肤刺激性实验

  C. 过敏性试验   D. 致癌实验

14. 洗发香波的生产方法有(　　)。

  A. 冷混法   B. 提取法   C. 合成法   D. 发酵法

  E. 热混法

15. 香水类化妆品的生产操作包括(　　)。

  A. 萃取   B. 配料   C. 混合   D. 过滤

  E. 储存   F. 冷冻

16. 味精的生产方法有(　　)。

  A. 提取法   B. 直接粉碎法   C. 水解法   D. 发酵法

  E. 化学合成法

17. 天然食用色素生产方法有(　　)。

  A. 浸提法   B. 培养法   C. 粉碎法   D. 合成法

  E. 酶反应法   F. 浓缩法

18. 下面物质中,属于食品添加剂的有(　　)。

  A. 山梨酸   B. 氯仿   C. 磷酸   D. 三氯蔗糖

  E. 果胶

19. α-淀粉酶生产工艺包括(　　)。

  A. 选菌种   B. 菌种培养   C. 压缩   D. 发酵

  E. 发酵液处理   F. 干燥

20. 香精是(　　)按照一定配比调和成具有某种香气或香型和一定用途的香料混合物。

  A. 合成香料   B. 单离香料   C. 天然香料   D. 单体香料

21. 溶液性香精生产操作包括(　　)。

  A. 混合   B. 静置   C. 过滤   D. 熟化

  E. 结晶   F. 蒸发

22. 植物性天然香料的提取方法有(　　　)。
    A. 水蒸气蒸馏法　　B. 干燥法　　　　C. 浸提法　　　　D. 粉碎法
    E. 压榨法　　　　　F. 吸收法

23. 环氧树脂胶黏剂的组分有(　　　)。
    A. 环氧树脂　　　　B. 助剂　　　　　C. 油脂　　　　　D. 固化剂

24. 橡胶胶黏剂的基本生产工艺是(　　　)。
    A. 塑炼→混炼→切片→溶解
    B. 混炼→塑炼→切片→溶解
    C. 乳胶干燥→塑炼→混炼→切片→溶解
    D. 切片→溶解→混炼→塑炼

25. 胶黏剂黏接步骤包括(　　　)。
    A. 表面处理　　　　B. 配胶　　　　　C. 涂胶　　　　　D. 黏合
    E. 固化　　　　　　F. 水洗　　　　　G. 油浴

26. 溶液涂料的成分有(　　　)。
    A. 成膜物质　　　　B. 颜料　　　　　C. 溶剂　　　　　D. 助剂
    E. 色浆　　　　　　F. 抗氧剂

27. 乳液涂料生产过程中,正确的操作是(　　　)。
    A. 混合器中先加乳液后加粉料
    B. 混合器加水后,启动搅拌,再加助剂
    C. 混合器加水后,启动搅拌,依次加入水、助剂、粉料
    D. 先加增稠剂,后加粉料,再加乳液

28. 聚氨酯涂料的优点是(　　　)。
    A. 涂膜坚硬耐磨　　　　　　　　　B. 耐酸碱等侵蚀性介质的腐蚀
    C. 适用范围广泛　　　　　　　　　D. 保光保色性好

29. 以邻苯二甲酸酐和正丁醇为原料生产邻苯二甲酸二丁酯的生产过程包括(　　　)。
    A. 酯化　　　　　　B. 中和　　　　　C. 萃取　　　　　D. 脱色

30. 下列产品中,哪些归属于精细化工产品?(　　　)
    A. 邻苯二甲酸二丁酯　　　　　　　B. 加氢高效催化剂
    C. 纯碱　　　　　　　　　　　　　D. N-甲基吡咯烷酮

31. 蒸气蒸馏法的主要生产设备包括(　　　)。
    A. 蒸馏锅　　　　　B. 冷凝器　　　　C. 混合反应器　　D. 油水分离器

32. 聚合物性能很大程度上受聚合物制造条件的影响,其影响因素有(　　　)。
    A. 单体浓度　　　　B. 催化剂用量　　C. 反应温度　　　D. 反应时间
    E. 室温

33. 目前精细化工开发的新分离技术有(　　　)。
    A. 超临界萃取分离技术　　　　　　B. 膜分离技术
    C. 化学分离技术　　　　　　　　　D. 蒸馏分离技术

34. 新产品开发过程包括(　　　)。
    A. 实验室研究　　　　　　　　　　B. 对新产品进行分类
    C. 中试　　　　　　　　　　　　　D. 工业化生产试验

35. 精细化工的发展方向是(　　　)。

　　A. 原子经济反应　　B. 高尖端、高技术　C. 大批量　　　　D. 绿色化生产

(三) 判断题

1. (　　　)精细化工产品的生产,宜采用综合生产流程和多功能装置。

2. (　　　)精细化工优先发展的关键技术是新型高效催化技术、新分离技术、增效复配技术和纳米技术。

3. (　　　)表面活性剂的基本作用是改变不同两相间的界面张力。

4. (　　　)羧酸盐表面活性剂俗称皂类,是使用最多的表面活性剂之一,可用天然油脂与碱进行皂化反应制得。

5. (　　　)脂肪醇聚氧乙烯醚是非离子型表面活性剂中的主要品种之一,工业上通常使用脂肪醇与环氧乙烷进行醚化制得。

6. (　　　)洗涤剂生产不需要表面活性剂。

7. (　　　)浆状洗涤剂又称为洗衣膏,其生产工艺:阴离子表面活性剂→水→羧甲基纤维素钠(或肥皂)→非离子表面活性剂→可溶性硅酸钠→碳酸钠→碳酸氢钠→三聚磷酸钠→乙醇→香料→色素→氯化钠,加料顺序也可以任意改变。

8. (　　　)粉状化妆品生产过程:配料→混合→磨细→过筛→灭菌→包装。

9. (　　　)我国规定使用的防腐剂有苯甲酸、苯甲酸钠、山梨酸、山梨酸钾、丙酸钙。

10. (　　　)影响食品增稠剂作用效果的因素:增稠剂结构及分子量、增稠剂浓度、pH、温度、天气等。

11. (　　　)柠檬酸是用量大的调味剂之一,工业上以淀粉类物质为原料,用发酵法制得,整个工艺流程由培菌、发酵、提取和纯化四个工序组成。

12. (　　　)食品强化剂是提高食品的机械强度的物质,如环氧树脂、聚氨酯等高分子黏合剂。

13. (　　　)精细化工的化学合成过程,多从基本化工原料出发,制成中间体,再制成医药、染料、农药、有机颜料、表面活性剂、香料等各种精细化学品。

14. (　　　)将多种香料配合制成香精的过程成为调香。

15. (　　　)水蒸气蒸馏法比压榨法更适合于生产不耐热性香料。

16. (　　　)在合成香料的生产方面,由于品种多且产量相对小,故大多数采用小规模间歇式生产。

17. (　　　)聚合物的玻璃化温度是其最重要的特征之一。

18. (　　　)丙烯酸系胶黏剂常用单体有丙烯、丙酸。

19. (　　　)精细化工的剂型加工和商品化过程,对于各种产品来说是配方和制成商品的工艺,它们的加工技术均属于大体类似的单元操作。

20. (　　　)黏接可实现不同种类材料之间的有效连接,但不能实现不同形状材料之间的有效连接。

21. (　　　)增稠剂分子有许多亲水基团,如羟基、羧基、氨基和羧酸根等,能与水分子发生水化作用。

22. (　　　)涂料助剂的作用主要是涂料中各分散项分散均匀。

23. (　　　)精细化工的生产最好采用单一流程或单一生产装置。

24. (　　)聚乙烯醇膜厚度太大时遇水容易发生溶胀,所以一般采用浓度过大的聚乙烯醇溶液作为涂料的基料,以提高涂料膜的厚度。

25. (　　)水蒸气蒸馏法是在95～100 ℃高温下,直接向植物通水蒸气,使其中的芳香成分向水中扩散或溶解,并与水汽一同共沸馏出,再利用油水互不相溶、油水比重的不同的特点将油水分离得到精油产品。

十、化工仪表自动化

(一) 单选题

1. 我国工业交流电的频率为(　　)
   A. 50 Hz　　　　B. 100 Hz　　　　C. 314 rad/s　　　　D. 3.14 rad/s

2. 热电偶温度计是基于(　　)的原理来测温的。
   A. 热阻效应　　B. 热电效应　　　C. 热磁效应　　　D. 热压效应

3. 测高温介质或水蒸气的压力时要安装(　　)。
   A. 冷凝器　　　B. 隔离罐　　　　C. 集气器　　　　D. 沉降器

4. 一般情况下,压力和流量对象选(　　)控制规律。
   A. D　　　　　B. PI　　　　　　C. PD　　　　　　D. PID

5. 电路通电后却没有电流,此时电路处于(　　)状态。
   A. 导通　　　　B. 短路　　　　　C. 断路　　　　　D. 电阻等于零

6. 运行中的电机失火时,应采用(　　)灭火。
   A. 泡沫　　　　B. 干粉　　　　　C. 水　　　　　　D. 喷雾水枪

7. 热电偶是测量(　　)参数的元件。
   A. 液位　　　　B. 流量　　　　　C. 压力　　　　　D. 温度

8. 根据"化工自控设计技术规定",在测量稳定压力时,最大工作压力不应超过测量上限值的(　　)测量脉动压力时,最大工作压力不应超过测量上限值的(　　)。
   A. $\frac{1}{3}$、$\frac{1}{2}$　　B. $\frac{2}{3}$、$\frac{1}{2}$　　C. $\frac{1}{3}$、$\frac{2}{3}$　　D. $\frac{2}{3}$、$\frac{1}{3}$

9. 电子电位差计是(　　)显示仪表。
   A. 模拟式　　　B. 数字式　　　　C. 图形　　　　　D. 无法确定

10. 防止静电的主要措施是(　　)。
    A. 接地　　　　B. 通风　　　　　C. 防燥　　　　　D. 防潮

11. 我国低压供电电压单相为220 V,三相线电压为380 V,此数值指交流电压的(　　)。
    A. 平均值　　　B. 最大值　　　　C. 有效值　　　　D. 瞬时值

12. 热电偶通常用来测量(　　)500 ℃的温度。
    A. 高于或等于　　B. 低于或等于　　C. 等于　　　　　D. 不等于

13. 用万用表检查电容器好坏时,(　　),则该电容器是好的。
    A. 指示满度　　　　　　　　　　　B. 指示零位
    C. 指示从大到小变化　　　　　　　D. 指示从小到大变化

14. 测量氨气的压力表,其弹簧管应用(　　)材料。
    A. 不锈钢　　　　　B. 钢　　　　　　C. 铜　　　　　　D. 铁

15. 在热电偶测温时,采用补偿导线的作用是(　　)。
    A. 冷端温度补偿　　　　　　　　B. 冷端的延伸
    C. 热电偶与显示仪表的连接　　　D. 热端温度补偿

16. 将电气设备金属外壳与电源中性线相连接的保护方式称为(　　)。
    A. 保护接零　　　B. 保护接地　　　C. 工作接零　　　D. 工作接地

17. 检测、控制系统中字母 FRC 是指(　　)。
    A. 物位显示控制系统　　　　　　B. 物位记录控制系统
    C. 流量显示控制系统　　　　　　D. 流量记录控制系统

18. Ⅲ型仪表标准气压信号的范围是(　　)。
    A. 10～100 kPa　　B. 20～100 kPa　　C. 30～100 kPa　　D. 40～100 kPa

19. 以下哪种方法不能消除人体静电?(　　)
    A. 洗手　　　　　　　　　　　　B. 双手相握,使静电中和
    C. 触摸暖气片　　　　　　　　　D. 用手碰触铁门

20. 以下哪种器件不是节流件?(　　)
    A. 孔板　　　　　B. 文丘里管　　　C. 实心圆板　　　D. 喷嘴

21. 压力表安装时,测压点应选择在被测介质(　　)的管段部分。
    A. 直线流动　　　B. 管路拐弯　　　C. 管路分叉　　　D. 管路的死角

22. 热电偶温度计是用(　　)导体材料制成的,插入介质中,感受介质温度。
    A. 同一种　　　　B. 两种不同　　　C. 三种不同　　　D. 四种不同

23. 热电偶测量时,当导线断路时,温度记录仪表的指示在(　　)。
    A. 0 ℃　　　　　B. 机械零点　　　C. 最大值　　　　D. 原测量值不变

24. 在国际单位制中,压力的法定计量位是(　　)。
    A. MPa　　　　　B. Pa　　　　　　C. mmH₂O　　　　D. mmHg

25. 当高压电线接触地面,人体在事故点附近发生的触电称为(　　)。
    A. 单相触电　　　B. 两相触电　　　C. 跨步触电　　　D. 接地触电

26. 某仪表精度为 0.5 级,使用一段时间后其最大相对误差为±0.8%,则此表精度为(　　)级。
    A. ±0.8%　　　　B. 0.8　　　　　　C. 1.0　　　　　　D. 0.5

27. 在电力系统中,具有防触电功能的是(　　)。
    A. 中线　　　　　B. 地线　　　　　C. 相线　　　　　D. 连接导线

28. 仪表输出的变化与引起变化的被测量变化值之比称为仪表的(　　)。
    A. 相对误差　　　B. 灵敏限　　　　C. 灵敏度　　　　D. 准确度

29. 人体的触电方式中,以(　　)最为危险。
    A. 单相触电　　　B. 两相触电　　　C. 跨步电压触电　　D. 都不对

30. 热电偶测温时,使用补偿导线是为了(　　)。
    A. 延长热电偶　　　　　　　　　B. 使参比端温度为 0 ℃
    C. 作为连接导线　　　　　　　　D. 延长热电偶且保持参比端温度为 0 ℃

31. 化工自动化仪表按其功能不同,可分为四个大类,即(　　)、显示仪表、调节仪表和执

行器。

　　A. 现场仪表　　　B. 异地仪表　　　C. 检测仪表　　　D. 基地式仪表

32. 某工艺要求测量范围在 0~300 ℃,最大绝对误差不能大于 ±4 ℃,所选仪表的精确度为(　　)。

　　A. 0.5　　　　　　B. 1.0　　　　　　C. 1.5　　　　　　D. 4.0

33. 压力表的使用范围一般在量程的 $\frac{1}{3}$~$\frac{2}{3}$ 处,如果低于 $\frac{1}{3}$,则(　　)。

　　A. 因压力过低,仪表没有指示　　　　B. 精度等级下降

　　C. 相对误差增加　　　　　　　　　　D. 压力表接头处焊口有漏

34. 用电子电位差计配用热电偶测量温度,热端温度升高 2 ℃,室温(冷端温度)下降 2 ℃,则仪表示值(　　)。

　　A. 升高 4 ℃　　　B. 升高 2 ℃　　　C. 下降 2 ℃　　　D. 下降 4 ℃

35. 转子流量计指示稳定时,其转子上下的压差是由(　　)决定的。

　　A. 流体的流速　　B. 流体的压力　　C. 转子的重量　　D. 流道截面积

36. 热电偶温度计是基于(　　)的原理来测温的。

　　A. 热阻效应　　　B. 热电效应　　　C. 热磁效应　　　D. 热压效应

37. 测高温介质或水蒸气的压力时要安装(　　)。

　　A. 冷凝器　　　　B. 隔离罐　　　　C. 集气器　　　　D. 沉降器

38. 工艺上要求采用差压式流量计测量蒸气的流量,一般情况下取压点应位于节流装置的是(　　)。

　　A. 上半部　　　　B. 下半部　　　　C. 水平位置　　　　D. 上述三种均可

39. 如工艺上要求采用差压式流量计测量液体的流量,则取压点应位于节流装置的(　　)。

　　A. 上半部　　　　B. 下半部　　　　C. 水平位置　　　　D. 上述三种均可

40. 如工艺上要求采用差压式流量计测量气体的流量,则取压点应位于节流装置的(　　)。

　　A. 上半部　　　　B. 下半部　　　　C. 水平位置　　　　D. 上述三种均可

41. 下列设备中,其中(　　)必是电源。

　　A. 发电机　　　　B. 蓄电池　　　　C. 电视机　　　　D. 电炉

42. 欧姆表一般用于测量(　　)。

　　A. 电压　　　　　B. 电流　　　　　C. 功率　　　　　D. 电阻

(二) 判断题

1. (　　)压力表的选择只需要选择合适的量程就行了。

2. (　　)调节阀的最小可控流量与其泄漏量不是一回事。

3. (　　)电器设备通常都要接地,接地就是将机壳接到零线上。

4. (　　)为了保证测量值的准确性,所测压力值不能太接近于仪表的下限值,亦即仪表的量程不能选的太大,一般被测压力的最小值不低于仪表满量程的 1/2 为宜。

5. (　　)热电阻温度计是由热电阻、显示仪表以及连接导线所组成,其连接导线采用三线制接法。

6. (　　)热电阻温度计显示仪表指示无穷大可能原因是热电阻短路。

7. (　　)数字式显示仪表是以 RAM 和 ROM 为基础,直接以数字形式显示被测变量的

仪表。

8. (　　)DCS 是一种控制功能和负荷分散,操作、显示和信息管理集中,采用分级分层结构的计算机综合控制系统。

9. (　　)电磁流量计不能测量气体介质的流量。

10. (　　)气开阀在没有气源时,阀门是全开的。

11. (　　)用热电偶和电子电位差计组成的温度记录仪,当电子电位差计输入端短路时,记录仪指示在电子电位差计所处的环境温度上。

12. (　　)精度等级为 1.0 级的检测仪表表明其最大相对百分误差为±1%。

13. (　　)压力检测仪表测量高温蒸气介质时,必须加装隔离罐。

14. (　　)测温仪表补偿导线连接可以任意接。

15. (　　)压力仪表应安装在易观察和检修的地方。

十一、化工环保安全技术

(一) 单选题

1. 不能用水灭火的是(　　)。
   A. 棉花　　　　　B. 木材　　　　　C. 汽油　　　　　D. 纸

2. 属于物理爆炸的是(　　)。
   A. 爆胎　　　　　B. 氯酸钾　　　　C. 硝基化合物　　D. 面粉

3. 去除助燃物的方法是(　　)。
   A. 隔离法　　　　B. 冷却法　　　　C. 窒息法　　　　D. 稀释法

4. 下列物质中不是化工污染物质的是(　　)。
   A. 酸、碱类污染物　B. 二氧化硫　　　C. 沙尘　　　　　D. 硫铁矿渣

5. 气态污染物的治理方法有(　　)。
   A. 沉淀法　　　　B. 吸收法　　　　C. 浮选法　　　　D. 分选法

6. 不适合废水的治理方法是(　　)。
   A. 过滤法　　　　B. 生物处理法　　C. 固化法　　　　D. 萃取法

7. 不能有效地控制噪声危害的是(　　)。
   A. 隔振技术　　　B. 吸声技术　　　C. 带耳塞　　　　D. 加固设备

8. 只顾生产,而不管安全的做法是(　　)行为。
   A. 错误　　　　　B. 违纪　　　　　C. 犯罪　　　　　D. 故意

9. 我国企业卫生标准中规定硫化氢的最高允许浓度是(　　)mg/m³空气。
   A. 10　　　　　　B. 20　　　　　　C. 30　　　　　　D. 40

10. 触电是指人在非正常情况下,接触或过分靠近带电体而造成(　　)对人体的伤害。
    A. 电压　　　　　B. 电流　　　　　C. 电阻　　　　　D. 电弧

11. (　　)有知觉且呼吸和心脏跳动还正常,瞳孔不放大,对光反应存在,血压无明显变化。
    A. 轻型触电者　　B. 中型触电者　　C. 重型触电者　　D. 假死现象者

12. 下列气体中( )是惰性气体,可用来控制和消除燃烧爆炸条件的形成。
    A. 空气　　　　　B. 一氧化碳　　　　C. 氧气　　　　　D. 水蒸气

13. 当设备内因误操作或装置故障而引起( )时,安全阀才会自动跳开。
    A. 大气压　　　　B. 常压　　　　　　C. 超压　　　　　D. 负压

14. 燃烧具有三要素,下列不是发生燃烧的必要条件的是( )。
    A. 可燃物质　　　B. 助燃物质　　　　C. 点火源　　　　D. 明火

15. 下列哪项是防火的安全装置?( )
    A. 阻火装置　　　B. 安全阀　　　　　C. 防爆泄压装置　D. 安全液封

16. 工业毒物进入人体的途径有三种,其中最主要的是( )。
    A. 皮肤　　　　　B. 呼吸道　　　　　消化道　　　　　D. 肺

17. 触电急救的基本原则是( )。
    A. 心脏复苏法救治　　　　　　　　　B. 动作迅速、操作准确
    C. 迅速、就地、准确、坚持　　　　　D. 对症救护

18. 化工生产中的主要污染物是"三废",下列哪个有害物质不属于"三废"?( )
    A. 废水　　　　　B. 废气　　　　　　C. 废渣　　　　　D. 有毒物质

19. 废水的处理以深度而言,在二级处理时要用到的方法为( )。
    A. 物理法　　　　B. 化学法　　　　　C. 生物化学法　　D. 物理化学法

20. 工业上噪声的个人防护采用的措施为( )。
    A. 佩戴个人防护用品　　　　　　　　B. 隔声装置
    C. 消声装置　　　　　　　　　　　　D. 吸声装置

21. 皮肤被有毒物质污染后,应立即清洗,下列哪个说法准确?( )
    A. 碱类物质以大量水洗后,然后用酸溶液中和后洗涤,再用水冲洗
    B. 酸类物质以大量水洗后,然后用氢氧化钠水溶液中和后洗涤,再用水冲洗
    C. 氢氟酸以大量水洗后,然后用5%碳酸氢钠水溶液中和后洗涤,再涂以悬浮剂,消毒
       包扎
    D. 碱金属用大量水洗后,然后用酸性水溶液中和后洗涤,再用水冲洗

22. 金属钠、钾失火时,需用的灭火剂是( )。
    A. 水　　　　　　B. 沙　　　　　　　C. 泡沫灭火器　　D. 液态二氧化碳灭火剂

23. 吸入微量的硫化氢感到头痛恶心的时候,应采用的解毒方法是( )。
    A. 吸入 Cl_2　　B. 吸入 SO_2　　C. 吸入 CO_2　　D. 吸入大量新鲜空气

24. 下列说法错误的是( )。
    A. CO_2 无毒,所以不会造成污染
    B. CO_2 浓度过高时会造成温室效应的污染
    C. 工业废气之一 SO_2 可用 NaOH 溶液或氨水吸收
    D. 含汞、镉、铅、铬等重金属的工业废水必须经处理后才能排放

25. 扑灭精密仪器等火灾时,一般用的灭火器为( )。
    A. 二氧化碳灭火器　　　　　　　　　B. 泡沫灭火器
    C. 干粉灭火器　　　　　　　　　　　D. 卤代烷灭火器

26. 在安全疏散中,厂房内主通道宽度不应少于( )。
    A. 0.5 m　　　　B. 0.8 m　　　　　C. 1.0 m　　　　D. 1.2 m

27. 在遇到高压电线断落地面时,导线断落点(　　)米内,禁让人员进入。

    A. 10　　　　　　B. 20　　　　　　C. 30　　　　　　D. 40

28. 国家颁布的《安全色》标准中,表示指令、必须遵守的规程的颜色为(　　)。

    A. 红色　　　　　B. 蓝色　　　　　C. 黄色　　　　　D. 绿色

29. 一般情况下,安全帽能抗(　　)kg 铁锤自 1 m 高度落下的冲击。

    A. 2　　　　　　B. 3　　　　　　C. 4　　　　　　D. 5

30. 电气设备火灾时不可以用(　　)灭火器。

    A. 泡沫　　　　　B. 卤代烷　　　　C. 二氧化碳　　　D. 干粉

31. 为了保证化工厂的用火安全,动火现场的厂房内和容器内可燃物应保证在百分之(　　)和(　　)以下。

    A. 0.1,0.2　　　B. 0.2,0.01　　C. 0.2,0.1　　　D. 0.1,0.02

32. 使用过滤式防毒面具要求作业现场空气中的氧含量不低于(　　)。

    A. 16%　　　　　B. 17%　　　　　C. 18%　　　　　D. 19%

33. 安全电压为(　　)。

    A. 小于 12 V　　B. 小于 36 V　　C. 小于 220 V　D. 小于 110 V

34. 化工污染物都是在生产过程中产生的,其主要来源是(　　)。

    A. 化学反应副产品,化学反应不完全

    B. 燃烧废弃产品和中间产品

    C. 化学反应副产品,燃烧废气,产品和中间产品

    D. 化学反应不完全的副产品,燃烧废气,产品和中间产品

35. 环保监测中的 COD 表示(　　)。

    A. 生化需氧量　　B. 化学耗氧量　　C. 空气净化度　　D. 噪音强度

36. 为保护听力,一般认为每天 8 小时长期工作在(　　)分贝以下,听力不会损失。

    A. 110　　　　　B. 100　　　　　C. 80　　　　　　D. 90

37. 下列说法正确的是(　　)。

    A. 滤浆黏性越大,过滤速度越快

    B. 滤浆黏性越小,过滤速度越快

    C. 滤浆中悬浮颗粒越大,过滤速度越快

    D. 滤浆中悬浮颗粒越小,过滤速度越快

38. 安全教育的主要内容包括(　　)。

    A. 安全的思想教育、技能教育

    B. 安全的思想教育、知识教育和技能教育

    C. 安全的思想教育、经济责任制教育

    D. 安全的技能教育、经济责任制教育

39. 某泵在运行的时候发现有气蚀现象应(　　)。

    A. 停泵,向泵内灌液　　　　　　B. 降低泵的安装高度

    C. 检查进口管路是否漏液　　　　D. 检查出口管阻力是否过大

40. 工业毒物进入人体的途径有(　　)。

    A. 呼吸道,消化道　　　　　　　B. 呼吸道,皮肤

    C. 呼吸道,皮肤和消化道　　　　D. 皮肤,消化道

41. 球形固体颗粒在重力沉降槽内作自由沉降,当操作处于层流沉降区时,升高悬浮液的温度,粒子的沉降速度将( )。

    A. 增大   B. 不变   C. 减小   D. 无法判断

42. 作为人体防静电的措施之一( )。

    A. 应穿戴防静电工作服、鞋和手套   B. 应注意远离水、金属等良导体

    C. 应定时检测静电   D. 应检查好人体皮肤有破损

43. 燃烧三要素是指( )

    A. 可燃物、助燃物与着火点   B. 可燃物、助燃物与点火源

    C. 可燃物、助燃物与极限浓度   D. 可燃物、氧气与温度

44. 根据《在用压力容器检验规程》的规定,压力容器定期检验的主要内容有( )。

    A. 外部、内部、全面检查   B. 内外部检查

    C. 全面检查   D. 不检查

45. 在生产过程中,控制尘毒危害的最重要的方法是( )。

    A. 生产过程密闭化   B. 通风

    C. 发放保健食品   D. 使用个人防护用品

46. 当有电流在接地点流入地下时,电流在接地点周围土壤中产生电压降。人在接地点周围,两脚之间出现的电压称为( )。

    A. 跨步电压   B. 跨步电势   C. 临界电压   D. 故障电压

47. 爆炸现象的最主要特征是( )。

    A. 温度升高   B. 压力急剧升高   C. 周围介质振动   D. 发光发热

48. "放在错误地点的原料"是指( )。

    A. 固体废弃物   B. 化工厂的废液   C. 二氧化碳   D. 二氧化硫

49. 微生物的生物净化作用主要体现在( )。

    A. 将有机污染物逐渐分解成无机物   B. 分泌抗生素,杀灭病原菌

    C. 阻滞和吸附大气粉尘   D. 吸收各种有毒气体

50. 防治噪声污染的最根本的措施是( )。

    A. 采用吸声器   B. 减振降噪

    C. 严格控制人为噪声   D. 从声源上降低噪声

51. 预防尘毒危害措施的基本原则是( )。

    A. 减少毒源、降低空气中尘毒含量、减少人体接触尘毒机会

    B. 消除毒源

    C. 完全除去空气中尘毒

    D. 完全杜绝人体接触尘毒

52. 关于爆炸,下列不正确的说法是( )。

    A. 爆炸的特点是具有破坏力,产生爆炸声和冲击波

    B. 爆炸是一种极为迅速的物理和化学变化

    C. 爆炸可分为物理爆炸和化学爆炸

    D. 爆炸在瞬间放出大量的能量,同时产生巨大声响

53. 下列不属于化工生产防火防爆措施的是( )。

    A. 点火源的控制   B. 工艺参数的安全控制

C. 限制火灾蔓延　　　　　　　　　D. 使用灭火器

54. 加强用电安全管理,防止触电的组织措施是(　　)。

A. 采用漏电保护装置　　　　　　B. 使用安全电压

C. 建立必要而合理的电气安全和用电规程及各项规章制度

D. 保护接地和接零

55. 触电急救时首先要尽快地(　　)。

A. 通知医生治疗　　　　　　　　B. 通知供电部门停电

C. 使触电者脱离电源　　　　　　D. 通知生产调度

56. 噪声治理的三个优先级顺序是(　　)。

A. 降低声源本身的噪音、控制传播途径、个人防护

B. 控制传播途径、降低声源本身的噪音、个人防护

C. 个人防护、降低声源本身的噪音、控制传播途径

D. 以上选项均不正确

57. 下列不属于化工污染物的是(　　)

A. 放空酸性气体　B. 污水　　　C. 废催化剂　　　D. 副产品

58. 可燃气体的燃烧性能常以(　　)来衡量。

A. 火焰传播速度　B. 燃烧值　　　C. 耗氧量　　　D. 可燃物的消耗量

59. 泡沫灭火器是常用的灭火器,它适用于(　　)。

A. 适用于扑灭木材、棉麻等固体物质类火灾

B. 适用于扑灭石油等液体类火灾

C. 适用于扑灭木材、棉麻等固体物质类和石油等液体类火灾

D. 适用于扑灭所有物质类火灾

(二) 判断题

1. (　　)安全技术就是研究和查明生产过程中事故发生原因的系统科学。

2. (　　)燃烧就是一种同时伴有发光、发热、生成新物质的激烈的强氧化反应。

3. (　　)爆炸就是发生的激烈的化学反应。

4. (　　)可燃物是帮助其他物质燃烧的物质。

5. (　　)化工废气具有易燃、易爆、强腐蚀性等特点。

6. (　　)改革能源结构,有利于控制大气污染源。

7. (　　)化工废渣必须进行卫生填埋以减少其危害。

8. (　　)噪声可损伤人体的听力。

9. (　　)一氧化碳是易燃易爆物质。

10. (　　)进入气体分析不合格的容器内作业,应佩带口罩。

11. (　　)使用液化气时的点火方法应是"气等火"。

12. (　　)在高处作业时,正确使用安全带的方法是高挂(系)低用。

13. (　　)为了预防触电,要求每台电气设备应分别用多股绞合裸铜线缠绕在接地或接零干线上。

14. (　　)吸声材料对于高频噪声是很有用的,对于低频噪声就不太有效了。

15. (　　)对工业废气中的有害气体,采用燃烧法,容易引起二次污染。

16. （　　）通过载体中微生物的作用,将废水中的有毒物质分解、去除,达到净化目的。

17. （　　）爆炸是物质在瞬间以机械功的形式释放出大量气体、液体和能量的现象。其主要特征是压力的急剧下降。

18. （　　）职业中毒是生产过程中由工业毒物引起的中毒。

19. （　　）有害气体的处理方法有催化还原法、液体吸收法、吸附法和电除尘法。

20. （　　）硫化氢是属于血液窒息性气体,CO 是属于细胞窒息性气体。

21. （　　）在触电急救中,采用心脏复苏法救治包括人工呼吸法和胸外挤压法。

22. （　　）为了从根本上解决工业污染问题,就是要采用少废无废技术即采用低能耗、高消耗、无污染的技术。

23. （　　）防毒呼吸器可分为过滤式防毒呼吸器和隔离式防毒呼吸器。

24. （　　）有害物质的发生源,应布置在工作地点机械通风或自然通风的后面。

25. （　　）涂装作业场所空气中产生的主要有毒物质是甲醛。

26. （　　）所谓缺氧环境,通常是指空气中氧气的体积浓度低于 18% 的环境。

27. （　　）处理化学品工作后洗手,可预防患皮肤炎。

28. （　　）高温场所为防止中暑,应多饮矿泉水。

29. （　　）噪声对人体中枢神经系统的影响是头脑皮层兴奋,抑制平衡失调。

30. （　　）如果被生锈铁皮或铁钉割伤,可能导致伤风病。

十二、仪器分析

(一) 单选题

1. 实验室用酸度计结构一般由（　　）组成。
   A. 电极系统和高阻抗毫伏计　　　　B. pH 玻璃电极和饱和甘汞电极
   C. 显示器和高阻抗毫伏计　　　　　D. 显示器和电极系统

2. 通常组成离子选择性电极的部分为（　　）。
   A. 内参比电极、内参比溶液、敏感膜、电极管
   B. 内参比电极、饱和 KCl 溶液、敏感膜、电极管
   C. 内参比电极、pH 缓冲溶液、敏感膜、电极管
   D. 电极引线、敏感膜、电极管

3. 下列（　　）不是饱和甘汞电极使用前的检查项目。
   A. 内装溶液的量够不够　　　　　　B. 溶液里有没有 KCl 晶体
   C. 液络体有没有堵塞　　　　　　　D. 甘汞体是否异常

4. pH 复合电极暂时不用时应该放置在（　　）保存。
   A. 纯水中　　　　　　　　　　　　B. 应该在 0.4 mol/L KCl 溶液中
   C. 应该在 4 mol/L KCl 溶液中　　　D. 应该在饱和 KCl 溶液中

5. pH 玻璃电极产生的不对称电位来源于（　　）。
   A. 内外玻璃膜表面特性不同　　　　B. 内外溶液中 H^+ 浓度不同
   C. 内外溶液的 H^+ 活度系数不同　D. 内外参比电极不一样

6. pH 玻璃电极和 SCE 组成工作电池,25 ℃时测得 pH=6.18 的标液电动势是 0.220 V,而未知试液电动势 E_x=0.186 V,则未知试液 pH 为(　　　)。

    A. 7.6　　　　　　B. 4.6　　　　　　C. 5.6　　　　　　D. 6.6

7. 玻璃膜电极能测定溶液 pH 是因为(　　　)。

    A. 在一定温度下玻璃膜电极的膜电位与试液 pH 成直线关系

    B. 玻璃膜电极的膜电位与试液 pH 成直线关系

    C. 在一定温度下玻璃膜电极的膜电位与试液中氢离子浓度成直线关系

    D. 在 25 ℃时,玻璃膜电极的膜电位与试液 pH 成直线关系

8. 测定水中微量氟,最为合适的方法有(　　　)。

    A. 沉淀滴定法　　　　　　　　　　B. 离子选择电极法

    C. 火焰光度法　　　　　　　　　　D. 发射光谱法

9. 将 Ag - AgCl 电极$[E_{AgCl/Ag}^{\ominus}=0.222\,2\,V]$与饱和甘汞电极$[E^{\ominus}=0.241\,5\,V]$组成原电池,电池反应的平衡常数为(　　　)。

    A. 4.9　　　　　　B. 5.4　　　　　　C. 4.5　　　　　　D. 3.8

10. 膜电极(离子选择性电极)与金属电极的区别是(　　　)。

    A. 膜电极的薄膜并不给出或得到电子,而是选择性地让一些电子渗透

    B. 膜电极的薄膜并不给出或得到电子,而是选择性地让一些分子渗透

    C. 膜电极的薄膜并不给出或得到电子,而是选择性地让一些原子渗透

    D. 膜电极的薄膜并不给出或得到电子,而是选择性地让一些离子渗透(包含着离子交换过程)

11. 测量 pH 时,需用标准 pH 溶液定位,这是为了(　　　)。

    A. 避免产生酸差　　　　　　　　　B. 避免产生碱差

    C. 消除温度影响　　　　　　　　　D. 消除不对称电位和液接电位

12. 普通玻璃电极不能用于测定 pH>10 的溶液,是由于(　　　)。

    A. OH^- 在电极上响应　　　　　　B. Na^+ 在电极上响应

    C. NH_4^+ 在电极上响应　　　　　　D. 玻璃电极内阻太大

13. 下面说法正确的是(　　　)。

    A. 用玻璃电极测定溶液的 pH 时,它会受溶液中氧化剂或还原剂的影响

    B. 在用玻璃电极测定 pH>9 的溶液时,它对钠离子和其他碱金属离子没有响应

    C. pH 玻璃电极有内参比电极,因此整个玻璃电极的电位应是内参比电极电位和膜电位之和

    D. 以上说法都不正确

14. 在 25 ℃时,标准溶液与待测溶液的 pH 变化一个单位,电池电动势的变化为(　　　)。

    A. 0.58 V　　　　　B. 58 V　　　　　C. 0.059 V　　　　　D. 59 V

15. 在电动势的测定中盐桥的主要作用是(　　　)。

    A. 减小液体的接界电势　　　　　　B. 增加液体的接界电势

    C. 减小液体的不对称电势　　　　　D. 增加液体的不对称电势

16. 玻璃电极的内参比电极是(　　　)。

    A. 银电极　　　　B. 氯化银电极　　　C. 铂电极　　　　D. 银-氯化银电极

17. 在一定条件下,电极电位恒定的电极称为(　　　)。

A. 指示电极　　　B. 参比电极　　　C. 膜电极　　　D. 惰性电极

18. pH 计在测定溶液的 pH 时,选用温度为(　　)。

A. 25 ℃　　　B. 30 ℃　　　C. 任何温度　　　D. 被测溶液的温度

19. 用酸度计以浓度直读法测试液的 pH,先用与试液 pH 相近的标准溶液(　　)。

A. 调零　　　B. 消除干扰离子　　　C. 定位　　　D. 减免迟滞效应

20. 在实验测定溶液 pH 时,都是用标准缓冲溶液来校正电极,其目的是消除何种影响?
(　　)

A. 不对称电位　　　B. 液接电位　　　C. 温度　　　D. 不对称电位和液接电位

21. 玻璃电极在使用时,必须浸泡 24 h 左右,其目的是(　　)。

A. 消除内外水化胶层与干玻璃层之间的两个扩散电位

B. 减小玻璃膜和试液间的相界电位 $E_内$

C. 减小玻璃膜和内参比液间的相界电位 $E_外$

D. 减小不对称电位,使其趋于一稳定值

22. 氟离子选择电极是属于(　　)。

A. 参比电极　　　　　　　　B. 均相膜电极

C. 金属–金属难熔盐电极　　　　D. 标准电极

23. 离子选择性电极在一段时间内不用或新电极在使用前必须进行(　　)。

A. 活化处理　　　　　　　　B. 用被测浓溶液浸泡

C. 在蒸馏水中浸泡 24 h 以上　　　D. 在 NaF 溶液中浸泡 24 h 以上

24. 用氟离子选择电极测定溶液中氟离子含量时,主要干扰离子是(　　)。

A. 其他卤素离子　　　B. NO_3^-　　　C. Na^+　　　D. OH^-

25. 电位滴定中,用高锰酸钾标准溶液滴定 Fe^{2+},宜选用(　　)作指示电极。

A. pH 玻璃电极　　　B. 银电极　　　C. 铂电极　　　D. 氟电极

26. 下列关于离子选择性电极描述错误的是(　　)。

A. 是一种电化学传感器

B. 由敏感膜和其他辅助部分组成

C. 在敏感膜上发生了电子转移

D. 敏感膜是关键部件,决定了选择性

27. 电位滴定法是根据(　　)来确定滴定终点的。

A. 指示剂颜色变化　　　　　　B. 电极电位

C. 电位突跃　　　　　　　　D. 电位大小

28. 氟离子选择电极在使用前需用低浓度的氟溶液浸泡数小时,其目的是(　　)。

A. 活化电极　　　　　　　　B. 检查电极的好坏

C. 清洗电极　　　　　　　　D. 检查离子计能否使用

29. 用 $AgNO_3$ 标准溶液电位滴定 Cl^-、Br^-、I^- 时,可以用作参比电极的是(　　)。

A. 铂电极　　　B. 卤化银电极　　　C. 饱和甘汞电极　　　D. 玻璃电极

30. 在电位滴定中,以 $\Delta^2 E/\Delta V^2 \sim V$($E$ 为电位,V 为滴定剂体积)作图绘制滴定曲线,滴定
终点为(　　)。

A. $\Delta^2 E/\Delta V^2$ 为最正值时的点　　　B. $\Delta^2 E/\Delta V^2$ 为负值的点

C. $\Delta^2 E/\Delta V^2$ 为零时的点　　　　D. 曲线的斜率为零时的点

31. 在电位滴定中,以 $\Delta E/\Delta V \sim V$ 作图绘制曲线,滴定终点为( )。

　　A. 曲线突跃的转折点　　　　　　　　B. 曲线的最大斜率点

　　C. 曲线的最小斜率点　　　　　　　　D. 曲线的斜率为零时的点

32. 在自动电位滴定法测 HAc 的实验中,反应终点可以用下列哪种方法确定?( )

　　A. 电导法　　　　B. 滴定曲线法　　　　C. 指示剂法　　　　D. 光度法

33. 在自动电位滴定法测 HAc 的实验中,指示滴定终点的是( )。

　　A. 酚酞　　　　B. 甲基橙　　　　C. 指示剂　　　　D. 自动电位滴定仪

34. 在自动电位滴定法测 HAc 的实验中,自动电位滴定仪中控制滴定速度的机械装置是( )。

　　A. 搅拌器　　　　B. 滴定管活塞　　　　C. pH 计　　　　D. 电磁阀

35. 离子选择性电极的选择性主要取决于( )。

　　A. 离子浓度　　　　　　　　　　　　B. 电极膜活性材料的性质

　　C. 待测离子活度　　　　　　　　　　D. 测定温度

36. 离子选择性电极的选择性主要取决于( )。

　　A. 离子活度　　　　　　　　　　　　B. 电极膜活性材料的性质

　　C. 参比电极　　　　　　　　　　　　D. 测定酸度

37. K_{ij} 称为电极的选择性系数,通常 K_{ij} 越小,说明( )。

　　A. 电极的选择性越高　　　　　　　　B. 电极的选择性越低

　　C. 与电极选择性无关　　　　　　　　D. 分情况而定

38. 待测离子 i 与干扰离子 j,其选择性系数 K_{ij}( )则说明电极对被测离子有选择性响应。

　　A. $\gg 1$　　　　B. >1　　　　C. $\ll 1$　　　　D. 1

39. 库仑分析法测定的依据是( )。

　　A. 能斯特公式　　　　　　　　　　　B. 法拉第电解定律

　　C. 尤考维奇方程式　　　　　　　　　D. 朗伯-比耳定律

40. 库仑分析法是通过( )来进行定量分析的。

　　A. 称量电解析出物的质量

　　B. 准确测定电解池中某种离子消耗的量

　　C. 准确测量电解过程中所消耗的电量

　　D. 准确测定电解液浓度的变化

41. 下列关于库仑分析法描述错误的是( )。

　　A. 理论基础是法拉第电解定律

　　B. 需要有外加电源

　　C. 通过称量电解析出物的质量进行测量

　　D. 电极需要有 100% 的电流效率

42. 微库仑法测定氯元素的原理是根据( )。

　　A. 法拉第定律　　　　　　　　　　　B. 牛顿第一定律

　　C. 牛顿第二定律　　　　　　　　　　D. 朗伯-比尔定律

43. pHS-2 型酸度计是由( )电极组成的工作电池。

　　A. 甘汞电极-玻璃电极　　　　　　　B. 银-氯化银-玻璃电极

　　　　C. 甘汞电极-银-氯化银　　　　　　　D. 甘汞电极-单晶膜电极

44. 玻璃电极在使用前一定要在水中浸泡几小时,目的在于(　　　)。

　　　A. 清洗电极　　　　B. 活化电极　　　C. 校正电极　　　D. 检查电极好坏

45. 测定 pH 值的指示电极为(　　　)。

　　　A. 标准氢电极　　　B. 玻璃电极　　　C. 甘汞电极　　　D. 银-氯化银电极

46. 酸度计是由一个指示电极和一个参比电极与试液组成的(　　　)。

　　　A. 滴定池　　　　　B. 电解池　　　　C. 原电池　　　　D. 电导池

47. 721 分光光度计的波长使用范围为(　　　)nm。

　　　A. 320～760　　　B. 340～760　　　C. 400～760　　　D. 520～760

48. 紫外-可见分光光度计是根据被测量物质分子对紫外可见波段范围的单色辐射的(　　　)来进行物质的定性的。

　　　A. 散射　　　　　　B. 吸收　　　　　C. 反射　　　　　D. 受激辐射

49. 721 分光光度计适用于(　　　)。

　　　A. 可见光区　　　　B. 紫外光区　　　C. 红外光区　　　D. 都适用

50. 紫外-可见分光光度计结构组成为(　　　)。

　　　A. 光源—吸收池—单色器—检测器—信号显示系统

　　　B. 光源—单色器—吸收池—检测器—信号显示系统

　　　C. 单色器—吸收池—光源—检测器—信号显示系统

　　　D. 光源—吸收池—单色器—检测器

51. 紫外-可见分光光度计分析所用的光谱是(　　　)光谱。

　　　A. 原子吸收　　　　B. 分子吸收　　　C. 分子发射　　　D. 质子吸收

52. (　　　)是最常见的可见光光源。

　　　A. 钨灯　　　　　　B. 氢灯　　　　　C. 氙灯　　　　　D. 卤钨灯

53. 在 260 nm 进行分光光度测定时,应选用(　　　)比色皿。

　　　A. 硬质玻璃　　　　B. 软质玻璃　　　C. 石英　　　　　D. 透明塑料

54. 紫外光检验波长准确度的方法用(　　　)吸收曲线来检查。

　　　A. 甲苯蒸气　　　　B. 苯蒸气　　　　C. 镨钕滤光片　　D. 以上三种

55. 紫外光谱分析中所用比色皿是(　　　)的。

　　　A. 玻璃材料　　　　B. 石英材料　　　C. 萤石材料　　　D. 陶瓷材料

56. 并不是所有的分子振动形式其相应的红外谱带都能被观察到,这是因为(　　　)。

　　　A. 分子既有振动运动,又有转动运动,太复杂

　　　B. 分子中有些振动能量是简并的

　　　C. 因为分子中有 C、H、O 以外的原子存在

　　　D. 分子某些振动能量相互抵消了

57. 红外吸收光谱的产生是由于(　　　)。

　　　A. 分子外层电子、振动、转动能级的跃迁

　　　B. 原子外层电子、振动、转动能级的跃迁

　　　C. 分子振动、转动能级的跃迁

　　　D. 分子外层电子的能级跃迁

58. Cl_2 分子在红外光谱图上基频吸收峰的数目为(　　　)。

A. 0　　　　　　B. 1　　　　　　C. 2　　　　　　D. 3

59. 苯分子的振动自由度为(　　)。

A. 18　　　　　B. 12　　　　　C. 30　　　　　D. 31

60. 水分子有几个红外谱带,波数最高的谱带对应于何种振动?(　　)

A. 2个,不对称伸缩　　　　　　　　B. 4个,弯曲

C. 3个,不对称伸缩　　　　　　　　D. 2个,对称伸缩

61. 下列关于分子振动的红外活性的叙述中正确的是(　　)。

A. 凡极性分子的各种振动都是红外活性的,非极性分子的各种振动都不是红外活性的

B. 极性键的伸缩和变形振动都是红外活性的

C. 分子的偶极矩在振动时周期地变化,即为红外活性振动

D. 分子的偶极矩的大小在振动时周期地变化,必为红外活性振动,反之则不是

62. 在红外光谱分析中,用 KBr 制作试样池,这是因为(　　)。

A. KBr 晶体在 $4\,000\sim400\ cm^{-1}$ 范围内不会散射红外光

B. KBr 在 $4\,000\sim400\ cm^{-1}$ 范围内有良好的红外光吸收特性

C. KBr 在 $4\,000\sim400\ cm^{-1}$ 范围内无红外光吸收

D. 在 $4\,000\sim400\ cm^{-1}$ 范围内,KBr 对红外无反射

63. 试比较同一周期内下列情况的伸缩振动(不考虑费米共振与生成氢键)产生的红外吸收峰,频率最小的是(　　)。

A. C—H　　　　B. N—H　　　　C. O—H　　　　D. F—H

64. 在含羰基的分子中,增加羰基的极性会使分子中该键的红外吸收带(　　)。

A. 向高波数方向移动　　　　　　　B. 向低波数方向移动

C. 不移动　　　　　　　　　　　　D. 稍有振动

65. 在下列不同溶剂中,测定羧酸的红外光谱时,C＝O 伸缩振动频率出现最高者为(　　)。

A. 气体　　　　B. 正构烷烃　　　C. 乙醚　　　　D. 乙醇

66. 在以下三种分子式中,C＝C 双键的红外吸收哪一种最强?(　　)

① $CH_3—CH＝CH_2$ ② $CH_3—CH＝CH—CH_3$(顺式) ③ $CH_3—CH＝CH—CH_3$(反式)

A. ①最强　　　B. ②最强　　　　C. ③最强　　　D. 强度相同

67. 气相色谱仪一般都有载气系统,它包含(　　)。

A. 气源、气体净化　　　　　　　　B. 气源、气体净化、气体流速控制

C. 气源　　　　　　　　　　　　　D. 气源、气体净化、气体流速控制和测量

68. 某化合物的相对分子质量 $Mr=72$,红外光谱指出,该化合物含羰基,则该化合物可能的分子式为(　　)。

A. C_4H_8O　　　　B. $C_3H_4O_2$　　　　C. C_3H_6NO　　　D. 选项 A 或 B

69. 一个含氧化合物的红外光谱图在 $3\,600\sim3\,200\ cm^{-1}$ 有吸收峰,下列化合物最可能的是(　　)。

A. $CH_3—CHO$　　　　　　　　　B. $CH_3—CO—CH_3$

C. $CH_3—CHOH—CH_3$　　　　　　D. $CH_3—O—CH_2—CH_3$

70. 一种能作为色散型红外光谱仪色散元件的材料为(　　)。

A. 玻璃　　　　B. 石英　　　　C. 卤化物晶体　　D. 有机玻璃

71. 用红外吸收光谱法测定有机物结构时,试样应该是(　　　)。

　　A. 单质　　　　　　B. 纯物质　　　　　C. 混合物　　　　　D. 任何试样

72. 红外光谱是(　　　)。

　　A. 分子光谱　　　　B. 离子光谱　　　　C. 电子光谱　　　　D. 分子电子光谱

73. 下面四种气体中不吸收红外光谱的有(　　　)。

　　A. H_2O　　　　　B. CO_2　　　　　C. CH_4　　　　　D. N_2

74. 红外光谱仪样品压片制作时一般在(　　　)的压力范围内,同时进行抽真空去除一些气体,压力和气体是(　　　)。

　　A. $(5\sim10)\times10^7$ Pa、CO_2　　　　　　　B. $(5\sim10)\times10^6$ Pa、CO_2

　　C. $(5\sim10)\times10^4$ Pa、O_2　　　　　　　D. $(5\sim10)\times10^7$ Pa、N_2

75. 原子吸收分光光度计的结构中一般不包括(　　　)。

　　A. 空心阴极灯　　　B. 原子化系统　　　C. 分光系统　　　D. 进样系统

76. 不可做原子吸收分光光度计光源的有(　　　)。

　　A. 空心阴极灯　　　B. 蒸气放电灯　　　C. 钨灯　　　　　D. 高频无极放电灯

77. 关闭原子吸收光谱仪的先后顺序是(　　　)。

　　A. 关闭排风装置、关闭乙炔钢瓶总阀、关闭助燃气开关、关闭气路电源总开关、关闭空气压缩机并释放剩余气体

　　B. 关闭空气压缩机并释放剩余气体、关闭乙炔钢瓶总阀、关闭助燃气开关、关闭气路电源总开关、关闭排风装置

　　C. 关闭乙炔钢瓶总阀、关闭助燃气开关、关闭气路电源总开关、关闭空气压缩机并释放剩余气体、关闭排风装置

　　D. 关闭乙炔钢瓶总阀、关闭助燃气开关、关闭气路电源总开关、关闭排风装置、关闭空气压缩机并释放剩余气体

78. 原子吸收分光光度计中最常用的光源为(　　　)。

　　A. 空心阴极灯　　　B. 无极放电灯　　　C. 蒸气放电灯　　　D. 氢灯

79. 下列关于空心阴极灯使用描述不正确的是(　　　)。

　　A. 空心阴极灯发光强度与工作电流有关

　　B. 增大工作电流可增加发光强度

　　C. 工作电流越大越好

　　D. 工作电流过小,会导致稳定性下降

80. 下列关于空心阴极灯使用注意事项描述不正确的是(　　　)。

　　A. 使用前一般要预热时间

　　B. 长期不用,应定期点燃处理

　　C. 低熔点的灯用完后,等冷却后才能移动

　　D. 测量过程中可以打开灯室盖调整

81. 当用峰值吸收代替积分吸收测定时,应采用的光源是(　　　)。

　　A. 待测元素的空心阴极灯　　　　　　　　B. 氢灯

　　C. 氘灯　　　　　　　　　　　　　　　　D. 卤钨灯

82. 火焰原子吸光光度法的测定工作原理是(　　　)。

　　A. 比尔定律　　　B. 波兹曼方程式　　C. 罗马金公式　　D. 光的色散原理

83. 使原子吸收谱线变宽的因素较多,其中( )是主要因素。

　　A. 压力变宽　　　　B. 劳伦兹变宽　　　C. 温度变宽　　　D. 多普勒变宽

84. 为保证峰值吸收的测量,要求原子分光光度计的光源发射出的线光谱比吸收线宽度( )。

　　A. 窄而强　　　　　B. 宽而强　　　　　C. 窄而弱　　　　　D. 宽而弱

85. 由原子无规则的热运动所产生的谱线变宽称为( )。

　　A. 自然变度　　　　　　　　　　B. 赫鲁兹马克变宽

　　C. 劳伦兹变宽　　　　　　　　　D. 多普勒变宽

86. 原子吸收分光光度法中的吸光物质的状态应为( )。

　　A. 激发态原子蒸气　　　　　　　B. 基态原子蒸气

　　C. 溶液中分子　　　　　　　　　D. 溶液中离子

87. 原子吸收分析中可以用来表征吸收线轮廓的是( )。

　　A. 发射线的半宽度B. 中心频率　　　C. 谱线轮廓　　　D. 吸收线的半宽度

88. 原子吸收光谱产生的原因是( )。

　　A. 分子中电子能级跃迁　　　　　B. 转动能级跃迁

　　C. 振动能级跃迁　　　　　　　　D. 原子最外层电子跃迁

89. 原子吸收光谱法是基于从光源辐射出待测元素的特征谱线,通过样品蒸气时,被蒸气中待测元素的( )所吸收,由辐射特征谱线减弱的程度,求出样品中待测元素含量。

　　A. 分子　　　　　B. 离子　　　　　C. 激发态原子　　　D. 基态原子

90. 原子吸收光谱是( )。

　　A. 带状光谱　　　B. 线性光谱　　　C. 宽带光谱　　　　D. 分子光谱

91. 在原子吸收分析中,下列中火焰组成的温度最高( )。

　　A. 空气-煤气　　　B. 空气-乙炔　　　C. 氧气-氢气　　　D. 笑气-乙炔

92. 原子吸收光谱法是基于从光源辐射出( )的特征谱线,通过样品蒸气时,被蒸气中待测元素的基态原子所吸收,由辐射特征谱线减弱的程度,求出样品中待测元素含量。

　　A. 待测元素的分子　　　　　　　B. 待测元素的离子

　　C. 待测元素的电子　　　　　　　D. 待测元素的基态原子

93. 充氖气的空心阴极灯负辉光的正常颜色是( )。

　　A. 橙色　　　　　B. 紫色　　　　　C. 蓝色　　　　　D. 粉红色

94. 双光束原子吸收分光光度计与单光束原子吸收分光光度计相比,前者突出的优点是( )。

　　A. 可以抵消因光源的变化而产生的误差

　　B. 便于采用最大的狭缝宽度

　　C. 可以扩大波长的应用范围

　　D. 允许采用较小的光谱通带

95. 下列不属于原子吸收分光光度计组成部分的是( )。

　　A. 光源　　　　　B. 单色器　　　　C. 吸收池　　　　　D. 检测器

96. 现代原子吸收光谱仪的分光系统的组成主要是( )。

　　A. 棱镜＋凹面镜＋狭缝　　　　　B. 棱镜＋透镜＋狭缝

　　C. 光栅＋凹面镜＋狭缝　　　　　D. 光栅＋透镜＋狭缝

97. 欲分析 165～360 nm 的波谱区的原子吸收光谱,应选用的光源为(　　　)。
　　A. 钨灯　　　　　B. 能斯特灯　　　C. 空心阴极灯　　D. 氘灯

98. 原子吸收分光光度计的核心部分是(　　　)。
　　A. 光源　　　　　B. 原子化器　　　C. 分光系统　　　D. 检测系统

99. 原子吸收分析对光源进行调制,主要是为了消除(　　　)。
　　A. 光源透射光的干扰　　　　　B. 原子化器火焰的干扰
　　C. 背景干扰　　　　　　　　　D. 物理干扰

100. 原子吸收光谱分析仪中单色器位于(　　　)。
　　A. 空心阴极灯之后　　　　　　B. 原子化器之后
　　C. 原子化器之前　　　　　　　D. 空心阴极灯之前

101. 对大多数元素,日常分析的工作电流建议采用额定电流的(　　　)。
　　A. 30%～40%　　B. 40%～50%　　C. 40%～60%　　D. 50%～60%

102. 空心阴极灯的主要操作参数是(　　　)。
　　A. 内冲气体压力　　B. 阴极温度　　C. 灯电压　　　D. 灯电流

103. 使用空心阴极灯不正确的是(　　　)。
　　A. 预热时间随灯元素的不同而不同,一般在 20 分钟以上
　　B. 低熔点元素灯要等冷却后才能移动
　　C. 长期不用,应每隔半年在工作电流下点燃 1 小时处理
　　D. 测量过程中不要打开灯室盖

104. 原子吸收光度法中,当吸收线附近无干扰线存在时,下列说法正确的是(　　　)。
　　A. 应放宽狭缝,以减少光谱通带　　B. 应放宽狭缝,以增加光谱通带
　　C. 应调窄狭缝,以减少光谱通带　　D. 应调窄狭缝,以增加光谱通带

105. As 元素最合适的原子化方法是(　　　)。
　　A. 火焰原子化法　　　　　　　B. 氢化物原子化法
　　C. 石墨炉原子化法　　　　　　D. 等离子原子化法

106. 火焰原子化法中,试样的进样量一般在(　　　)为宜。
　　A. 1～2 mL/min　　B. 3～6 mL/min　　C. 7～10 mL/min　　D. 9～12 mL/min

107. 选择不同的火焰类型主要是根据(　　　)。
　　A. 分析线波长　　B. 灯电流大小　　C. 狭缝宽度　　　D. 待测元素性质

108. 原子吸收的定量方法——标准加入法,消除了下列哪些干扰?(　　　)
　　A. 基体效应　　　B. 背景吸收　　　C. 光散射　　　　D. 电离干扰

109. 原子吸收检测中消除物理干扰的主要方法是(　　　)。
　　A. 配制与被测试样相似组成的标准溶液
　　B. 加入释放剂
　　C. 使用高温火焰
　　D. 加入保护剂

110. 下列几种物质对原子吸光光度法的光谱干扰最大的是(　　　)。
　　A. 盐酸　　　　　B. 硝酸　　　　　C. 高氯酸　　　　D. 硫酸

111. 用原子吸收光谱法测定钙时,加入 EDTA 是为了消除(　　　)干扰。
　　A. 硫酸　　　　　B. 钠　　　　　　C. 磷酸　　　　　D. 镁

112. 原子吸收分光光度法测定钙时,PO_4^{3-}有干扰,消除的方法是加入(　　)。

    A. $LaCl_3$ B. $NaCl$ C. CH_3COCH_3 D. $CHCl_3$

113. 用原子吸收光谱法测定钙时,加入(　　)是为了消除磷酸干扰。

    A. EBT   B. 氯化钙   C. EDTA   D. 氯化镁

114. 原子吸收光度法的背景干扰,主要表现为(　　)形式。

    A. 火焰中被测元素发射的谱线   B. 火焰中干扰元素发射的谱线

    C. 光源产生的非共振线   D. 火焰中产生的分子吸收

115. 下列哪种火焰适于 Cr 元素测定?(　　)

    A. 中性火焰   B. 化学计量火焰   C. 富燃火焰   D. 贫燃火焰

116. 吸光度由 0.434 增加到 0.514 时,则透光度 T(　　)。

    A. 增加了 6.2%   B. 减少了 6.2%   C. 减少了 8%   D. 增加了 8%

117. 原子吸收分光光度法中,对于组分复杂,干扰较多而又不清楚组成的样品,可采用(　　)定量方法。

    A. 标准加入法   B. 工作曲线法   C. 直接比较法   D. 标准曲线法

118. 原子吸收分析中光源的作用是(　　)。

    A. 提供试样蒸发和激发所需要的能量   B. 产生紫外光

    C. 发射待测元素的特征谱线   D. 产生足够浓度的散射光

119. 原子荧光与原子吸收光谱仪结构上的主要区别在(　　)。

    A. 光源   B. 光路   C. 单色器   D. 原子化器

120. 原子吸收光谱定量分析中,适合于高含量组分的分析的方法是(　　)。

    A. 工作曲线法   B. 标准加入法   C. 稀释法   D. 内标法

121. 在原子吸收光谱分析法中,要求标准溶液和试液的组成尽可能相似,且在整个分析过程中操作条件应保不变的分析方法是(　　)。

    A. 内标法   B. 标准加入法   C. 归一化法   D. 标准曲线法

122. 原子吸收仪器中溶液提升喷口与撞击球距离太近,会造成(　　)。

    A. 仪器吸收值偏大

    B. 火焰中原子去密度增大,吸收值很高

    C. 雾化效果不好、噪声太大且吸收不稳定

    D. 溶液用量减少

123. 在原子吸收分析中,测定元素的灵敏度、准确度及干扰等,在很大程度上取决于(　　)。

    A. 空心阴极灯   B. 火焰   C. 原子化系统   D. 分光系统

124. 调节燃烧器高度目的是为了得到(　　)。

    A. 吸光度最大   B. 透光度最大   C. 入射光强最大   D. 火焰温度最高

125. 用原子吸收分光光度法测定高纯 Zn 中的 Fe 含量时,应当采用(　　)的盐酸。

    A. 优级纯   B. 分析纯   C. 工业级   D. 化学纯

126. 原子吸收分光光度计工作时须用多种气体,下列哪种气体不是 AAS 室使用的气体?(　　)

    A. 空气   B. 乙炔气   C. 氮气   D. 氧气

127. 原子吸收分光光度计开机预热 30 min 后,进行点火试验,但无吸收。下列哪一个不是

导致这一现象的原因？（　　）

    A. 工作电流选择过大，对于空心阴极较小的元素灯，工作电流大时没有吸收

    B. 燃烧缝不平行于光轴，即元素灯发出的光线不通过火焰就没有吸收

    C. 仪器部件不配套或电压不稳定

    D. 标准溶液配制不合适

128. 原子吸收分光光度计噪声过大，分析其原因可能是（　　）。

    A. 电压不稳定

    B. 空心阴极灯有问题

    C. 灯电流、狭缝、乙炔气和助燃气流量的设置不适当

    D. 燃烧器缝隙被污染

129. 在使用火焰原子吸收分光光度计做试样测定时，发现火焰骚动很大，可能的原因是（　　）。

    A. 助燃气与燃气流量比不对　　　　B. 空心阴极灯有漏气现象

    C. 高压电子元件受潮　　　　　　　D. 波长位置选择不准

130. 在原子吸收分光光度计中，若灯不发光可（　　）。

    A. 将正负极反接半小时以上

    B. 用较高电压（600 V 以上）启辉

    C. 串接 2～10 kΩ 电阻

    D. 在 50 mA 下放电

131. 在原子吸收分析中，当溶液的提升速度较低时，一般在溶液中混入表面张力小、密度小的有机溶剂，其目的是（　　）。

    A. 使火焰容易燃烧　　　　　　　　B. 提高雾化效率

    C. 增加溶液黏度　　　　　　　　　D. 增加溶液提升量

132. 原子吸收分光光度计调节燃烧器高度的目的是为了得到（　　）。

    A. 吸光度最小　　B. 透光度最小　　C. 入射光强最大　　D. 火焰温度最高

133. 阴极内发生跳动的火花状放电，无测定线发射的原因是（　　）。

    A. 阳极表面放电不均匀　　　　　　B. 屏蔽管与阴极距离过大

    C. 阴极表面有氧化物或有杂质气体　D. 波长选择错误

134. 原子吸收光谱法是基于从光源辐射出待测元素的特征谱线的光，通过样品的蒸气时，被蒸气中待测元素的（　　）所吸收，算出辐射特征谱线光被减弱的程度，求出样品中待测元素的含量。

    A. 原子　　　　　B. 激发态原子　　C. 分子　　　　D. 基态原子

135. 原子吸收空心阴极灯的灯电流应该（　　）打开。

    A. 快速　　　　　B. 慢慢　　　　　C. 先慢后快　　　D. 先快后慢

136. 对于火焰原子吸收光谱仪的维护，（　　）是不允许的。

    A. 透镜表面沾有指纹或油污应用汽油将其洗去

    B. 空心阴极灯窗口如有沾污，可用镜头纸擦净

    C. 元素灯长期不用，则每隔一段时间在额定电流下空烧

    D. 仪器不用时应用罩子罩好

137. 原子吸收空心阴极灯加大灯电流后，灯内阴、阳极尾部发光的原因是（　　）。

A. 灯电压不够　　　　　　　　　　B. 灯电压太大

C. 阴、阳极间屏蔽性能差,当电流大时被击穿放电,空心阴极灯坏

D. 灯的阴、阳极有轻微短路

138. FID 点火前需要加热至 100 ℃的原因是(　　)。

A. 易于点火　　　　　　　　　　B. 点火后不容易熄灭

C. 防止水分凝结产生噪音　　　　D. 容易产生信号

139. 下列不属于气相色谱检测器的有(　　)。

A. FID　　　　B. UVD　　　　C. TCD　　　　D. NPD

140. 使用热导池检测器时,应选用(　　)气体作载气,其效果最好。

A. H_2　　　　B. He　　　　C. Ar　　　　D. N_2

141. 使用氢火焰离子化检测器,选用下列哪种气体作载气最合适?(　　)

A. H_2　　　　B. He　　　　C. Ar　　　　D. N_2

142. 气相色谱仪的气源纯度很高,一般都需要(　　)处理。

A. 净化　　　　B. 过滤　　　　C. 脱色　　　　D. 再生

143. 高效液相色谱用水必须使用(　　)。

A. 一级水　　　　B. 二级水　　　　C. 三级水　　　　D. 天然水

144. 在气液色谱固定相中担体的作用是(　　)。

A. 提供大的表面涂上固定液　　　B. 吸附样品

C. 分离样品　　　　　　　　　　D. 脱附样品

145. 在气液色谱填充柱的制备过程中,下列做法不正确的是(　　)。

A. 一般选用柱内径为 3～4 mm,柱长为 1～2 m 长的不锈钢柱子

B. 一般常用的液载比是 25% 左右

C. 在装填色谱柱时,要保证固定相在色谱柱内填充均匀

D. 新装填好的色谱柱不能马上用于测定,一般要先进行老化处理

146. 下列方法不适于对分析碱性化合物和醇类气相色谱填充柱载体进行预处理的是(　　)。

A. 硅烷化　　　　B. 酸洗　　　　C. 碱洗　　　　D. 釉化

147. 在气液色谱中,色谱柱的使用上限温度取决于(　　)。

A. 样品中沸点最高组分的沸点　　B. 样品中各组分沸点的平均值

C. 固定液的沸点　　　　　　　　D. 固定液的最高使用温度

148. 固定相老化的目的是(　　)。

A. 除去表面吸附的水分

B. 除去固定相中的粉状物质

C. 除去固定相中残余的溶剂及其他挥发性物质

D. 提高分离效能

149. 下列关于气相色谱仪中的转子流量计的说法错误的是(　　)。

A. 根据转子的位置可以确定气体流速的大小

B. 对于一定的气体,气体的流速和转子高度并不成直线关系

C. 转子流量计上的刻度即是流量数值

D. 气体从下端进入转子流量计又从上端流出

150. 下列哪项不是气相色谱仪所包括的部件？（　　　）

　　A. 原子化系统　　　B. 进样系统　　　C. 检测系统　　　D. 分离系统

151. 气相色谱仪的安装与调试中对下列哪一条件不做要求？（　　　）

　　A. 室内不应有易燃易爆和腐蚀性气体

　　B. 一般要求控制温度在 $10\sim40\,℃$，空气的相对湿度应控制在小于或等于 85%

　　C. 仪器应有良好的接地，最好设有专线

　　D. 实验室应远离强电场、强磁场

152. 既可调节载气流量，也可来控制燃气和空气流量的是（　　　）。

　　A. 减压阀　　　　B. 稳压阀　　　　C. 针形阀　　　　D. 稳流阀

153. 下列有关气体钢瓶的说法不正确的是（　　　）。

　　A. 氧气钢瓶为天蓝色、黑字

　　B. 氮气钢瓶为黑色、黑字

　　C. 压缩空气钢瓶为黑色、白字

　　D. 氢气钢瓶为深绿色、红字

154. 单柱单气路气相色谱仪的工作流程：由高压气瓶供给的载气依次经（　　　）。

　　A. 减压阀，稳压阀，转子流量计，色谱柱，检测器后放空

　　B. 稳压阀，减压阀，转子流量计，色谱柱，检测器后放空

　　C. 减压阀，稳压阀，色谱柱，转子流量计，检测器后放空

　　D. 稳压阀，减压阀，色谱柱，转子流量计，检测器后放空

155. 启动气相色谱仪时，若使用热导池检测器，有如下操作步骤：① 开载气；② 气化室升温；③ 检测室升温；④ 色谱柱升温；⑤ 开桥电流；⑥ 开记录仪，下面哪个操作次序是绝对不允许的？（　　　）

　　A. ②—③—④—⑤—⑥—①　　　　　B. ①—②—③—④—⑤—⑥

　　C. ①—②—③—④—⑥—⑤　　　　　D. ①—③—②—④—⑥—⑤

156. 气相色谱的主要部件包括（　　　）。

　　A. 载气系统、分光系统、色谱柱、检测器

　　B. 载气系统、进样系统、色谱柱、检测器

　　C. 载气系统、原子化装置、色谱柱、检测器

　　D. 载气系统、光源、色谱柱、检测器

157. 气相色谱仪除了载气系统、柱分离系统、进样系统外，其另外一个主要系统是（　　　）。

　　A. 恒温系统　　　B. 检测系统　　　C. 记录系统　　　D. 样品制备系统

158. 关于色谱法，说法正确的是（　　　）。

　　A. 色谱法亦称色层法或层析法，是一种分离技术。当其应用于分析化学领域，并与适当的检测手段相结合，就构成了色谱分析法。

　　B. 色谱法亦称色层法或层析法，是一种富集技术。当其应用于分析化学领域，并与适当的检测手段相结合，就构成了色谱分析法。

　　C. 色谱法亦称色层法或层析法，是一种进样技术。当其应用于分析化学领域，并与适当的检测手段相结合，就构成了色谱分析法。

　　D. 色谱法亦称色层法或层析法，是一种萃取技术。当其应用于分析化学领域，并与适当的检测手段相结合，就构成了色谱分析法。

159. 其他条件固定,色谱柱的理论塔板高度将随载气的线速增加而(　　)。

    A. 基本不变　　　　B. 变大　　　　C. 减小　　　　D. 先减小后增大

160. 气相色谱分析腐蚀性气体宜选用(　　)载体。

    A. 101 白色载体　　B. GDX 系列载体　C. 6201 红色载体　D. 13X 分子筛

161. 气相色谱仪气化室的汽化温度比柱温高(　　)℃。

    A. 10～30　　　　B. 30～70　　　　C. 50～100　　　　D. 100～150

162. 采用气相色谱法分析羟基化合物,对 C4～C1438 种醇进行分离,较理想的分离条件是(　　)。

    A. 填充柱长 1 m、柱温 100 ℃、载气流速 20 mL/min

    B. 填充柱长 2 m、柱温 100 ℃、载气流速 60 mL/min

    C. 毛细管柱长 40 m、柱温 100 ℃、恒温

    D. 毛细管柱长 40 m、柱温 100 ℃、程序升温

163. 将气相色谱用的担体进行酸洗主要是除去担体中的(　　)。

    A. 酸性物质　　　B. 金属氧化物　　C. 氧化硅　　　　D. 阴离子

164. 在气相色谱分析的仪器中,色谱分离系统是装填了固定相的色谱柱,色谱柱的作用是(　　)。

    A. 色谱柱的作用是分离混合物组分

    B. 色谱柱的作用是感应混合物各组分的浓度或质量

    C. 色谱柱的作用是与样品发生化学反应

    D. 色谱柱的作用是将其混合物的量信号转变成电信号

165. 火焰光度检测器对下列哪些物质检测的选择性和灵敏度较高?(　　)

    A. 含硫磷化合物　　　　　　　　B. 含氮化合物

    C. 含氮磷化合物　　　　　　　　D. 硫氮

166. 气相色谱分析的仪器中,检测器的作用是(　　)。

    A. 感应到达检测器的各组分的浓度或质量,将其物质的量信号转变成电信号,并传递给信号放大记录系统

    B. 分离混合物组分

    C. 将其混合物的量信号转变成电信号

    D. 与感应混合物各组分的浓度或质量

167. 下列气相色谱检测器中,属于浓度型检测器的是(　　)。

    A. 热导池检测器和电子捕获检测器

    B. 氢火焰检测器和火焰光度检测器

    C. 热导池检测器和氢火焰检测器

    D. 火焰光度检测器和电子捕获检测器

168. 下列属于浓度型检测器的是(　　)。

    A. FID　　　　　B. TCD　　　　C. TDC　　　　D. DIF

169. TCD 的基本原理是依据被测组分与载气(　　)的不同。

    A. 相对极性　　　B. 电阻率　　　C. 相对密度　　　D. 导热系数

170. 检测器通入 H_2 的桥电流不许超过(　　)。

    A. 150 mA　　　　B. 250 mA　　　C. 270 mA　　　D. 350 mA

171. 热导池检测器的灵敏度随着桥电流增大而增高,因此在实际操作时桥电流应该( )。

    A. 越大越好   B. 越小越好

    C. 选用最高允许电流   D. 在灵敏度满足需要时尽量用小桥流

172. 使用热导池检测器,为提高检测器灵敏度常用载气是( )。

    A. 氢气   B. 氩气   C. 氮气   D. 氧气

173. 在气相色谱分析中,应用热导池为检测器时,记录仪基线无法调回,产生这种现象的原因是( )。

    A. 记录仪滑线电阻脏   B. 热导检测器热丝断

    C. 进样器被污染   D. 热导检测器不能加热

174. 气液色谱法中,火焰离子化检测器( )优于热导检测器。

    A. 装置简单化   B. 灵敏度   C. 适用范围   D. 分离效果

175. 氢火焰检测器的检测依据是( )。

    A. 不同溶液折射率不同

    B. 被测组分对紫外光的选择性吸收

    C. 有机分子在氢氧焰中发生电离

    D. 不同气体热导系数不同

176. 氢火焰离子化检测器中,使用( )作载气将得到较好的灵敏度。

    A. H_2 B. N_2 C. He   D. Ar

177. 影响氢焰检测器灵敏度的主要因素是( )。

    A. 检测器温度   B. 载气流速   C. 三种气的配比   D. 极化电压

178. 色谱峰在色谱图中的位置用( )来说明。

    A. 保留值   B. 峰高值   C. 峰宽值   D. 灵敏度

179. 对气相色谱柱分离度影响最大的是( )。

    A. 色谱柱柱温   B. 载气的流速   C. 柱子的长度   D. 填料粒度的大小

180. 衡量色谱柱总分离效能的指标是( )。

    A. 塔板数   B. 分离度   C. 分配系数   D. 相对保留值

181. 气相色谱分析样品中各组分的分离是基于( )的不同。

    A. 保留时间   B. 分离度   C. 容量因子   D. 分配系数

182. 气相色谱分析影响组分之间分离程度的最大因素是( )。

    A. 进样量   B. 柱温   C. 载体粒度   D. 气化室温度

183. 在气相色谱分析中,用于定性分析的参数是( )。

    A. 保留值   B. 峰面积   C. 分离度   D. 半峰宽

184. 气相色谱仪分离效率的好坏主要取决于何种部件?( )

    A. 进样系统   B. 分离柱   C. 热导池   D. 检测系统

185. 气液色谱柱中,与分离度无关的因素是( )。

    A. 增加柱长   B. 改用更灵敏的检测器

    C. 调节流速   D. 改变固定液的化学性质

186. 在气固色谱中,各组分在吸附剂上分离的原理是( )。

    A. 各组分的溶解度不一样   B. 各组分电负性不一样

C. 各组分颗粒大小不一样　　　　　D. 各组分的吸附能力不一样

187. 色谱分析分析样品时,第一次进样得到 3 个峰,第二次进样时变成 4 个峰,原因可能是(　　)。

A. 进样量太大　　　　　　　　　B. 气化室温度太高

C. 纸速太快　　　　　　　　　　D. 衰减太小

188. 气相色谱定量分析的依据是(　　　　)。

A. 在一定的操作条件下,检测器的响应信号(色谱图上的峰面积或峰高)与进入检测器的组分 i 的重量或浓度成正比

B. 在一定的操作条件下,检测器的响应信号(色谱图上的峰面积或峰高)与进入检测器的组分 i 的重量或浓度成反比

C. 在一定的操作条件下,检测器的响应信号(色谱图上的峰面积或峰高)与进入检测器的组分 i 的浓度成正比

D. 在一定的操作条件下,检测器的响应信号(色谱图上的峰面积或峰高)与进入检测器的组分 i 的重量成反比

189. 气相色谱定量分析时,当样品中各组分不能全部出峰或在多种组分中只需定量其中某几个组分时,可选用(　　　)。

A. 归一化法　　　B. 标准曲线法　　　C. 比较法　　　　D. 内标法

190. 气相色谱图中,与组分含量成正比的是(　　　　)。

A. 保留时间　　　B. 相对保留值　　　C. 峰高　　　　　D. 峰面积

191. 气相色谱用内标法测定 A 组分时,取未知样 1.0 μL 进样,得组分 A 的峰面积为 3.0 cm², 组分 B 的峰面积为 1.0 cm²; 取未知样 2.000 0 g,标准样纯 A 组分 0.200 0 g,仍取 1.0 μL 进样,得组分 A 的峰面积为 3.2 cm²,组分 B 的峰面积为 0.8 cm²,则未知样中组分 A 的质量百分含量为(　　　)。

A. 10%　　　　　B. 20%　　　　　　C. 30%　　　　　D. 40%

192. 色谱分析中,归一化法的优点是(　　　　)。

A. 不需准确进样　　B. 不需校正因子　　C. 不需定性　　　D. 不用标样

193. 下列方法中,哪个不是气相色谱定量分析方法?(　　　　)

A. 峰面积测量　　B. 峰高测量　　　　C. 标准曲线法　　D. 相对保留值测量

194. 在气相色谱法中,可用作定量的参数是(　　　　)。

A. 保留时间　　　B. 相对保留值　　　C. 半峰宽　　　　D. 峰面积

195. 打开气相色谱仪温控开关,柱温调节电位器旋到任何位置时,主机上加热指示灯都不亮,分析下列所叙述的原因哪一个不正确?(　　　　)

A. 加热指示灯灯泡坏了　　　　　B. 铂电阻的铂丝断了

C. 铂电阻的信号输入线断了　　　D. 实验室工作电压达不到要求

196. 固定相老化的目的是(　　　)。

A. 除去表面吸附的水分

B. 除去固定相中的粉状物质

C. 除去固定相中残余的溶剂及其他挥发性物质

D. 提高分离效能

197. 气相色谱分析的仪器中,载气的作用是(　　　)。

  A. 携带样品,流经汽化室、色谱柱、检测器,以便完成对样品的分离和分析

  B. 与样品发生化学反应,流经汽化室、色谱柱、检测器,以便完成对样品的分离和分析

  C. 溶解样品,流经汽化室、色谱柱、检测器,以便完成对样品的分离和分析

  D. 吸附样品,流经汽化室、色谱柱、检测器,以便完成对样品的分离和分析

198. 气相色谱中进样量过大会导致(　　)。

  A. 有不规则的基线波动   B. 出现额外峰

  C. FID 熄火   D. 基线不回零

199. 下列气相色谱操作条件中,正确的是(　　)。

  A. 载气的热导系数尽可能与被测组分的热导系数接近

  B. 使最难分离的物质对能很好分离的前提下,尽可能采用较低的柱温

  C. 汽化温度愈高愈好

  D. 检测室温度应低于柱温

200. 下列哪种情况下应对色谱柱进行老化?(　　)

  A. 每次安装了新的色谱柱后

  B. 色谱柱每次使用后

  C. 分析完一个样品后,准备分析其他样品之前

  D. 更换了载气或燃气

201. 下列试剂中,一般不用于气体管路清洗的是(　　)。

  A. 甲醇   B. 丙酮

  C. 5%的氢氧化钠   D. 乙醚

202. 良好的气液色谱固定液为(　　)。

  A. 蒸气压低、稳定性好   B. 化学性质稳定

  C. 溶解度大,对相邻两组分有一定的分离能力

  D. 以上都是

203. 气液色谱、液液色谱皆属于(　　)。

  A. 吸附色谱   B. 凝胶色谱   C. 分配色谱   D. 离子色谱

204. 液液分配色谱法的分离原理是利用混合物中各组分在固定相和流动相中溶解度的差异进行分离的,分配系数大的组分(　　)大。

  A. 峰高   B. 峰面   C. 峰宽   D. 保留值

205. 高效液相色谱流动相脱气稍差造成(　　)。

  A. 分离不好,噪声增加

  B. 保留时间改变,灵敏度下降

  C. 保留时间改变,噪声增加

  D. 基线噪声增大,灵敏度下降

206. 一般评价烷基键合相色谱柱时所用的流动相为(　　)。

  A. 甲醇/水(83/17)   B. 甲醇/水(57/43)

  C. 正庚烷/异丙醇(93/7)   D. 乙腈/水(1.5/98.5)

207. 在高效液相色谱流程中,试样混合物在(　　)中被分离。

  A. 检测器   B. 记录器   C. 色谱柱   D. 进样器

208. 在液相色谱法中,提高柱效最有效的途径是(　　)。

A. 提高柱温 　　　　　　　　　B. 降低板高

C. 降低流动相流速 　　　　　　D. 减小填料粒度

209. 在液相色谱中用作制备目的的色谱柱内径一般在(　　)mm 以上。

A. 3 　　　　　B. 4 　　　　　C. 5 　　　　　D. 6

210. 液相色谱中通用型检测器是(　　)。

A. 紫外吸收检测器 　　　　　　B. 示差折光检测器

C. 热导池检测器 　　　　　　　D. 氢焰检测器

211. 在液相色谱中,紫外检测器的灵敏度可达到(　　)g。

A. 10^{-6} 　　　　B. 10^{-8} 　　　　C. 10^{-10} 　　　　D. 10^{-12}

212. 在各种液相色谱检测器中,紫外-可见检测器的使用率约为(　　)。

A. 70% 　　　　B. 60% 　　　　C. 80% 　　　　D. 90%

213. 选择固定液的基本原则是(　　)。

A. 相似相溶 　　　　　　　　　B. 待测组分分子量

C. 组分在两相的分配 　　　　　D. 流动相分子量

214. 液相色谱流动相过滤必须使用(　　)粒径的过滤膜。

A. 0.5 μm 　　　B. 0.45 μm 　　　C. 0.6 μm 　　　D. 0.55 μm

215. 下列哪种说法不是气相色谱的特点?(　　)

A. 选择性好 　　　　　　　　　B. 分离效率高

C. 可用来直接分析未知物 　　　D. 分析速度快

216. 在色谱分析中,可用来定性的色谱参数是(　　)。

A. 峰面积 　　　B. 保留值 　　　C. 峰高 　　　D. 半峰宽

217. 下列哪个系统不是气相色谱仪的系统之一?(　　)

A. 检测记录系统 　　　　　　　B. 温度控制系统

C. 气体流量控制系统 　　　　　D. 光电转换系统

218. HPLC 与 GC 的比较,可以忽略纵向扩散项,这主要是因为(　　)。

A. 柱前压力高 　　　　　　　　B. 流速比 GC 快

C. 流动相的黏度较大 　　　　　D. 柱温低

219. 气相色谱仪的毛细管柱内(　　)填充物。

A. 有 　　　　　B. 没有 　　　　C. 有的有 　　　　D. 有的没有

(二)多选题

1. 在分光光度法中判断出测得的吸光度有问题,可能的原因包括(　　)。

A. 比色皿没有放正位置 　　　　B. 比色皿配套性不好

C. 比色皿毛面放于透光位置 　　D. 比色皿润洗不到位

2. 下列分析方法遵循朗伯-比尔定律的是(　　)。

A. 原子吸收光谱法 　　　　　　B. 原子发射光谱法

C. 紫外-可见分光光度法 　　　　D. 气相色谱法

3. 一台分光光度计的校正应包括(　　)等。

A. 波长的校正 　　　　　　　　B. 吸光度的校正

C. 杂散光的校正 　　　　　　　D. 吸收池的校正

4. 7504C 紫外-可见分光光度计通常要调校的是(　　)。

A. 光源灯　　　　B. 波长　　　　C. 透射比　　　　D. 光路系统

5. 透光度调不到 100% 的原因有(　　)。

A. 卤钨灯不亮　　　　　　　　B. 样品室有挡光现象

C. 光路不准　　　　　　　　　D. 放大器坏

6. (　　)的作用是将光源发出的连续光谱分解为单色光。

A. 石英窗　　　　B. 棱镜　　　　C. 光栅　　　　D. 吸收池

7. 722 型可见分光光度计与 754 型紫外分光光度计技术参数相同的有(　　)。

A. 波长范围　　　B. 波长准确度　　C. 波长重复性　　D. 吸光度范围

8. 当分光光度计 100% 点不稳定时,通常采用(　　)方法处理。

A. 查看光电管暗盒内是否受潮,更换干燥的硅胶

B. 对于受潮较重的仪器,可用吹风机对暗盒内外吹热风,使潮气逐渐地从暗盒内跑掉

C. 更换波长

D. 更换光电管

9. 分光光度计的检验项目包括(　　)。

A. 波长准确度的检验　　　　　B. 透射比准确度的检验

C. 吸收池配套性的检验　　　　D. 单色器性能的检验

10. 分光光度计接通电源后,指示灯和光源灯都不亮,电流表无偏转的原因有(　　)。

A. 电源开头接触不良或已坏　　B. 电流表坏

C. 保险丝断　　　　　　　　　D. 电源变压器初级线圈已断

11. 紫外-可见吸收分光光度计接通电源后,指示灯和光源灯都不亮,电流表无偏转的原因有(　　)。

A. 电源开关接触不良或已坏　　B. 电流表坏

C. 保险丝断　　　　　　　　　D. 电源变压器初级线圈已断

12. 下列方法属于分光光度分析的定量方法是(　　)。

A. 工作曲线法　　　　　　　　B. 直接比较法

C. 校正面积归一化法　　　　　D. 标准加入法

13. 下列属于紫外-可见分光光度计组成部分的有(　　)。

A. 光源　　　　　B. 单色器　　　C. 吸收池　　　D. 检测器

14. 属于分光光度计单色器的组成部分有(　　)。

A. 入射狭缝　　　B. 准光镜　　　C. 波长凸轮　　D. 色散器

15. 紫外分光光度法对有机物进行定性分析的依据是(　　)等。

A. 峰的形状　　　B. 曲线坐标　　C. 峰的数目　　D. 峰的位置

16. 紫外分光光度计的基本构造由下列哪几部分构成?(　　)

A. 光源　　　　　B. 单色器　　　C. 吸收池　　　D. 检测器

17. 分子吸收光谱与原子吸收光谱的相同点有(　　)。

A. 都是在电磁射线作用下产生的吸收光谱

B. 都是核外层电子的跃迁

C. 它们的谱带半宽度都在 10 nm 左右

D. 它们的波长范围均在近紫外到近红外区(180 nm~1 000 nm)

18. 光电管暗盒内硅胶受潮可能引起（　　）。

A. 光门未开时,电表指针无法调回 0 位

B. 电表指针从 0 到 100％摇摆不定

C. 仪器使用过程中 0 点经常变化

D. 仪器使用过程中 100％处经常变化

19. 紫外-可见分光光度计中的单色器的主要元件是（　　）。

A. 棱镜或光栅　　　B. 光电管　　　　C. 吸收池　　　　D. 检验器

20. 721 型分光光度计在接通电源后,指示灯不亮的原因是（　　）。

A. 指示灯坏了　　　　　　　　　B. 电源插头没有插好

C. 电源变压器损坏　　　　　　　D. 检测器电路损坏

21. 检验紫外-可见分光光度计波长正确性时,应分别绘制的吸收曲线是（　　）。

A. 甲苯蒸气　　　B. 苯蒸气　　　C. 镨钕滤光片　　D. 重铬酸钾溶液

22. 可见分光光度计的结构组成中包括的部件有（　　）。

A. 光源　　　　　B. 单色器　　　C. 原子化系统　　D. 检测系统

23. 参比溶液的种类有（　　）。

A. 溶剂参比　　　B. 试剂参比　　　C. 试液参比　　　D. 褪色参比

24. 下列 722 型分光光度计的主要部件是（　　）。

A. 光源:氖灯　　　　　　　　　B. 接收元件:光电管

C. 波长范围:200～800 nm　　　D. 光学系统:单光束,衍射光栅

25. 分光光度计使用时应该注意事项（　　）。

A. 使用前先打开电源开关,预热 30 分钟

B. 注意调节 100％透光率和调零

C. 测试的溶液不应洒落在测量池内

D. 注意仪器卫生

E. 没有注意事项

26. 分光光度计不能调零时,应采用（　　）办法尝试解决。

A. 修复光门部件　B. 调 100％旋钮　C. 更换干燥剂　　D. 检修电路

27. 用邻菲罗啉法测水中总铁,需用下列（　　）来配制试验溶液。

A. 水样　　　　　　　　　　　　B. $NH_2OH \cdot HCl$

C. $HAc - NaAc$　　　　　　　　D. 邻菲罗啉

28. 在分光光度法的测定中,测量条件的选择包括（　　）。

A. 选择合适的显色剂　　　　　　B. 选择合适的测量波长

C. 选择合适的参比溶液　　　　　D. 选择吸光度的测量范围

29. 紫外分光光度计应定期检查（　　）。

A. 波长精度　　　B. 吸光度准确性　C. 狭缝宽度　　　D. 溶剂吸收

E. 杂散光

30. 分光光度计出现百分透光率调不到 100,常考虑解决的方法是（　　）。

A. 换新的光电池　B. 调换灯泡　　　C. 调整灯泡位置

D. 换比色皿　　　E. 换检测器

31. 一台分光光度计的校正应包括（　　）等。

A. 波长的校正　　　B. 吸光度的校正　　C. 杂散光的校正　　D. 吸收池的校正

32. 重铬酸钾溶液对可见光中的(　　)有吸收,所以溶液显示其互补光(　　)。

A. 蓝色　　　　　　B. 黄色　　　　　　C. 绿色　　　　　　D. 紫色

33. 高锰酸钾溶液对可见光中的(　　)有吸收,所以溶液显示其互补光(　　)。

A. 蓝色　　　　　　B. 黄色　　　　　　C. 绿色　　　　　　D. 紫色

E. 红色

34. 分光光度计常用的光电转换器有(　　)。

A. 光电池　　　　　B. 光电管　　　　　C. 光电倍增管　　　D. 光电二极管

35. 紫外吸收光谱仪的基本结构一般由(　　)部分组成。

A. 光学系统　　　　B. 机械系统　　　　C. 电学系统　　　　D. 气路系统

36. 紫外-可见分光光度计上常用的光源有(　　)。

A. 钨丝灯　　　　　B. 氢弧灯　　　　　C. 空心阴极灯　　　D. 硅碳棒

37. 下列(　　)是721分光光度计凸轮咬死的维修步骤之一。

A. 用金相砂纸对凸轮轴上硬性污物进行小心打磨

B. 用沾乙醚的棉球对准直镜表面进行清理

C. 把波长盘上负20度对准读数刻线后进行紧固安装

D. 用镨钕滤光片对仪器波长进行检查校正

E. 把与棱镜相连的杠杆支点放在凸轮缺口里

38. 气相色谱法制备性能良好的填充柱,需遵循的原则是(　　)。

A. 尽可能筛选粒度分布均匀担体和固定相填料

B. 保证固定液在担体表面涂渍均匀

C. 保证固定相填料在色谱柱内填充均匀

D. 避免担体颗粒破碎和固定液的氧化作用等

39. 气相色谱柱的载体可分为两大类(　　)。

A. 硅藻土类载体　　B. 红色载体　　　　C. 白色载体　　　　D. 非硅藻土类载体

40. 气液色谱填充柱的制备过程主要包括(　　)。

A. 柱管的选择与清洗　　　　　　　B. 固定液的涂渍

C. 色谱柱的装填　　　　　　　　　D. 色谱柱的老化

41. 新型双指数程序涂渍填充柱的制备方法和一般填充柱制备方法的不同之处在于(　　)。

A. 色谱柱的预处理不同　　　　　　B. 固定液涂渍的浓度不同

C. 固定相填装长度不同　　　　　　D. 色谱柱的老化方法不同

42. 在气相色谱填充柱制备操作时应遵循下列哪些原则?(　　)

A. 尽可能筛选粒度分布均匀的载体和固定相

B. 保证固定液在载体表面涂渍均匀

C. 保证固定相在色谱柱填充均匀

D. 避免载体颗粒破碎和固定液的氧化作用

43. 对于毛细管柱,使用一段时间后柱效又大幅度地降低,往往表明(　　)。

A. 固定液流失太多

B. 由于高沸点的极性化合物的吸附而使色谱柱丧失分离能力

    C. 色谱柱要更换

    D. 色谱柱要报废

44. 对于毛细管柱,使用一段时间后柱效又大幅度地降低,这时可采用的方法有(　　)。

    A. 高温老化　　　　　　　　　　B. 截去柱头

    C. 反复注射溶剂清洗　　　　　　D. 卸下柱子冲洗

45. 用于清洗气相色谱不锈钢填充柱的溶剂是(　　)。

    A. 6 mol/L HCl 水溶液　　　　　B. 5%~10% NaOH 水溶液

    C. 水　　　　　　　　　　　　　D. HAc-NaAc 溶液

46. 气相色谱填充柱老化是为了(　　)。

    A. 使固定相填充得更加均匀紧密

    B. 使担体颗粒强度提高,不容易破碎

    C. 进一步除去残余溶剂和低沸点杂质

    D. 使固定液在担体表面涂得更加均匀牢固

47. 色谱填充柱老化的目的是(　　)。

    A. 使载体和固定相的粒度变得均匀

    B. 使固定液在载体表面涂布得更均匀

    C. 彻底除去固定相中残存的溶剂和杂质

    D. 避免载体颗粒破碎和固定液的氧化

48. 下列关于色谱柱老化描述正确的是(　　)。

    A. 设置老化温度时,不允许超过固定液的最高使用温度

    B. 老化时间的长短与固定液的特性有关

    C. 根据涂渍固定液的百分数合理设置老化温度

    D. 老化时间与所用检测器的灵敏度和类型有关

49. 气相色谱仪包括的部件有(　　)。

    A. 载气系统　　B. 进样系统　　C. 检测系统　　D. 原子化系统

50. 气相色谱仪器的色谱检测系统是由检测器及其控制组件组成。常用检测器有(　　)。

    A. 热导池检测器　　　　　　　　B. 电子捕获检测器

    C. 氢火焰检测器　　　　　　　　D. 火焰光度检测器

51. 气相色谱仪器通常由(　　)组成。

    A. 气路系统　　B. 进样系统　　C. 分离系统　　D. 检测系统

52. 气相色谱仪主要有(　　)部件组成。

    A. 色谱柱　　　　　　　　　　　B. 汽化室

    C. 主机箱和温度控制电路　　　　D. 检测器

53. 气相色谱仪组成部分除记录系统外还有(　　)。

    A. 气路系统　　B. 进样系统　　C. 分离系统　　D. 检测系统

54. 气相色谱仪常用检测器有(　　)。

    A. 热导池检测器　　　　　　　　B. 电子捕获检测器

    C. 氢火焰检测器　　　　　　　　D. 气体检测器

    E. 火焰光度检测器

55. 提高载气流速则(　　)。

　　A. 保留时间增加　　　　　　　　　　B. 组分间分离变差

　　C. 峰宽变小　　　　　　　　　　　　D. 柱容量下降

56. 气相色谱法中一般选择汽化室温度（　　　）。

　　A. 比柱温高 $30\% \sim 70\%$

　　B. 比样品组分中最高沸点高 $30 \sim 50\ ℃$

　　C. 比柱温高 $30 \sim 50\ ℃$

　　D. 比样品组分中最高沸点高 $30 \sim 70\ ℃$

57. 气液色谱分析中用于作固定液的物质必须符合以下哪些要求？（　　　）

　　A. 极性物质　　　　　　　　　　　　B. 沸点较高，不易挥发

　　C. 化学性质稳定　　　　　　　　　　D. 不同组分必须有不同的分配系数

58. 下列检测器中属于浓度型的是（　　　）。

　　A. 氢焰检测器　　　　　　　　　　　B. 热导池检测器

　　C. 火焰光度检测器　　　　　　　　　D. 电子捕获检测器

59. 气相色谱仪器的检测器有（　　　）。

　　A. ECD　　　　B. FPD　　　　C. NPD　　　　D. FID

　　E. TCD

60. 影响热导池灵敏度的主要因素有（　　　）。

　　A. 桥电流　　　B. 载气性质　　　C. 池体温度　　　D. 热敏元件材料及性质

61. 气相色谱仪样品不能分离，原因可能是（　　　）。

　　A. 柱温太高　　　B. 色谱柱太短　　　C. 固定液流失　　　D. 载气流速太高

62. 影响填充色谱柱效能的因素有（　　　）。

　　A. 涡流扩散项　　　　　　　　　　　B. 分子扩散项

　　C. 气相传质阻力项　　　　　　　　　D. 液相传质阻力项

63. 气相色谱的定性参数有（　　　）。

　　A. 保留指数　　　B. 相对保留值　　　C. 峰高　　　D. 峰面积

64. 气相色谱定量分析方法有（　　　）。

　　A. 标准曲线法　　　B. 归一化法　　　C. 内标法定量　　　D. 外标法定量

65. 气相色谱分析的定量方法中，（　　　）方法必须用到校正因子。

　　A. 外标法　　　B. 内标法　　　C. 标准曲线法　　　D. 归一化法

66. 气相色谱分析中使用归一化法定量的前提是（　　　）。

　　A. 所有的组分都要被分离开

　　B. 所有的组分都要能流出色谱柱

　　C. 组分必须是有机物

　　D. 检测器必须对所有组分产生响应

67. 色谱定量分析的依据是色谱峰的（　　　）与所测组分的数量（或溶液）成正比。

　　A. 峰高　　　B. 峰宽　　　C. 峰面积　　　D. 半峰宽

68. 气相色谱分析中常用的载气有（　　　）。

　　A. 氮气　　　B. 氧气　　　C. 氢气　　　D. 甲烷

69. 气相色谱仪在使用中若出现峰不对称，应如何排除？（　　　）

　　A. 减少进样量　　　　　　　　　　　B. 增加进样量

　　C. 减少载气流量　　　　　　　　　D. 确保汽化室和检测器的温度合适

70. 下列气相色谱操作条件中,正确的是(　　　)。

　　A. 汽化温度愈高愈好

　　B. 使最难分离的物质在能很好分离的前提下,尽可能采用较低的柱温

　　C. 实际选择载气流速时,一般略低于最佳流速

　　D. 检测室温度应低于柱温

71. 影响气相色谱数据处理机所记录的色谱峰宽度的因素有(　　　)。

　　A. 色谱柱效能　　　　　　　　　　B. 记录时的走纸速度

　　C. 色谱柱容量　　　　　　　　　　D. 色谱柱的选择性

72. 一般激光红外光源的特点有(　　　)。

　　A. 单色性好　　　B. 相干性好　　　C. 方向性强　　　D. 亮度高

73. 旧色谱柱柱效低分离不好,可采用的方法(　　　)。

　　A. 用强溶剂冲洗

　　B. 刮除被污染的床层,用同型的填料填补柱效可部分恢复

　　C. 污染严重,则废弃或重新填装

　　D. 使用合适的流动相或使用流动相溶解样品

74. 气相色谱热导信号无法调零,排除的方法有(　　　)。

　　A. 检查控制线路　　　　　　　　　B. 更换热丝

　　C. 仔细检漏,重新连接　　　　　　D. 修理放大器

75. 气相色谱仪的进样口密封垫漏气,将可能会出现(　　　)。

　　A. 进样不出峰　　　　　　　　　　B. 灵敏度显著下降

　　C. 部分波峰变小　　　　　　　　　D. 所有出峰面积显著减小

76. 液液分配色谱法的分离原理是利用混合物中各组分在固定相和流动相中溶解度的差异进行分离的,分配系数大的组分(　　　)大。

　　A. 峰高　　　　　B. 保留时间　　　C. 峰宽　　　　　D. 保留值

　　E. 峰面积

77. 常用的液相色谱检测器有(　　　)。

　　A. 氢火焰离子化检测器　　　　　　B. 紫外-可见光检测器

　　C. 折光指数检测器　　　　　　　　D. 荧光检测器

78. 高效液相色谱仪与气相色谱仪比较增加了(　　　)。

　　A. 贮液器　　　　B. 恒温器　　　　C. 高压泵　　　　D. 程序升温

79. 高效液相色谱仪中的三个关键部件是(　　　)。

　　A. 色谱柱　　　　B. 高压泵　　　　C. 检测器　　　　D. 数据处理系统

80. 液固吸附色谱中,流动相选择应满足要求(　　　)。

　　A. 流动相不影响样品检测　　　　　B. 样品不能溶解在流动相中

　　C. 优先选择黏度小的流动相　　　　D. 流动相不得与样品和吸附剂反应

81. 可以用来配制高效液相色谱流动相的溶剂是(　　　)。

　　A. 甲醇　　　　　B. 水　　　　　　C. 甲烷　　　　　D. 乙腈

　　E. 乙醚

82. 在高效液相色谱分析中使用的折光指数检测器属于下列何种类型检测器?(　　　)

A. 整体性质检测器　　　　　　　　B. 溶质性质检测器

C. 通用型检测器　　　　　　　　　D. 非破坏性检测器

83. 使用液相色谱仪时需要注意下列哪几项？（　　　）

A. 使用预柱保护分析柱

B. 避免流动相组成及极性的剧烈变化

C. 相使用前必须经脱气和过滤处理

D. 压力降低是需要更换预柱的信号

84. 分析仪器的噪音通常有（　　　）形式。

A. 以零为中心的无规则抖动　　　　B. 长期噪音或起伏

C. 漂移　　　　　　　　　　　　　D. 啸叫

85. 原子吸收测镁时加入氯化锶溶液的目的是（　　　）。

A. 使测定吸光度值减小

B. 使待测元素从干扰元素的化合物中释放出来

C. 使之与干扰元素反应，生成更易挥发的化合物

D. 消除干扰

86. 现代分析仪器的发展趋势为（　　　）。

A. 微型化　　　　B. 智能化　　　　C. 微机化　　　　D. 自动化

87. 气相色谱仪常用的载气有（　　　）。

A. 氮气　　　　　B. 氢气　　　　　C. 氦气　　　　　D. 乙炔

88. 高效液相色谱柱使用过程中要注意护柱，下面（　　　）是正确的。

A. 最好用预柱

B. 每次做完分析，都要进行柱冲洗

C. 尽量避免反冲

D. 普通 C_{18} 柱尽量避免在 40 ℃ 以上的温度下分析

89. 高效液相色谱流动相使用前要进行（　　　）处理。

A. 超声波脱气　　　　　　　　　　B. 加热去除絮凝物

C. 过滤去除颗粒物　　　　　　　　D. 静置沉降

E. 紫外线杀菌

90. 给液相色谱柱加温，升高温度的目的一般是为了（　　　），但一般不要超过 40 ℃。

A. 降低溶剂的黏度　　　　　　　　B. 增加溶质的溶解度

C. 改进峰形和分离度　　　　　　　D. 加快反应速度

91. 气相色谱仪对环境温度要求并不苛刻，一般是（　　　）。

A. 在 5～35 ℃ 的室温条件

B. 湿度要求在 20%～85% 为宜

C. 良好的接地

D. 较好的通、排风

E. 易燃气体气源室远离明火

92. 高效液相色谱流动相（　　　）水的含量一般不会对色谱柱造成影响。

A. 90%　　　　　B. 95%　　　　　C. 75%　　　　　D. 85%

93. 气相色谱仪的气路系统包括（　　　）。

　　A. 气源　　　　　　　　　　　　　　B. 气体净化系统

　　C. 气体流速控制系统　　　　　　　　D. 管路

94. 气相色谱仪通常用(　　)进行气路气体的净化。

　　A. 一定粒度的变色硅胶　　　　　　　B. 一定粒度的 5A 分子筛

　　C. 一定粒度的活性炭　　　　　　　　D. 浓硫酸

　　E. 氧化钙

95. 高效液相色谱流动相必须进行脱气处理,主要有下列哪几种形式?(　　)

　　A. 加热脱气法　　　　　　　　　　　B. 抽吸脱气法

　　C. 吹氦脱气法　　　　　　　　　　　D. 超声波振荡脱气法

96. 常用的火焰原子化器的结构包括(　　)。

　　A. 燃烧器　　　　　B. 预混合室　　　　　C. 雾化器　　　　　D. 石墨管

97. 预混合型火焰原子化器的组成部件中有(　　)。

　　A. 雾化器　　　　　B. 燃烧器　　　　　C. 石墨管　　　　　D. 预混合室

98. 原子分光光度计主要的组成部分包括(　　)。

　　A. 光源　　　　　　B. 原子化器　　　　C. 单色器　　　　　D. 检测系统

99. 原子吸收分光光度计的主要部件是(　　)。

　　A. 单色器　　　　　B. 检测器　　　　　C. 高压泵　　　　　D. 光源

100. 原子吸收光谱仪主要由(　　)等部件组成。

　　A. 光源　　　　　　B. 原子化器　　　　C. 单色器　　　　　D. 检测系统

101. 属于原子吸收分光光度计的部件有(　　)。

　　A. 光源　　　　　　B. 原子化器　　　　C. 热导池检测皿　　D. 单色器

102. 关于高压气瓶存放及安全使用情况,正确的说法是(　　)。

　　A. 气瓶内气体不可用尽,以防倒灌

　　B. 使用钢瓶中的气体时要用减压阀,各种气体的减压阀可通用

　　C. 气瓶可以混用,没有影响

　　D. 气瓶应存放在阴凉、干燥、远离热源的地方,易燃气体气瓶与明火距离不小于 10 m

103. 石墨炉原子化过程包括(　　)。

　　A. 灰化阶段　　　　B. 干燥阶段　　　　C. 原子化阶段　　　D. 除残阶段

104. 使用乙炔钢瓶气体时,管路接头不可以用的是(　　)。

　　A. 铜接头　　　　　　　　　　　　　B. 锌铜合金接头

　　C. 不锈钢接头　　　　　　　　　　　D. 银铜合金接头

105. 空心阴极灯点燃后,充有氖气灯的颜色是下列哪些颜色时应做处理?(　　)

　　A. 粉色　　　　　　B. 白色　　　　　　C. 橙色　　　　　　D. 蓝色

106. 下列光源不能作为原子吸收分光光度计光源的是(　　)。

　　A. 钨灯　　　　　　B. 氘灯　　　　　　C. 直流电弧　　　　D. 空心阴极灯

107. 下列元素不适合用空心阴极灯作光源的是(　　)。

　　A. Ca　　　　　　　B. As　　　　　　　C. Zn　　　　　　　D. Sn

108. 下列关于空心阴极灯使用描述正确的是(　　)。

　　A. 空心阴极灯发光强度与工作电流有关

　　B. 增大工作电流可增加发光强度

C. 工作电流越大越好

D. 工作电流过小,会导致稳定性下降

109. 下列关于空心阴极灯使用注意事项描述正确的是(　　)。

　　A. 一般预热时间在 30 min 以上

　　B. 长期不用,应做定期点燃处理

　　C. 低熔点的灯用完后,等冷却后才能移动

　　D. 测量过程中可以打开灯室盖调整

110. 下列关于原子吸收法操作描述正确的是(　　)。

　　A. 打开灯电源开关后,应慢慢将电流调至规定值

　　B. 空心阴极灯如长期搁置不用,将会因漏气、气体吸附等原因而不能正常使用,甚至不能点燃,所以每隔三四个月,应将不用的灯通电点燃 2～3 小时,以保持灯的性能并延长其使用寿命

　　C. 取放或装卸空心阴极灯时,应拿灯座,不要拿灯管,更不要碰灯的石英窗口,以防止灯管破裂或窗口被玷污,导致光能量下降

　　D. 空心阴极灯一旦被打碎,阴极物质暴露在外面,为了防止阴极材料上的某些有害元素影响人体健康,应按规定对有害材料进行处理,切勿随便乱丢

111. 原子吸收分光光度法中,造成谱线变宽的主要原因有(　　)。

　　A. 自然变宽　　　　B. 温度变宽　　　　C. 压力变宽　　　　D. 物理干扰

112. 自吸与(　　)因素有关。

　　A. 激发电位　　　　　　　　　　B. 蒸气云的半径

　　C. 光谱线的固有强度　　　　　　D. 跃迁几率

113. 可做原子吸收分光光度计光源的有(　　)。

　　A. 空心阴极灯　　B. 蒸气放电灯　　　　C. 钨灯　　　　　　D. 高频无极放电灯

114. 原子吸收检测中的干扰可以分为哪几种类型?(　　)

　　A. 物理干扰　　　　B. 化学干扰　　　　C. 电离干扰　　　　D. 光谱干扰

115. 非火焰原子化的种类有(　　)。

　　A. 钽舟原子化　　　　　　　　　B. 碳棒原子化

　　C. 石墨杯原子化　　　　　　　　D. 阴极溅射原子化

　　E. 等离子原子化

116. 常用的火焰原子化器的结构包括(　　)。

　　A. 燃烧器　　　　　B. 预混合室　　　　C. 雾化器　　　　　D. 石墨管

117. 火焰原子化包括以下哪几个步骤?(　　)

　　A. 电离阶段　　　　B. 雾化阶段　　　　C. 化合阶段　　　　D. 原子化阶段

118. 火焰原子化条件的选择包括(　　)。

　　A. 火焰的选择　　　　　　　　　B. 燃烧器高度的选择

　　C. 进样量的选择　　　　　　　　D. 载气的选择

119. 火焰光度原子吸收法测定的过程中,遇到干扰的主要原因有(　　)。

　　A. 物理干扰　　　　　　　　　　B. 化学干扰

　　C. 光谱干扰　　　　　　　　　　D. 电离干扰及背景干扰

120. 原子吸收光谱分析的干扰主要来自于(　　)。

A. 原子化器　　　　B. 光源　　　　　C. 基体效应　　　　D. 组分之间的化学作用

121. 在原子吸收分光光度法中,与原子化器有关的干扰为(　　)。
    A. 背景吸收　　　　　　　　　　B. 基体效应
    C. 火焰成分对光的吸收　　　　　D. 雾化时的气体压力

122. 在原子吸收分析中,由于火焰发射背景信号很高,应采取(　　)措施。
    A. 减小光谱通带　　　　　　　　B. 改变燃烧器高度
    C. 加入有机试剂　　　　　　　　D. 使用高功率的光源

123. 在石墨炉原子吸收分析中,扣除背景干扰,应采取(　　)措施。
    A. 用邻近非吸收线扣除　　　　　B. 用氘灯校正背景
    C. 用自吸收方法校正背景　　　　D. 塞曼效应校正背景
    E. 加入保护剂或释放剂

124. 原子吸收检测中,下列哪些方法有利于消除物理干扰?(　　)
    A. 配制与被测试样相似组成的标准溶液
    B. 采用标准加入法或选用适当溶剂稀释试液
    C. 调整撞击小球位置以产生更多细雾
    D. 加入保护剂或释放剂

125. 在下列措施中,(　　)能消除物理干扰。
    A. 配制与试液具有相同物理性质的标准溶液
    B. 采用标准加入法测定
    C. 适当降低火焰温度
    D. 利用多通道原子吸收分光光度计

126. 用原子吸收法测定时,采取(　　)措施可消除化学干扰。
    A. 加入保护剂　　　　　　　　　B. 用标准加入法定量
    C. 加入释放剂　　　　　　　　　D. 氘灯校正

127. 原子吸收分析时消除化学干扰因素的方法有(　　)。
    A. 使用高温火焰　　　　　　　　B. 加入释放剂
    C. 加入保护剂　　　　　　　　　D. 加入基体改进剂

128. 原子吸收光度法中,下列哪些方法有利于消除化学干扰?(　　)
    A. 使用高温火焰　　　　　　　　B. 加入释放剂
    C. 加入保护剂　　　　　　　　　D. 采用离子交换法分离干扰物

129. 在火焰原子化过程中,伴随着产生一系列的化学反应,下列哪些反应是不可能发生的?(　　)
    A. 裂变　　　　　B. 化合　　　　　C. 聚合　　　　　D. 电离

130. 在原子吸收分析中,排除吸收线重叠干扰,宜采用(　　)。
    A. 减小狭缝　　　　　　　　　　B. 另选定波长
    C. 用化学方法分离　　　　　　　D. 用纯度较高的单元素灯

131. 下列元素可用氢化物原子化法进行测定的是(　　)。
    A. Al　　　　　　B. As　　　　　C. Pb　　　　　D. Mg

132. 在原子吸收光谱法测定条件的选择过程中,下列操作正确的是(　　)。
    A. 在保证稳定和合适光强输出的情况下,尽量选用较低的灯电流

    B. 使用较宽的狭缝宽度

    C. 尽量提高原子化温度

    D. 调整燃烧器的高度,使测量光束从基态原子浓度最大的火焰区通过

133. 原子吸收检测中若光谱通带中存在非吸收线,可以用下列哪种方法消除干扰?
(　　)

    A. 减小狭缝　　　　　　　　　　B. 适当减小电流

    C. 对光源进行机械调制　　　　　D. 采用脉冲供电

134. 导致原子吸收分光光度法的标准曲线弯曲的原因是(　　)。

    A. 光源灯失气,发射背景大

    B. 光谱狭缝宽度选择不当

    C. 测定样品浓度太高,仪器工作在非线性区域

    D. 工作电流过小,由于"自蚀"效应使谱线变窄

135. 原子吸收法中能导致效果灵敏度降低的原因有(　　)。

    A. 灯电流过大

    B. 雾化器毛细管堵塞

    C. 燃助比不适合

    D. 撞击球与喷嘴的相对位置未调整好

136. 原子吸收光谱定量分析的主要分析方法有(　　)。

    A. 工作曲线法　　B. 标准加入法　　C. 间接分析法　　D. 差示光度法

137. 火焰原子分光光度计在关机时应(　　)。

    A. 先关助燃气　　B. 先关燃气　　C. 后关助燃气　　D. 后关燃气

138. 燃烧器的缝口存积盐类时,火焰可能出现分叉,这时应当(　　)。

    A. 熄灭火焰　　　　　　　　　　B. 用滤纸插入缝口擦拭

    C. 用刀片插入缝口轻轻刮除积盐　D. 用水冲洗

139. 原子吸收光谱分析中,为了防止回火,各种火焰点燃和熄灭时,燃气与助燃气的开关
必须遵守的原则是(　　)。

    A. 先开助燃气,后关燃气　　　　　B. 先开燃气,后关助燃气

    C. 后开助燃气,先关燃气　　　　　D. 后开燃气,先关燃气

140. 导致原子吸收分光光度计噪声过大的原因中,下列哪几个不正确?(　　)

    A. 电压不稳定

    B. 空心阴极灯有问题

    C. 灯电流、狭缝、乙炔气和助燃气流量的设置不适当

    D. 实验室附近有磁场干扰

141. 原子吸收分光光度计接通电源后,空心阴极灯亮,但高压开启后无能量显示,可通过
(　　)方法排除。

    A. 更换空心阴极灯　　　　　　　B. 将灯的极性接正确

    C. 找准波长　　　　　　　　　　D. 将增益开到最大进行检查

142. 原子吸收光谱仪的空心阴极灯亮,但发光强度无法调节,排除此故障的方法有
(　　)。

    A. 用备用灯检查,确认灯坏,更换

    B. 重新调整光路系统

    C. 增大灯电流

    D. 根据电源电路图进行故障检查,排除

143. 原子吸收光谱法中,不是锐线光源辐射光通过的区域有(　　)。

    A. 预燃区　　　　　　　　　　B. 第一反应区

    C. 第二反应区　　　　　　　　D. 中间薄层区

    E. 第三反应区

144. 雾化器的作用是吸喷雾化,高质量的雾化器应满足(　　)条件。

    A. 雾化效率高　　　　　　　　B. 雾滴细

    C. 喷雾稳定　　　　　　　　　D. 没有或少量记忆效应

145. 原子吸收火焰原子化系统一般分为(　　)部分。

    A. 喷雾器　　　　B. 雾化室　　　　C. 混合室　　　　D. 毛细管

146. 原子吸收空心阴极灯内充的低压保护气体通常是(　　)。

    A. 氩气　　　　　B. 氢气　　　　　C. 氖气　　　　　D. 氮气

147. 原子吸收仪器的分光系统主要有(　　)。

    A. 色散元件　　　B. 反射镜　　　　C. 狭缝　　　　　D. 光电倍增管

    E. 吸光度显示器

148. 酸度计的结构一般由下列哪两部分组成?(　　)

    A. 高阻抗毫伏计　　　　　　　B. 电极系统

    C. 待测溶液　　　　　　　　　D. 温度补偿旋钮

149. 使用饱和甘汞电极时,正确性的说法是(　　)。

    A. 电极下端要保持有少量的氯化钾晶体存在

    B. 使用前应检查玻璃弯管处是否有气泡

    C. 使用前要检查电极下端陶瓷芯毛细管是否畅通

    D. 安装电极时,内参比溶液的液面要比待测溶液的液面要低

150. 使用甘汞电极时,操作时正确的是(　　)。

    A. 使用时,先取下电极下端口的小胶帽,再取下上侧加液口的小胶帽

    B. 电极内饱和KCl溶液应完全浸没内电极,同时电极下端要保持少量的KCl晶体

    C. 电极玻璃弯管处不应有气泡

    D. 电极下端的陶瓷芯毛细管应通畅

151. 常用的指示电极有(　　)。

    A. 玻璃电极　　　　　　　　　B. 气敏电极

    C. 饱和甘汞电极　　　　　　　D. 离子选择性电极

    E. 银-氯化银电极

152. 下列各项中属于离子选择电极的基本组成的是(　　)。

    A. 电极管　　　　B. 内参比电极　　　C. 外参比电极　　　D. 内参比溶液

    E. 敏感膜

153. 为了使标准溶液的离子强度与试液的离子强度相同,通常采用的方法是(　　)。

    A. 固定离子溶液的本底　　　　B. 加入离子强度调节剂

    C. 向溶液中加入待测离子　　　D. 将标准溶液稀释

154. 不能作为氧化还原滴定指示电极的是(　　　)。

　　A. 锑电极　　　　B. 铂电极　　　　C. 汞电极　　　　D. 银电极

155. 电位分析中,用作指示电极的是(　　　)。

　　A. 铂电极　　　　B. 饱和甘汞电极　　C. 银电极　　　　D. pH 玻璃电极

156. 可用作参比电极的有(　　　)。

　　A. 标准氢电极　　　　　　　　B. 甘汞电极

　　C. 银-氯化银电极　　　　　　　D. 玻璃电极

157. 能作为沉淀滴定指示电极的是(　　　)。

　　A. 锑电极　　　　B. 铂电极　　　　C. 汞电极　　　　D. 银电极

　　E. 饱和甘汞电极

158. PHS-3C 型酸度计使用时,常见故障主要发生在(　　　)。

　　A. 电极插接处的污染、腐蚀　　　　B. 电极

　　C. 仪器信号输入端引线断开　　　　D. 所测溶液

159. 如果酸度计可以定位和测量,但到达平衡点缓慢,这可能有以下哪些原因造成的?
(　　　)

　　A. 玻璃电极衰老

　　B. 甘汞电极内饱和氯化钾溶液没有充满电极

　　C. 玻璃电极干燥太久

　　D. 电极内导线断路

160. 酸度计无法调至缓冲溶液的数值,故障的原因可能为(　　　)。

　　A. 玻璃电极损坏　　　　　　　　B. 玻璃电极不对称电位太小

　　C. 缓冲溶液 pH 不正确　　　　　　D. 电位器损坏

161. 校正酸度计时,若定位器能调 pH=6.86,但不能调 pH=4.00,可能的原因是(　　　)。

　　A. 仪器输入端开路　　　　　　　B. 电极失效

　　C. 斜率电位器损坏　　　　　　　D. mv-pH 按键开关失效

162. 用酸度计测定溶液 pH 时,仪器的校正方法有(　　　)。

　　A. 一点标校正法　　　　　　　　B. 温度校正法

　　C. 二点标校正法　　　　　　　　D. 电位校正法

163. 离子强度调节缓冲剂可用来消除的影响有(　　　)。

　　A. 溶液酸度　　　B. 离子强度　　　C. 电极常数　　　D. 干扰离子

164. 电位滴定确定终点的方法(　　　)。

　　A. $E \sim V$ 曲线法　　　　　　　　B. $\Delta E/\Delta V \sim V$ 曲线法

　　C. 标准曲线法　　　　　　　　　D. 二级微商法

165. (　　　)可用永停滴定法指示终点进行定量测定。

　　A. 用碘标准溶液测定硫代硫酸钠的含量

　　B. 用基准碳酸钠标定盐酸溶液的浓度

　　C. 用亚硝酸钠标准溶液测定磺胺类药物的含量

　　D. 用 Karl Fischer 法测定药物中的微量水分

166. 在电位滴定中,判断滴定终点的方法有(　　　)。

　　A. $E \sim V$(E 为电位,V 为滴定剂体积)作图

  B. $\Delta^2 E/\Delta V^2 \sim V$（$E$ 为电位，V 为滴定剂体积）作图

  C. $\Delta E/\Delta V \sim V$（E 为电位，V 为滴定剂体积）作图

  D. 直接读数法

167. 下列关于离子选择系数（表示在相同实验条件下，产生相同电位的待测离子活度与干扰离子活度的比值）描述条件不正确的是（　　　）。

  A. 适中才好   B. 越大越好

  C. 越小越好   D. 是一个常数

  E. 根据条件

168. 库仑滴定的特点是（　　　）。

  A. 方法灵敏   B. 简便   C. 易于自动化   D. 准确度高

169. 库仑滴定的终点指示方法有（　　　）。

  A. 指示剂法   B. 永停终点法   C. 分光光度法   D. 电位法

170. 库仑滴定法可在（　　　）分析中应用。

  A. 氧化还原滴定   B. 沉淀滴定

  C. 配位滴定   D. 酸碱滴定

171. 库仑滴定适用于（　　　）。

  A. 常量分析   B. 半微量分析

  C. 痕量分析   D. 有机物分析

172. 库仑滴定法的原始基准是（　　　）。

  A. 标准溶液   B. 指示电极   C. 计时器   D. 恒电流

173. 库仑滴定装置是由（　　　）组成。

  A. 发生装置   B. 指示装置   C. 电解池   D. 滴定剂

174. 库仑滴定装置主要由哪几部分组成？（　　　）

  A. 滴定装置   B. 放电系统   C. 发生系统   D. 指示系统

175. 库仑法中影响电流效率的因素有（　　　）。

  A. 溶液温度   B. 可溶性气体   C. 电解液中杂质   D. 电极自身的反应

176. 下列哪些是库仑滴定法所具有的特点？（　　　）

  A. 不需要基准物

  B. 灵敏度高，取样量少

  C. 易于实现自动化，数字化，并可作遥控分析

  D. 设备简单，容易安装，使用和操作简便

177. 膜电位的建立是由于（　　　）。

  A. 溶液中离子与电极膜上离子之间发生交换作用的结果

  B. 溶液中离子与内参比溶液离子之间发生交换作用的结果

  C. 内参比溶液中离子与电极膜上离子之间发生交换作用的结果

  D. 溶液中离子与电极膜水化层中离子之间发生交换作用的结果

178. 酸度计使用时最容易出现故障的部位是（　　　）。

  A. 电极和仪器的连接处   B. 信号输出部分

  C. 电极信号输入端   D. 仪器的显示部分

  E. 仪器的电源部分

179. 饱和甘汞电极在使用时有一些注意事项，一般要进行（　　）内容检查。

　　A. 电极内有没有 KCl 晶体　　　　　B. 电极内有没有气泡

　　C. 内参比溶液的量够不够　　　　　D. 液络部有没有堵塞

180. 红外分光光度计的检测器主要有（　　）。

　　A. 高真空热电偶　　　　　　　　　B. 侧热辐射计

　　C. 气体检测器　　　　　　　　　　D. 光电检测器

181. 红外光谱仪主要由（　　）部件组成。

　　A. 光源　　　　B. 样品室　　　　C. 单色器　　　　D. 检测器

182. 多原子的振动形式有（　　）。

　　A. 伸缩振动　　　　B. 弯曲振动　　　　C. 面内摇摆振动　　D. 卷曲振动

183. 红外光谱产生的必要条件是（　　）。

　　A. 光子的能量与振动能级的能量相等

　　B. 化学键振动过程中 $\Delta\mu\neq0$

　　C. 化合物分子必须具有 π 轨道

　　D. 化合物分子应具有 n 电子

184. 绝大多数化合物在红外光谱图上出现的峰数远小于理论上计算的振动数,是由于
（　　）。

　　A. 没有偶极矩变化的振动,不产生红外吸收

　　B. 相同频率的振动吸收重叠,即简并

　　C. 仪器不能区别那些频率十分接近的振动,或吸收带很弱,仪器检测不出

　　D. 有些吸收带落在仪器检测范围之外

185. 用红外光激发分子使之产生振动能级跃迁时,化学键越强,则（　　）。

　　A. 吸收光子的能量越大　　　　　　B. 吸收光子的波长越长

　　C. 吸收光子的频率越大　　　　　　D. 吸收光子的数目越多

186. 红外光谱的吸收强度一般定性地用很强(vs)、强(s)、中(m)、弱(w)和很弱(vw)等表
示。按摩尔吸光系数 e 的大小划分吸收峰的强弱等级,具体是（　　）。

　　A. $e>100$,非常强峰(vs)　　　　　B. $20<e<100$,强峰(s)

　　C. $10<e<20$,中强峰(m)　　　　　D. $1<e<10$,弱峰(w)

187. 影响基团频率的内部因素是（　　）。

　　A. 电子效应　　B. 诱导效应　　C. 共轭效应　　D. 氢键的影响

188. 最有分析价值的基团频率在 $4\,000\sim1300\ cm^{-1}$ 之间,这一区域称为（　　）。

　　A. 基团频率区　　B. 官能团区　　C. 特征区

189. 红外光谱是（　　）。

　　A. 分子光谱　　B. 原子光谱　　C. 吸收光谱　　D. 电子光谱

　　E. 发射光谱

190. 红外固体制样方法有（　　）。

　　A. 压片法　　　B. 石蜡糊法　　C. 薄膜法　　　D. 液体池法

191. 不能与气相色谱仪联用的红外光谱仪为（　　）。

　　A. 色散型红外分光光度计　　　　　B. 双光束红外分光光度计

　　C. 傅里叶变换红外分光光度计　　　D. 快扫描红外分光光度计

192. 红外光谱技术在刑侦工作中主要用于物证鉴定,其优点如下( )。

    A. 样品不受物理状态的限制   B. 样品容易回收

    C. 样品用量少   D. 鉴定结果充分可靠

193. 红外光源通常有( )种。

    A. 热辐射红外光源   B. 气体放电红外光源

    C. 激光红外光源   D. 氖灯光源

(三) 判断题

1. ( )光的吸收定律不仅适用于溶液,同样也适用于气体和固体。

2. ( )摩尔吸光系数的单位为 mol·cm/L。

3. ( )吸光系数越小,说明比色分析方法的灵敏度越高。

4. ( )光谱通带实际上就是选择狭缝宽度。

5. ( )用镨钕滤光片检测分光光度计波长误差时,若测出的最大吸收波长的仪器标示值与镨钕滤光片的吸收峰波长相差 3.5 nm,说明仪器波长标示值准确,一般不需作校正。

6. ( )在分光光度法中,测定所用的参比溶液总是采用不含被测物质和显色剂的空白溶液。

7. ( )目视比色法必须在符合光吸收定律情况下才能使用。

8. ( )光谱定量分析中,各标样和试样的色谱条件必须一致。

9. ( )线性回归中的相关系数是用来作为判断两个变量之间相互关系的一个量度。

10. ( )不少显色反应需要一定时间才能完成,而且形成的有色配合物的稳定性也不一样,因此必须在显色后一定时间内进行。

11. ( )可见分光光度计检验波长准确度是采用苯蒸气的吸收光谱曲线检查的。

12. ( )四氯乙烯分子在红外光谱上没有 $\nu(C=C)$ 吸收带。

13. ( )红外光谱不仅包括振动能级的跃迁,也包括转动能级的跃迁,故又称为振转光谱。

14. ( )红外光谱定量分析是通过对特征吸收谱带强度的测量来求出组分含量,其理论依据是朗伯-比耳定律。

15. ( )三原子分子的振动自由度都是相同的。

16. ( )在红外光谱中 C—H,C—C,C—O,C—Cl,C—Br 键的伸缩振动频率依次增加。

17. ( )不考虑其他因素条件的影响,在酸、醛、酯、酰卤和酰胺类化合物中,出现 $C=O$ 伸缩振动频率的大小顺序:酰卤>酰胺>酸>醛>酯。

18. ( )基团 $O=C-H$ 的 $\nu(C-H)$ 出现在 2 720 cm^{-1}。

19. ( )傅里叶变换红外光谱仪与色散型仪器不同,采用单光束分光元件。

20. ( )红外与紫外分光光度计在基本构造上的差别是检测器不同。

21. ( )电子从第一激发态跃迁到基态时,发射出光辐射的谱线称为共振吸收线。

22. ( )原子吸收法是根据基态原子和激发态原子对特征波长吸收而建立起来的分析方法。

23. ( )原子吸收光谱是带状光谱,而紫外-可见光谱是线状光谱。

24. ( )原子吸收光谱是由气态物质中激发态原子的外层电子跃迁产生的。

25. ( )在原子吸收分光光度法中,一定要选择共振线作分析线。

26. （　　）原子吸收分光光度计的光源是连续光源。

27. （　　）原子吸收分光光度计中的单色器是放在原子化系统之前的。

28. （　　）原子吸收光谱仪和 751 型分光光度计一样,都是以氢弧灯作为光源。

29. （　　）原子吸收光谱仪中常见的光源是空心阴极灯。

30. （　　）原子吸收光谱产生的原因是最外层电子产生的跃迁。

31. （　　）空心阴极灯发光强度与工作电流有关,增大电流可以增加发光强度,因此灯电流越大越好。

32. （　　）每种元素的基态原子都有若干条吸收线,其中最灵敏线和次灵敏线在一定条件下均可作为分析线。

33. （　　）原子空心阴极灯的主要参数是灯电流。

34. （　　）原子吸收光谱法选用的吸收分析线一定是最强的共振吸收线。

35. （　　）原子吸收检测中适当减小电流,可消除原子化器内的直流发射干扰。

36. （　　）在原子吸收中,如测定元素的浓度很高,或为了消除邻近光谱线的干扰等,可选用次灵敏线。

37. （　　）在原子吸收法中,能够导致谱线峰值产生位移和轮廓不对称的变宽是自吸变宽。

38. （　　）火焰原子化法中,足够高的温度才能使试样充分分解为原子蒸气状态,因此,温度越高越好。

39. （　　）火焰原子化法中常用气体是空气-乙炔。

40. （　　）化学干扰是原子吸收光谱分析中的主要干扰因素。

41. （　　）原子吸收检测中测定 Ca 元素时,加入 $LaCl_3$ 可以消除 Po^{3+} 的干扰。

42. （　　）原子吸收光谱分析中的背景干扰会使吸光度增加,因而导致测定结果偏低。

43. （　　）石墨炉原子化法与火焰原子化法比较,其优点之一是原子化效率高。

44. （　　）在石墨炉原子吸收测定中,所使用的惰性气体的作用是保护石墨管不因高温灼烧而氧化,作为载气将气化的样品物质带走。

45. （　　）单色器的狭缝宽度决定了光谱通带的大小,而增加光谱通带就可以增加光的强度,提高分析的灵敏度,因而狭缝宽度越大越好。

46. （　　）当原子吸收仪器条件一定时选择光谱通带就是选择狭缝宽度。

47. （　　）原子吸收分光光度计校准分辨率时的光谱带宽应为 0.1 nm。

48. （　　）原子吸收法中的标准加入法可消除基体干扰。

49. （　　）原子吸收光谱分析中,测量的方式是峰值吸收,而以吸光度值反映其大小。

50. （　　）原子吸收检测中,当燃气和助燃气的流量发生变化,原来的工作曲线仍然适用。

51. （　　）充氖气的空心阴极灯负辉光的正常颜色是蓝色。

52. （　　）空心阴极灯亮,但高压开启后无能量显示,可能是无高压。

53. （　　）空心阴极灯阳极光闪动的主要原因是阳极表面放电不均匀。

54. （　　）对于高压气体钢瓶的存放,只要求存放环境阴凉、干燥即可。

55. （　　）进行原子光谱分析操作时,应特别注意安全。点火时应先开助燃气,再开燃气,最后点火。关气时应先关燃气再关助燃气。

56. （　　）用原子吸收分光光度法测定高纯 Zn 中的 Fe 含量时,采用的试剂是优级纯的 HCl。

57. （　　）原子吸收分光光度计实验室必须远离电场和磁场,以防干扰。

58. （　　）原子吸收光谱仪在更换元素灯时,应一手扶住元素灯,再旋开灯的固定旋钮,以免灯被弹出摔坏。

59. （　　）玻璃电极膜电位的产生是由于电子的转移。

60. （　　）测溶液的 pH 时玻璃电极的电位与溶液的氢离子浓度成正比。

61. （　　）电位滴定法与化学分析法的区别是终点指示方法不同。

62. （　　）汞膜电极应保存在弱酸性的蒸馏水中或插入纯汞中,不宜暴露在空气中。

63. （　　）膜电位与待测离子活度的对数成线形关系,是应用离子选择性电极测定离子活度的基础。

64. （　　）铜锌原电池的符号为(一)Zn/Zn^{2+}(0.1 mol/L)‖Cu^{2+}(0.1 mol/L)/Cu(+)。

65. （　　）饱和甘汞电极是常用的参比电极,其电极电位是恒定不变的。

66. （　　）标准氢电极是常用的指示电极。

67. （　　）使用甘汞电极时,为保证其中的氯化钾溶液不流失,不应取下电极上下端的胶帽和胶塞。

68. （　　）使用甘汞电极一定要注意保持电极内充满饱和 KCl 溶液,并且没有气泡。

69. （　　）用酸度计测定水样 pH 时,读数不正常,原因之一可能是仪器未用 pH 标准缓冲溶液校准。

70. （　　）pH 玻璃电极是一种测定溶液酸度的膜电极。

71. （　　）氟离子电极的敏感膜材料是晶体氟化镧。

72. （　　）玻璃电极是离子选择性电极。

73. （　　）玻璃电极在使用前要在蒸馏水中浸泡 24 小时以上。

74. （　　）普通酸度计通电后可立即开始测量。

75. （　　）在液相色谱中,试样只要目视无颗料即不必过滤和脱气。

76. （　　）用电位滴定法进行氧化还原滴定时,通常使用 pH 玻璃电极作指示电极。

77. （　　）用电位滴定法确定 $KMnO_4$ 标准滴定溶液滴定 Fe^{2+} 的终点,以铂电极为指示电极,以饱和甘汞电极为参比电极。

78. （　　）K_{ij} 称为电极的选择性系数,通常 $K_{ij} \leqslant 1$,K_{ij} 值越小,表明电极的选择性高。

79. （　　）电极的选择性系数越小,说明干扰离子对待测离子的干扰越小。

80. （　　）库仑分析法的基本原理是朗伯-比尔定律。

81. （　　）库仑分析法的理论基础是法拉第电解定律。

82. （　　）在库仑法分析中,电流效率不能达到百分之百的原因之一是由于电解过程中有副反应产生。

83. （　　）库仑滴定不但能作常量分析,也能测微量组分。

84. （　　）库仑分析法要得到准确结果,应保证电极反应有 100％电流效率。

85. （　　）在气相色谱分析中,混合物能否完全分离取决于色谱柱,分离后的组分能否准确检测出来,取决于检测器。

86. （　　）在用气相色谱仪分析样品时载气的流速应恒定。

87. （　　）电子捕获检测器对含有 S、P 元素的化合物具有很高的灵敏度。

88. （　　）检测器池体温度不能低于样品的沸点,以免样品在检测器内冷凝。

89. （　　）在气相色谱分析中,当热导池检测器的桥路电流和钨丝温度一定时,适当降低池体温度,可以提高灵敏度。

90.（　　）热导检测器中最关键的元件是热丝。

91.（　　）FID 检测器是典型的非破坏型质量型检测器。

92.（　　）FID 检测器属于浓度型检测器。

93.（　　）当无组分进入检测器时,色谱流出曲线称色谱峰。

94.（　　）相对保留值仅与柱温、固定相性质有关,与操作条件无关。

95.（　　）色谱柱的选择性可用"总分离效能指标"来表示,它可定义为相邻两色谱峰保留时间的差值与两色谱峰宽之和的比值。

96.（　　）相邻两组分得到完全分离时,其分离度 $R < 1.5$。

97.（　　）组分 1 和 2 的峰顶点距离为 1.08 cm,而 $W_1 = 0.65$ cm,$W_2 = 0.76$ cm。则组分 1 和 2 不能完全分离。

98.（　　）某试样的色谱图上出现三个峰,该试样最多有三个组分。

99.（　　）气相色谱定性分析中,在适宜色谱条件下标准物与未知物保留时间一致,则可以肯定两者为同一物质。

100.（　　）在气相色谱分析中通过保留值完全可以准确地给被测物定性。

101.（　　）气相色谱分析时进样时间应控制在 1 秒以内。

102.（　　）每次安装了新的色谱柱后,应对色谱柱进行老化。

103.（　　）在决定液担比时,应从担体的种类、试样的沸点、进样量等方面加以考虑。

104.（　　）堵住色谱柱出口,流量计不下降到零,说明气路不泄漏。

105.（　　）检修气相色谱仪故障时,一般应将仪器尽可能拆散。

106.（　　）接好色谱柱,开启气源,输出压力调在 $0.2 \sim 0.4$ MPa。关载气稳压阀,待 30 min 后,仪器上压力表指示的压力下降小于 0.005 MPa,则说明此段不漏气。

107.（　　）高效液相色谱仪的工作流程同气相色谱仪完全一样。

108.（　　）在液-液分配色谱中,各组分的分离是基于各组分吸附力的不同。

109.（　　）在液相色谱分析中选择流动相比选择柱温更重要。

110.（　　）由于液相色谱仪器工作温度可达 500 ℃,所以能测定高沸点有机物。

111.（　　）反相键合液相色谱法中常用的流动相是水-甲醇。

112.（　　）高效液相色谱中,色谱柱前面的预置柱会降低柱效。

113.（　　）高效液相色谱专用检测器包括紫外检测器、折光指数检测器、电导检测器、荧光检测器。

114.（　　）反相键合相色谱柱长期不用时必须保证柱内充满甲醇流动相。

115.（　　）液相色谱的流动相配置完成后应先进行超声,再进行过滤。

116.（　　）采用高锰酸银催化热解定量测定碳氢含量的方法为热分解法。

117.（　　）在原子吸收分光光度法中,对谱线复杂的元素常用较小的狭缝进行测定。

118.（　　）玻璃电极上有油污时,可用无水乙醇、铬酸洗液或浓硫酸浸泡、洗涤。

119.（　　）更换玻璃电极即能排除酸度计的零点调不到的故障。

120.（　　）修理后的酸度计,须经检定,并对照国家标准计量局颁布的《酸度计检定规程》技术标准合格后方可使用。

121.（　　）复合玻璃电极使用前一般要在蒸馏水中活化浸泡 24 小时以上。

122.（　　）玻璃电极使用一定时间后,电极会老化,性能大大下降,可以用低浓度的 HF

溶液进行活化修复。

123.（　　）在原子吸收测量过程中,如果测定的灵敏度降低,可能的原因之一是雾化器没有调整好,排障方法是调整撞击球与喷嘴的位置。

124.（　　）检修气相色谱仪故障时,首先应了解故障发生前后的仪器使用情况。

125.（　　）通常气相色谱进样器(包括汽化室)的污染处理是应先疏通后清洗。主要的污染物是进样隔垫的碎片、样品中被碳化的高沸点物等,对这些固态杂质可用不锈钢捅针疏通,然后再用乙醇或丙酮冲洗。

126.（　　）气相色谱仪操作结束时,一般要先降低层析室、检测器的温度至接近室温才可关机。

127.（　　）氢火焰离子化检测器的使用温度不应超过 100 ℃,温度高可能损坏离子头。

128.（　　）氢火焰离子化检测器是依据不同组分气体的热导系数不同来实现物质测定的。

129.（　　）热导池电源电流调节偏低或无电流,一定是热导池钨丝引出线已断。

130.（　　）气相色谱热导池检测器的钨丝如果有断,一般表现为桥电流不能进行正常调节。

131.（　　）热导池电源电流的调节一般没有严格的要求,有无载气都可打开。

132.（　　）氮气钢瓶上可以使用氧气表。

133.（　　）因高压氢气钢瓶需避免日晒,所以最好放在在实验室里。

134.（　　）氧气钢瓶的减压阀由于使用太久和环境原因生锈,可以进行清洁处理,但不能加油润滑。

135.（　　）乙烯钢瓶为棕色,字色淡黄色。

136.（　　）天平的横梁上有三把玛瑙刀,三把刀的刀口处于同一个平面且互相平行。

137.（　　）玻璃电极测定 pH<1 的溶液时,pH 读数偏高;测定 pH>10 的溶液 pH 偏低。

138.（　　）实验室用酸度计和离子计型号很多,但一般均由电极系统和高阻抗毫伏计、待测溶液组成原电池、数字显示器等部分构成的。

139.（　　）使用氟离子选择电极测定水中 F⁻ 含量时,主要的干扰离子是 OH⁻。

140.（　　）酸度计的电极包括参比电极和指示电极,参比电极一般常用玻璃电极。

141.（　　）酸度计的结构一般都有电极系统和高阻抗毫伏计两部分组成。

142.（　　）分光光度计使用的光电倍增管,负高压越高灵敏度就越高。

143.（　　）清洗电极后,不要用滤纸擦拭玻璃膜,而应用滤纸吸干,避免损坏玻璃薄膜、防止交叉污染,影响测量精度。

144.（　　）原子吸收分光光度计的分光系统(光栅或凹面镜)若有灰尘,可用擦镜纸轻轻擦拭。

145.（　　）原子吸收光谱分析法是利用处于基态的待测原子蒸气对从光源发射的共振发射线的吸收来进行分析的。

146.（　　）在原子吸收光谱分析中,通常不选择元素的共振线作为分析线。

147.（　　）原子吸收光谱仪的原子化装置主要分为火焰原子化器和非火焰原子化器两大类。

148.（　　）原子吸收仪器和其他分光光度计一样,具有相同的内外光路结构,遵守朗伯-比耳定律。

149. (　　)FID 检测器对所有化合物均有响应,属于通用型检测器。

150. (　　)气相色谱仪一般由气路系统、分离系统、温度控制系统、检测系统、数据处理系统等组成。

151. (　　)气相色谱中气化室的作用是用足够高的温度将液体瞬间气化。

152. (　　)氢火焰点不燃可能是空气流量太小或空气大量漏气。

153. (　　)色谱法只能分析有机物质,而对一切无机物则不能进行分析。

154. (　　)色谱体系的最小检测量是指恰能产生与噪声相鉴别的信号时进入色谱柱的最小物质量。

155. (　　)色谱柱的老化温度应略高于操作时的使用温度,色谱柱老化合格的标志是接通记录仪后基线走的平直。

156. (　　)色谱柱的作用是分离混合物,它是整个仪器的心脏。

157. (　　)热导检测器(TCD)的清洗方法通常将丙酮、乙醚、十氢萘等溶剂装满检测器的测量池,浸泡约 20 分钟后倾出,反复进行多次至所倾出的溶液比较干净为止。

158. (　　)电导滴定法是根据滴定过程中由于化学反应所引起溶液电导率的变化来确定滴定终点的。

159. (　　)液液分配色谱的分离原理与液液萃取原理相同,都是分配定律。

160. (　　)DDS - 11A 电导率仪在使用时高低周的确定是以 300 uS/cm 为界限的,大于此值为高周。

161. (　　)使用热导池检测器时,必须在有载气通过热导池的情况下,才能对桥电路供电。

162. (　　)双柱双气路气相色谱仪是将经过稳压阀后的载气分成两路,一路作分析用,一路作补偿用。

163. (　　)死时间表示样品流过色谱柱和检测器所需的最短时间。

164. (　　)影响热导池检测灵敏度的因素主要有桥路电流、载气质量、池体温度和热敏元件材料及性质。

165. (　　)液相色谱中,分离系统主要包括柱管、固定相和色谱柱箱。

166. (　　)空心阴极灯常采用脉冲供电方式。

167. (　　)空心阴极灯若长期不用,应定期点燃,以延长灯的使用寿命。

168. (　　)在石墨炉原子法中,选择灰化温度的原则是,在保证被测元素不损失的前提下,尽量选择较高的灰化温度以减少灰化时间。

169. (　　)释放剂能消除化学干扰,是因为它能与干扰元素形成更稳定的化合物。

170. (　　)用原子吸收分光光度法测定高纯 Zn 中的 Fe 含量时,采用的试剂是优级纯的 HCl。

171. (　　)高压气瓶分别用不同的颜色区分,如氮气用黑色瓶装,氢气用深绿色的瓶装,氧气用黄色瓶装。

172. (　　)气相色谱对试样组分的分离是物理分离。

173. (　　)气相色谱分析结束后,必须先关闭总电源,再关闭高压气瓶和载气稳压阀。

174. (　　)气相色谱分析结束后,先关闭高压气瓶和载气稳压阀,再关闭总电源。

175. (　　)气相色谱分析中,提高柱温能提高柱子的选择性,但会延长分析时间,降低柱效率。

176. (　　)气相色谱分析中的归一化法定量的唯一要求是样品中所有组分都流出色谱柱。

177. (　　)气相色谱检测器中氢火焰检测器对所有物质都产生响应信号。

178. (　　)气相色谱气路安装完毕后,应对气路密封性进行检查。在检查时,为避免管道受损,常用肥皂水进行探漏。

179. (　　)用气相色谱法定量分析样品组分时,分离度应至少为1.0。

180. (　　)在气相色谱分析中,检测器温度可以低于柱温度。

181. (　　)高效液相色谱分析中,固定相极性大于流动相极性称为正相色谱法。

182. (　　)高效液相色谱仪的流程为:高压泵将储液器中的流动相稳定输送至分析体系,在色谱柱之前通过进样器将样品导入,流动相将样品依次带入预柱和色谱柱,在色谱柱中各组分被分离,并依次随流动相流至检测器,检测到的信号送至工作站记录、处理和保存。

项目三　有机合成工技能鉴定仿真考核项目

一、乙醛氧化制醋酸仿真软件——精制工段

（一）乙醛氧化制醋酸精制工段概述

大庆醋酸装置是大庆三十万吨乙烯一期工程的组成部分。此装置是依靠国内技术力量，参考上海石油化工总厂的实际生产情况，由上海医药设计院设计。

大庆醋酸装置是西德引进乙醛装置的配套工程，起始原料为乙烯，乙烯被氧化生成乙醛，再以乙醛为原料氧化生成醋酸。

醋酸装置设计年生产能力为成品醋酸 7 万吨/年。同时，生产副产品混酸 700 吨/年，醋酸甲酯 650 吨/年。1997 年 10 月改扩建，年生产能力为 10 万吨。

（二）生产方法及工艺路线

1. 生产方法及反应机理

乙醛首先被氧化成过氧醋酸，而过氧醋酸很不稳定，在醋酸锰的催化下发生分解，同时使另一分子的乙醛氧化，生成二分子乙酸。

$$CH_3CHO + O_2 \longrightarrow CH_3COOOH$$
$$CH_3COOOH + CH_3CHO \longrightarrow 2CH_3COOH$$

在氧化塔内，还有一系列的氧化反应（氧化瓜是放热反应）。

一般认为乙醛氧化制醋酸的反应机理可以用自由基的链接反应机理来进行解释，常温下乙醛就可以自动地以很慢的速度吸收空气中的氧而被氧化生成过氧醋酸，过氧醋酸以很慢的速度分解生成自由基，自由基引发一系列的反应生成醋酸。但过氧醋酸是一个极不稳定的化合物，积累到一定程度就会分解而引起爆炸。因此，该反应必须在催化剂存在下才能顺利进行。催化剂的作用是将乙醛氧化时生成的过氧醋酸及时分解成醋酸，而防止过氧醋酸的积累、分解和爆炸。

2. 工艺流程简述

（1）装置流程简述

本装置反应系统采用双塔串联氧化流程，乙醛和氧气首先在全返混型的反应器——第一氧化塔 T-101 中反应（催化剂溶液直接进入 T-101 内），然后到第二氧化塔 T-102 中再加氧气进一步反应，不再加催化剂。一塔反应热由外冷却器移走，二塔反应热由内冷却器移除，反应系统生成的粗醋酸进入蒸馏回收系统，制取成品醋酸。

蒸馏采用先脱高沸物，后脱低沸物的流程。

粗醋酸经氧化液蒸发器 E-201 脱除催化剂，在脱高沸塔 T-201 中脱除高沸物，然后在脱

低沸塔 T-202 中脱除低沸物,再经过成品蒸发器 E-206 脱除铁等金属离子,得到产品醋酸。

从低沸塔 T-202 顶出来的低沸物进入脱水塔 T-203 回收醋酸,含量 99% 的醋酸又返回精馏系统,在塔 T-203 中部抽出副产物混酸,从 T-203 塔顶出料进入甲酯塔 T-204。甲酯塔塔顶产出甲酯,塔釜排出的废水在中和池处理。

(2) 精馏(精制)系统流程简述

从氧化塔来的氧化液进入氧化液蒸发器(E-201),醋酸等以气相进入高沸塔(T-201),蒸发温度 120~130 ℃。蒸发器上部装有四块大孔筛板,用回收醋酸喷淋,减少蒸发气体中夹带催化剂和胶状聚合物等,以免堵塞管道和蒸馏塔塔板。醋酸锰和多聚物等不挥发性物质留在蒸发器底部,定期排入高沸物贮罐(V-202),目前有一部分被加入催化剂系统循环使用。

高沸塔常压蒸馏,塔釜液为含醋酸 9.0×10^{-2} 以上的高沸物混合物,排入高沸物贮罐,进入回收塔(T-205)。塔顶蒸出醋酸和全部低沸点组分(乙醛、酯类、水、甲酸等)。回流比为 1:1,醋酸和低沸物在低沸塔(T-202)分离。

低沸塔内也常压蒸馏,回流比 15:1,塔顶蒸出低沸物和部分醋酸,含酸 70%~80%,去脱水塔(T-203)。

低沸塔釜的醋酸已经分离了高沸物和低沸物,为避免铁离子和其他杂质影响质量,在成品蒸发器(E-206)中再进行一次蒸发,经冷却后成为成品,送进成品贮罐(V-402)。

脱水塔同样常压蒸馏,回流比 20:1,塔顶蒸出水和酸、醛、酯类,其中含酸量小于 5×10^{-2},在甲酯回收塔(T-204)回收甲酯。塔中部甲酸的浓集区侧线抽出甲酸、醋酸和水的混合酸,由侧线液泵(P-206)送至混酸贮罐(V-405)。塔釜为回收酸,进入回收贮罐(V-209)。

脱水塔顶蒸出的水和酸、醛、酯进入甲酯塔回收甲酯,甲酯塔常压蒸馏,回流比 8.4:1。塔顶蒸出含 86.2×10^{-2}(wt)的醋酸甲酯,由 P-207 泵送往甲酯罐(V-404)塔底。含酸废水放入中和池,然后去污水处理场。现正常情况下将含酸废水装入回收罐,装桶外送。

含大量酸的高沸物由高沸物输送泵(P-202)送至高沸物回收塔(T-205)回收醋酸,常压操作,回流比 1:1。回收醋酸由泵(P-211)送至脱高沸塔 T-201,部分回流到(T-205),塔釜留下的残渣排入高沸物贮罐(V-406)装桶外销。

(三) 工艺参数运行指标

工艺参数运行指标如表 3.1、表 3.2 所示。

表 3.1　工艺参数运行指标

序 号	名 称	仪表信号	单位	控制指标	备 注
1	V-101 氧气压力	PIC-106	MPa	0.6 ± 0.05	
2	V-502 氮气压力	PIC-515	MPa	0.50 ± 0.05	
3	T-101 压力	PIC-109A/B	MPa	0.19 ± 0.01	
4	T-102 压力	PIC-112A/B	MPa	0.1 ± 0.02	
5	T-101 底温度	TR-103-1	℃	77 ± 1	
6	T-101 中温度	TR-103-2	℃	73 ± 2	
7	T-101 上部液相温度	TR-103-3	℃	68 ± 3	

序 号	名 称	仪表信号	单位	控制指标	备 注
8	T-101 气相温度	TR-103-5	℃		与上部液相温差大于13℃
9	E-102 出口温度	TIC-104A/B	℃	60±2	
10	T-102 底温度	TR-106-1	℃	83±2	
11	T-102 各点温度	TR-106-1-7	℃	85~70	2≥1>3>4>5>6>7
12	T-102 气相温度	TR-106-8	℃		与上部液相温差大于15℃
13	T-101、T-102 尾气含氧		10^{-2}	<5	(V)
14	T-101、T-102 出料过氧酸		10^{-2}	<0.4	(wt)
15	T-101 出料含醋酸		10^{-2}	92.0—95.0	(wt)
16	T-101 出料含醛		10^{-2}	2.0~4.0	(wt)
17	氧化液含锰		10^{-2}	0.10~0.20	
18	T-102 出料含醋酸		10^{-2}	>97	(wt)
19	T-102 出料含醛		10^{-2}	<0.3	(wt)
20	T-102 出料含甲酸		10^{-2}	<0.3	(wt)
21	T-101 液位	LIC-101	％	40±10	现为 35±15
22	T-102 液位	LIC-102	％	35±15	
23	T-101 加氮量	FIC-101	Nm³/h	150±50	
24	T-102 加氮量	FIC-105	Nm³/h	75±25	
25	原料配比			1NM³ O_2 : 3.5~4 kg CH_3CHO	
26	界区内蒸气压力	PIC-503	MPa	0.55±0.05	
27	E-201 压力	PI-202	MPa	0.05±0.01	
28	E-206 出口压力		MPa	0±0.01	
29	E-201 温度	TR-201	℃	122±3	
30	T-201 顶温度	TR-201-4	℃	115±3	
31	T-201 底温度	TR-201-6	℃	131±3	
32	T-202 顶温度	TR-204-1	℃	109±2	
33	T-202 底温度	TR-204-3	℃	131±2	
34	T-203 顶温度	TR-207-4	℃	82±2	(目前)
35	T-203 侧线温度	TR-207-4	℃	100±2	(目前)

序 号	名 称	仪表信号	单位	控制指标	备 注
36	T-203 底温度	TR-207-3	℃	130±2	(目前)
37	T-204 顶温度	TR-211-1	℃	63±5	
38	T-204 底温度	TR-211-3	℃	105±5	
39	T-205 顶温度	TR-211-4	℃	120±2	
40	T-205 底温度	TR-211-6	℃	135±5	
41	T202 釜出料含酸		10^{-2}	＞99.5	(wt)
42	T203 顶出料含酸		10^{-2}	＜8.0	(wt)
43	T204 顶出料含酯		10^{-2}	＞70.0	(wt)
44	各塔,中间罐的液位		10^{-2}	30～70	
45	V-401AA/B 压力	PI-401A/B	MPa	0.4±0.02	
46	V-401A/B 液位	II-401A/B	10^{-2}	50±25	
47	V-402 温度	TI-402A-E	℃	35±15	
48	V-402 液位	LI-402A-E	10^{-2}	10～80	
49	V-401A/B 温度	TI-401A/B	℃	＜35	

表 3.2 分析项目

序 号	名 称	控制指标	备 注
1	P209 回收醋酸	＞98.5%	
2	T203 侧采含醋酸	50%～70%	
3	T204 顶采出料含乙醛	12.75%	
4	T204 顶采出料含醋酸甲酯	86.21%	
5	成品醋酸 P204 出口含醋酸	＞99.5%	

(四) 岗位操作法

1. 冷态开车

(1) 引公用工程。

(2) N_2 吹扫、置换气密。

(3) 系统水运试车。

(4) 酸洗反应系统。

(5) 精馏系统开车。

① 进酸前各台换热器均投入循环水。

② 开各塔加热蒸气,预热到 45 ℃开始由 V-102 向氧化液蒸发器 E-201 进酸,当 E-201 液位达 30%时,开大加热蒸气,出料到高沸塔 T-201。

③ 当 T-201 液位达 30%时,开大加热蒸气,当高沸塔凝液罐 V-201 液位达 30%时启动

高沸塔回流泵 P-201 建立回流,稳定各控制参数并向低沸塔 T-202 出料。

④ 当 T-202 液位达 30％时,开大加热蒸气,当低沸塔凝液罐 V-203 液位达 30％时,启动低沸物回流泵 P-203 建立回流,并适当向脱水塔 T-203 出料。

⑤ 当 T-202 塔各操作指标稳定后,向成品醋酸蒸发器 E-206 出料,开大加热蒸气,当醋酸储罐 V-204 液位达 30％时,启动成品醋酸泵 P-204 建立 E-206 喷淋,产品合格后向罐区出料。

⑥ 当 T-203 液位达 30％后,开大加热蒸气,当脱水塔凝液罐 V-205 液位达 30％时,启动脱水塔回流泵 P-205 全回流操作,关闭侧线采出及出料。塔顶要在(82±2)℃时向外出料。侧线在(110±2)℃时取样分析出料。

(6) 全系统大循环和精馏系统闭路循环。

① 氧化系统酸洗合格后,要进行全系统大循环:

$$V\text{-}402 \rightarrow T\text{-}101 \rightarrow T\text{-}102 \rightarrow E\text{-}201 \rightarrow T\text{-}201$$
$$\downarrow \qquad\qquad\qquad\qquad\qquad\qquad \uparrow$$
$$T\text{-}202 \rightarrow T\text{-}203 \rightarrow V\text{-}209$$
$$\downarrow$$
$$E\text{-}206 \rightarrow V\text{-}204 \rightarrow V\text{-}402$$

② 在氧化塔配制氧化液和开车时,精馏系统需闭路循环。脱水塔 T-203 全回流操作,成品醋酸泵 P-204 向成品醋酸储罐 V-402 出料,P-402 将 V-402 中的酸送到氧化液中间罐 V-102,由氧化液输送泵 P-102 送往氧化液蒸发器 E-201 构成下列循环:

$$T\text{-}201 \xrightarrow{\text{顶}} T\text{-}202 \underset{\text{底}}{\rightarrow} T\text{-}203 \rightarrow\boxed{}\text{顶全回流}$$
$$\uparrow \qquad\qquad \rightarrow E\text{-}206 \rightarrow P\text{-}204 \rightarrow V\text{-}402 \rightarrow P\text{-}402$$
$$\qquad\qquad E\text{-}201 \leftarrow P\text{-}102 \leftarrow V\text{-}102 \leftarrow$$

等待氧化开车正常后逐渐向外出料。

(7) 第一氧化塔投氧开车。

(8) 第二氧化塔投氧。

(9) 系统正常运行。

2. 正常停车

(1) 氧化系统停车。

(2) 精馏系统停车。

将氧化液全部吃净后,精馏系统开始停车。

① 当 E-201 液位降至 20％时,关闭 E-201 蒸气。当 T-201 液位降至 20％以下,关闭 T-201 蒸气,关 T-201 回流,将 V-201 内物料全部打入 T-202 后停 P-201 泵,将 V-202、E-201、T-201 内物料由 P-202 泵全部送往 T-205 内,再排向 V-406 罐。关闭 T-201 底排。

② 待物料蒸干后,停 T-202 加热蒸气,关闭 LIC-205 及 T-202 回流,停 E-206 喷淋 FIC-214。将 V-203 内物料全部打入 T-203 塔后,停 P-203 泵。

③ 将 E-206 蒸干后,停其加热蒸气,将 V-204 内成品酸全部打入 V-402 后停 P-204 泵,并关闭全部阀门。

④ 停 T-203 加热蒸气,关其回流,将 V-205 内物料全部打入 T-204 塔后,停 P-205 泵,将 V-206 内混酸全部打入 V-405 后停 P-206。T-203 塔内物料由再沸器倒入淋装桶。

⑤ 停 T-204 加热蒸气,关其回流,将 V-207 内物料全部打入 V-404 后停 P-207 泵。T-204 塔内废水排向废水罐。

⑥ 停 T-205 加热蒸气,将 V-209 内物料由 P-209 泵打入 T-205,然后全部排向 V-406 罐。

⑦ 蒸馏系统的物料全部退出后,进行水蒸馏。

(3) 催化剂系统停车。

(4) 罐区系统停车。

(5) 水运清洗。

(6) 停部分公用工程:循环水、蒸气。

(7) 氮气吹扫。

3. 紧急停车

(1) 事故停车

主要是指装置在运行过程中出现的仪表和设备上的故障而引起的被迫停车。采取的措施如下:

① 首先关掉 FIC-102、FIC-103、FIC-106 三个进物料电磁阀,然后关闭进氧进醛线上的塔壁阀。

② 根据事故的起因控制进氮量的多少,以保证尾气中含氧小于 5×10^{-2}(V)。

③ 逐步关小冷却水直到塔内温度降为 60 ℃,关闭冷却水 TIC-104A/B。

④ 在第二氧化塔,由下而上逐个关掉冷却水并保温 60 ℃。

精馏系统视事故情况决定是单塔停车或全线停车,停车方案参照二。

(2) 紧急停车。

在生产过程中,如遇突发的停电、停仪表风、停循环水、停蒸气等而不能正常生产时,应做紧急停车处理。

① 紧急停电。

仪表供电可通过蓄电池逆变获得,供电时间 30 分钟,所有机泵不能自动供电。

a. 氧化系统。

正常来说,紧急停电 P-101 泵自动联锁停车。

ⅰ. 马上关闭进氧进醛塔壁阀。

ⅱ. 及时检查尾气含氧及进氧进醛阀门是否自动连锁关闭。

b. 精馏系统。

此时所有机泵停运。

ⅰ. 首先减小各塔的加热蒸气量。

ⅱ. 关闭各机泵出口阀,关闭各塔进出物料阀。

ⅲ. 视情况对物料做具体处理。

c. 罐区系统。

ⅰ. 氧化系统紧急停车后,应首先关闭乙醛球罐底出料阀及时,将两球罐保压。

ⅱ. 成品进料及时切换至不合格成品罐 V-403。

② 紧急停循环水。

停水后立即做紧急停车处理。停循环水时 PI-508 压力在 0.25 MPa 连锁动作(目前未投用)。FIC-102、FIC-103、FIC-106 三电磁阀自动关闭。

a. 氧化系统。

停车步骤同事故停车。注意氧化塔温度不能超得太高,加大氧化液循环量。

b. 精馏系统。

ⅰ. 先停各塔加热蒸汽,同时向塔内充氮,保持塔内正压。

ⅱ. 待各塔温度下降时,停回流泵,关闭各进出物料阀。

③ 紧急停蒸气。

同事故停车。

④ 紧急停仪表风。

所有气动薄膜调节阀将无法正常启动,应做紧急停车处理。

a. 氧化系统。

应按紧急停车按钮,手动电磁阀关闭 FIC‐102、FIC‐103、FIC‐106 三个进醛进氧阀。然后关闭醛氧线塔壁阀,塔压力及流量等的控制要通过现场手动副线进行调整控制。其他步骤同事故停车。

b. 精馏系统。

所有蒸气流量及塔罐液位的控制要通过现场手动进行操作。

4. 精馏岗位操作法

精馏岗位操作法:

(1) 开、停车操作:

见装置开车步骤及装置停车步骤。

(2) 正常操作:

① E‐201 蒸发器。

a. 釜液(循环锰),连续排出约 0.6 t/h,去 V‐306(排出量与加到氧化塔的量相同)。

b. 釜液每周抽一次,由 P‐202 泵抽出 2.5 t,送 T‐205 塔回收处理。

c. 釜液位控制为 55%～75%,由 FRC‐202 调节蒸汽加入量来控制。

d. 喷淋量控制为 950 kg/h,由 FRC‐201 调节阀来控制。

e. 蒸发器温度控制为 122±3 ℃,E‐201 液位 LIC‐201 与蒸汽 FRC‐202 是串级调节。

② T‐201 高沸塔。

a. 釜温控制为(131±3) ℃,由 FRC‐203,调节加入蒸汽量,排放釜料量等来实现。

b. 釜液位控制为 35%～65%,由 FRC‐203 调节加入蒸汽量来控制。

c. 塔顶温度控制为(115±3) ℃,由 FRC‐204 调节回流量来控制。回流比一般为 1∶1。

d. V‐202 液位控制为 20%～80%。

e. V‐201 液位控制为 35%～70%。T‐201 塔顶出料由 LIC‐203 控制,指示 FI‐205 观察。V‐201 罐中的回流液温度由 TIC‐202 来控制,一般为 70 ℃。

f. T‐201 塔顶温度控制与回流 FRC‐204 是串级调节。底液位 LIC‐202 与加热蒸气 FRC‐203 是串级调节。

g. T‐201 底排影响成品中的氧化值和色度。

③ T‐202 低沸塔:

a. 釜温控制为(131±2) ℃,由 FRC‐206 调节加热蒸气量等来控制。

b. 顶温控制为(109±2) ℃,由 FRC‐207 调节回流量来控制。回流比一般为 15∶1。

c. 釜液位控制为 35%～70%,由 FRC‐206 调节加热蒸气量,LIC‐205 调节底出料量等来控制。

d. V-203 罐中的回流液温度由 TIC-205 控制,一般为 70 ℃,T-202 顶出料由 LIC-206 控制,指示 F1208 观察。

e. T-202 塔顶温度控制与回流 FRC-207 是串级调节。底温度控制与加热蒸气 FRC-206 是串级调节。

f. T-202 塔的顶温度影响着成品的纯度和甲酸含量。

④ E-206 成品蒸发器:

釜液位控制为 20%~60%,由 FRC-209 调节加热蒸气和 LIC-205 调节进料量来控制。

喷淋量控制为 960 kg/h,由 FRC-214 控制。

V-204 液位控制 35%~70%,由 LIC-207 调节出料量等来控制。

E-206 底排有一小跨线连续排醋酸的重金属化合物至 208 罐中,V-208 罐液位由 LIC-214 出料控制。

E-206 底排影响着成品的色度及重金属含量。

⑤ T-203 脱水塔:

a. 釜液位控制为 35%~70%,由 FRC-210 调节加入蒸气量和 LIC-208 调节出料量等来实现。

b. 釜温控制为(130±2) ℃,由 FRC-210 调节加热蒸气量等来实现。

侧线采出根据温度(108±2) ℃及分析结果来决定采出量。

顶温控制为 81.2 ℃,由 FRC-211 调节出料量等来实现,回流比为 20∶1。

V-205 液位控制为 35%~70%。

V-206 液位控制为 30%~70%。

T-203 塔顶回流由 LIC-210 来控制,指示 FI-216 观察,T-203 塔的底温度及侧线混酸的采出量直接影响着成品中的甲酸含量。

⑥ T-204 甲酯塔:

a. 釜液位控制为 40%~70%,由 FRC-212 调节加入蒸气量和 LIC-211 调节底排量等来调节。

b. 釜温控制为(105±5) ℃,由 FRC-212 调节加入蒸气量等来控制。

c. 顶温控制为(63±5) ℃,由 FRC-213 调节回流量等来控制。回流比为 8.4∶1。

d. V-207 液位控制为 35%~70%。

出料由 LIC-212 控制,送向罐区 V-404 罐中。

T-204 塔底排废水进入废水收集罐进行处理。

⑦ T-205 高沸物回收塔:

a. 釜液位控制为 40~70%,由调节加热蒸气 FRC-217 和底出料控制。

b. 釜温控制为(135±5) ℃,由调节加热蒸气和底出料等来控制。

c. 顶温控制为 120±2 ℃,由 FRC-215 调节回流量等来控制。回流比 1∶1。

d. V-209 液位 LIC-214 控制为 35%~70%,它与 FIC-201 是串级调节。T-205 底排高沸物排向罐区 V-406 罐

(五) 事故处理

事故处理如表 3.3 所示。

表 3.3　事故处理表

序号	现　象	原　因	处　理　方　法
1	P-204 成品取样 KMnO₄ 时间<5 min	① T-202 塔顶出料量少; ② T-202 塔盘脱落; ③ 氧化液含醛高; ④ 分析样不准	① 调节 T-202 塔顶出料量; ② 请示领导停车检查维修; ③ 通知班长,降低氧化液含醛量,调整操作; ④ 通知调度检查做样
2	P-204 成品取样带颜色	① T-201 塔底温度高排量少或回流量过少或液位高; ② T-201 液位超高造成鳖压,影响 T-201 塔操作平稳; ③ E-206 液位超高底排量少,喷淋量少	① 调节 T-201 底排量及回流量,检查降低塔釜液位; ② 减少 E-201 进料,向 V-202 中 p 拥料,降低 E-201 液位,调整操作直到正常; ③ 检查降低 E-206 液位,调整底排量和喷淋量
3	T-201 塔顶压力逐渐升高,反应液出料及温度正常,E-201 塔出料不畅	T-201 塔放空调节阀失控或损坏	① 将 T-201 塔出料手控调节阀旁路降压; ② 控制进料; ③ 控制温度; ④ 采取其他措施
4	T-201 塔内温度波动大,其他方面都正常	冷却水阀调节失灵	① 手动调节冷却水阀调节; ② 通知仪表检查; ③ 控制蒸气阀; ④ 控制进料
5	T-201 塔液面波动较大,无法自控	蒸气加热自动调节失灵	① 手动控制调节阀; ② 手动控制冷却水阀; ③ 控制回流量

(六) 仿真界面

醋酸精制工段总流程仿真界面如图 3.1、图 3.2、图 3.3 所示。

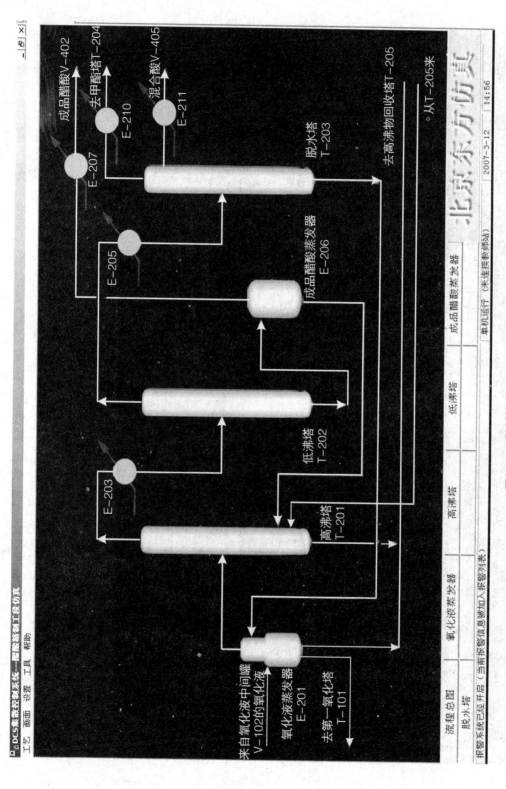

图 3.1　醋酸精制工段总流程图（一）

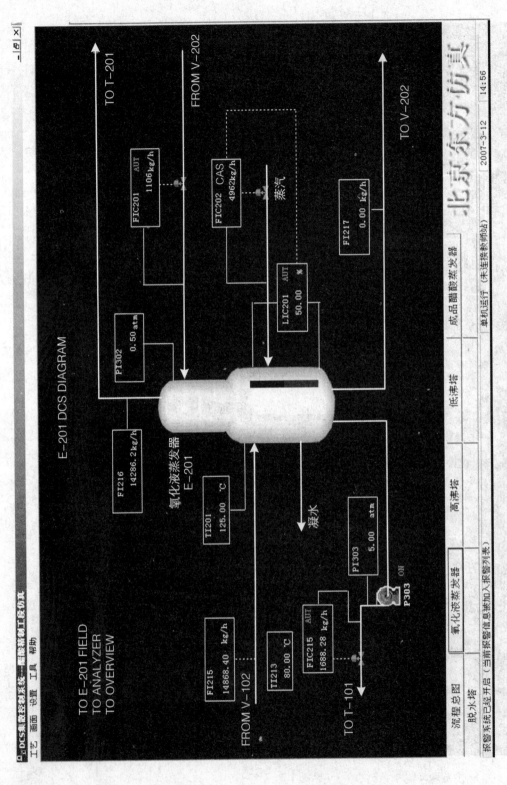

图 3.2 醋酸精制工段总流程图(二)

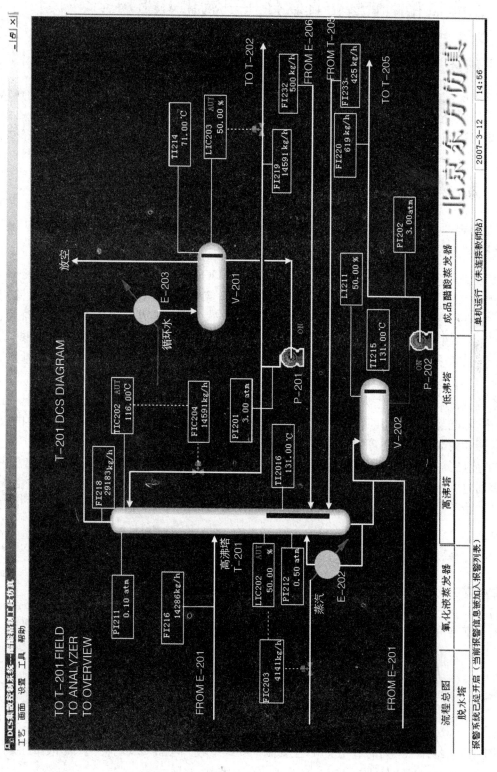

图 3. 3 醋酸精制工段总流程图(三)

二、乙醛氧化制醋酸仿真软件——氧化工段

(一) 概述

乙酸又名醋酸,英文名称为 Acetic Acid,是具有刺激气味的无色透明液体。无水乙酸在低温时凝固成冰状,俗称冰醋酸。在 16.7 ℃以下时,纯乙酸呈无色结晶,其沸点是 118 ℃。乙酸蒸气刺激呼吸道及黏膜(特别是对眼睛的黏膜),浓乙酸可灼烧皮肤。乙酸是重要的有机酸之一。其结构式是

$$H_3C—\overset{\overset{\displaystyle O}{\|}}{C}—OH$$

乙酸是稳定的化合物,但在一定的条件下,能引起一系列的化学反应。如在强酸(H_2SO_4 或 HCl)存在下,乙酸与醇共热,发生酯化反应:

$$CH_3COOH + C_2H_5OH \underset{}{\overset{H^+}{\rightleftharpoons}} CH_3COOC_2H_5 + H_2O$$

乙酸是许多有机物的良好溶剂,能与水、醇、酯和氯仿等溶剂以任意比例相混合。乙酸除用作溶剂外,还有广泛的用途,在化学工业中占有重要的位置,其用途遍及醋酸乙烯、醋酸纤维素、醋酸酯类等多种领域。乙酸是重要的化工原料,可制备多种乙酸衍生物,如乙酸酐、氯乙酸、乙酸纤维素等,适用于生产对苯二甲酸、纺织印染、发酵制氨基酸,也作为杀菌剂。在食品工业中,乙酸作为防腐剂。在有机化工中,乙酸裂解可制得乙酸酐,而乙酸酐是制取乙酸纤维的原料。另外,由乙酸制得聚酯类,可作为油漆的溶剂和增塑剂,某些酯类可作为进一步合成的原料。在制药工业中,乙酸是制取阿司匹林的原料。利用乙酸的酸性,可作为天然橡胶制造工业中的胶乳凝胶剂,照相的显像停止剂等。

乙酸的生产具有悠久的历史,早期乙酸是由植物原料加工而获得或者通过乙醇发酵的方法制得,也有通过木材干馏而获得的。目前,国内外已经开发出了乙酸的多种合成工艺,包括烷烃、烯烃及其酯类的氧化,其中应用最广的是乙醛氧化法制备乙酸。下面主要介绍乙醛氧化法制备乙酸。

(二) 生产方法及工艺路线

1. 生产方法及反应机理

乙醛首先与空气或氧气氧化成为过氧醋酸,而过氧醋酸很不稳定,在醋酸锰的催化下发生分解,同时使另一分子的乙醛氧化,生成二分子乙酸。氧化反应是放热反应。

$$CH_3CHO + O_2 \longrightarrow CH_3COOOH$$
$$CH_3COOOH + CH_3CHO \longrightarrow 2CH_3COOH$$

总的化学反应方程式为

$$CH_3CHO + \frac{1}{2}O_2 \longrightarrow CH_3COOH + 292.0 \, kJ/mol$$

在氧化塔内,还有一系列的氧化反应,主要副产物有甲酸、甲酯、二氧化碳、水、醋酸甲酯等。

$$CH_3COOOH \longrightarrow CH_3OH + CO_2$$
$$CH_3OH + CO_2 \longrightarrow HCOOH + H_2O$$

$$CH_3COOOH + CH_3COOH \longrightarrow CH_3COOCH_3 + CO_2 + H_2O$$

$$CH_3OH + CH_3COOH \longrightarrow CH_3COOCH_3 + H_2O$$

$$CH_3CH_2OH + CH_3COOH \longrightarrow CH_3COOC_2H_5 + H_2O$$

$$CH_3CH_2OH + HCOOH \longrightarrow HCOOC_2H_5 + H_2O$$

$$3CH_3CHO + 3O_2 \longrightarrow HCOOH + 2CH_3COOH + CO_2 + H_2O$$

$$2CH_3CHO + 5O_2 \longrightarrow 4CO_2 + 4H_2O$$

$$3CH_3CHO + 2O_2 \longrightarrow CH_3CH(OCOCH_3)_2 + H_2O$$

$$2CH_3COOH \longrightarrow CH_3COCH_3 + CO_2 + H_2O$$

$$CH_3COOH \longrightarrow CH_4 + CO_2$$

对于乙醛氧化制醋酸的反应机理,一般认为可以用自由基的链接反应机理来进行解释,常温下乙醛就可以自动地以很慢的速度吸收空气中的氧而被氧化生成过氧醋酸。

$$CH_3CHO + O_2 \longrightarrow CH_3-\overset{\displaystyle O}{\underset{\displaystyle O-OH}{C}}$$

过氧醋酸以很慢的速度分解生成自由基。

$$CH_3COOOH \longrightarrow CH_3-\overset{\displaystyle O}{\underset{\displaystyle O\cdot}{C}} + \cdot OH$$

自由基 $CH_3COO\cdot$ 引发下列的连锁反应:

$$CH_3-\overset{\displaystyle O}{\underset{\displaystyle O\cdot}{C}} + CH_3CHO \longrightarrow CH_3-\overset{\displaystyle O}{C}\cdot + CH_3COOH$$

$$CH_3CHO + O_2 \longrightarrow CH_3-\overset{\displaystyle O}{\underset{\displaystyle O-O\cdot}{C}}$$

$$CH_3-\overset{\displaystyle O}{\underset{\displaystyle O-O\cdot}{C}} + CH_3CHO \longrightarrow CH_3-\overset{\displaystyle O}{C}\cdot + CH_3COOOH$$

$$CH_3COOOH + CH_3CHO \longrightarrow 2CH_3COOH$$

自由基引发一系列的反应生成醋酸。但过氧醋酸是一个极不安定的化合物,积累到一定程度就会分解而引起爆炸。因此,该反应必须在催化剂存在下才能顺利进行。催化剂的作用是将乙醛氧化时生成的过氧醋酸及时分解成醋酸,而防止过氧醋酸的积累、分解和爆炸。

2. 工艺流程简述

(1) 装置流程简述

本反应装置系统采用双塔串联氧化流程,主要装置有第一氧化塔 T-101、第二氧化塔 T-102、尾气洗涤塔 T-103、氧化液中间贮罐 V-102、碱液贮罐 V-105。其中 T-101 是外冷式反应塔,反应液由循环泵从塔底抽出,进入换热器中以水带走反应热,降温后的反应液再由反应器的中上部返回塔内 T-102 是内冷式反应塔,它是在反应塔内安装多层冷却盘管,管内以循环水冷却。

乙醛和氧气首先在全返混型的反应器——第一氧化塔 T-101 中反应(催化剂溶液直接进入 T-101 内),然后到第二氧化塔 T-102 中,通过向 T-102 中加氧气,进一步进行氧化反应(不再加催化剂)。第一氧化塔 T-101 的反应热由外冷却器 E-102A/B 移走,第二氧化塔 T-102 的反应热由内冷却器移除,反应系统生成的粗醋酸送往蒸馏回收系统,制取醋酸成品。

蒸馏采用先脱高沸物,后脱低沸物的流程。

粗醋酸经氧化液蒸发器 E-201 脱除催化剂,在脱高沸塔 T-201 中脱除高沸物,然后在脱低沸塔 T-202 中脱除低沸物,再经过成品蒸发器 E-206 脱除铁等金属离子,得到产品醋酸。

从低沸塔 T-202 顶出来的低沸物去脱水塔 T-203 回收醋酸,含量 99%的醋酸又返回精馏系统,塔 T-203 中部抽出副产物混酸,T-203 塔顶出料去甲酯塔 T-204。甲酯塔塔顶产出甲酯,塔釜排出废水去中和池处理。

(2) 氧化系统流程简述

乙醛和氧气按配比流量进入第一氧化塔(T-101),氧气分两个入口入塔,上口和下口通氧量比约为 1:2,氮气通入塔顶气相部分,以稀释气相中氧和乙醛。

乙醛与催化剂全部进入第一氧化塔,第二氧化塔不再补充。氧化反应的反应热由氧化液冷却器(E-102A/B)移去,氧化液从塔下部用循环泵(P-101A/B)抽出,经过冷却器(E-102 A/B)循环回塔中,循环比(循环量 H 出料量)110~140:1。冷却器出口氧化液温度为 60℃,塔中最高温度为 75~78℃,塔顶气相压力 0.2 MPa(表),从第一氧化塔出来的氧化液中醋酸浓度在 92%~95%,从塔上部溢流去第二氧化塔(T-102)。

第二氧化塔为内冷式,塔底部补充氧气,塔顶也加入保安氮气,塔顶压力 0.1 MPa(表),塔中最高温度约 85℃,从第二氧化塔出来的氧化液中醋酸含量为 97%~98%。

第一氧化塔和第二氧化塔的液位显示设在塔上部,显示塔上部的部分液位(全塔高 90%以上的液位)。

出氧化塔的氧化液一般直接进入蒸馏系统,也可以放到氧化液中间贮罐(V-102)暂存。中间贮罐的作用:正常操作情况下作氧化液缓冲罐,停车或事故时存氧化液,醋酸成品不合格需要重新蒸馏时,由成品泵(P-402)送来中间贮存,然后用泵(P-102)送蒸馏系统回炼。

两台氧化塔的尾气分别经循环水冷却的冷却器(E-101)冷却,凝液主要是醋酸,带少量乙醛,回到塔顶,尾气最后经过尾气洗涤塔(T-103)吸收残余乙醛和醋酸后放空,洗涤塔采用下部为新鲜工艺水,上部为碱液,分别用泵(P-103、P-104)循环。洗涤液温度常温,洗涤液含醋酸达到一定浓度后(70%~80%),送往精馏系统回收醋酸,碱洗段定期排放至中和池。

(三) 工艺技术指标

1. 控制指标

控制指标如表 3.4 所示。

表 3.4 控制指标

序号	名 称	仪表信号	单位	控制指标	备注
1	T-101 压力	PIC109A/B	MPa	0.19 ± 0.01	
2	T-102 压力	PIC112A/B	MPa	0.1 ± 0.02	
3	T-101 底温度	TI103A	℃	77 ± 1	
4	T-101 中温度	TI103B	℃	73 ± 2	
5	T-101 上部液相温度	TI103C	℃	68 ± 3	
6	T-101 气相温度	TI103E	℃	与上部液相温差大于 13 ℃	
7	E-102 出口温度	TIC104A/B	℃	60 ± 2	
8	T-102 底温度	TI106A	℃	83 ± 2	
9	T-102 温度	TI106B	℃	$85\sim70$	
10	T-102 温度	TI106C	℃	$85\sim70$	
11	T-102 温度	TI106D	℃	$85\sim70$	
12	T-102 温度	TI106E	℃	$85\sim70$	
13	T-102 温度	TI106F	℃	$85\sim70$	
14	T-102 温度	TI106G	℃	$85\sim70$	
15	T-102 气相温度	TI106H	℃	与上部液相温差大于 15 ℃	
16	T-101 液位	LIC101		35 ± 15	
17	T-102 液位	LIC102		35 ± 15	
18	T-101 加氮量	FIC101	m^3/h	150 ± 50	
19	T-102 加氮量	FIC105	m^3/h	75 ± 25	

2. 分析项目

项目分析如表 3.5 所示。

表 3.5 项目分析表

序 号	名 称	位 号	控制指标	备注
1	T-101 出料含醋酸	AIAS102	$92\%\sim95\%$	
2	T-101 出料含醛	AIAS103	$<4\%$	
3	T-102 出料含醋酸	AIAS104	$>97\%$	
4	T-102 出料含醛	AIAS107	$<0.3\%$	
5	T-101 尾气含氧	AIAS101A、B、C	$<5\%$	
6	T-102 尾气含氧	AIAS105	$<5\%$	
7	T-103 中含醋酸	AIAS106	$<80\%$	

（四）岗位操作法

1. 冷态开车/装置开车

说明：斜体字部分是在仿真范围外或必须和其他工段配合的操作。

（1）开车应具备的条件：

① 检修过的设备和新增的管线，必须经过吹扫、气密、试压、置换合格（若是氧气系统，还要脱酯处理）。

② 电气、仪表、计算机、联锁、报警系统全部调试完毕，调校合格、准确好用。

③ 机电、仪表、计算机、化验分析具备开车条件，值班人员在岗。

④ 备有足够的开车用原料和催化剂。

（2）引公用工程。

（3）N_2 吹扫、置换气密。

（4）系统水运试车。

（5）酸洗反应系统：

① 首先将尾气吸收塔 T-103 的放空阀 V-45 打开，从罐区 V-402（开阀 V57）将酸送入 V-102 中，而后由泵 P-102 向第一氧化塔 T-101 进酸，T-101 见液位（约为 2%）后停泵 P-102，停止进酸。"快速灌液"说明，向-T101 灌乙酸时，选择"快速灌液"按钮，在 LIC101 有液位显示之前，灌液速度加速 10 倍，有液位显示之后，速度变为正常对 T-102 灌酸时类似。使用"快速灌液"只是为了节省操作时间，但并不符合工艺操作原则，由于是局部加速，有可能会造成液体总量不守衡。为保证正常操作，将"快速灌液"按钮设为一次有效性，即只能对该按钮进行一次操作，操作后，按钮消失，如果一直不对该按钮操作，则在循环建立后，该按钮也消失。该加速过程只对"酸洗"和"建立循环"有效。

② 开氧化液循环泵 P-101，循环清洗 T-101。

③ 用 N_2 将 T-101 中的酸经塔底压送至第二氧化塔 T-102，T-102 见液位后，关来料阀停止进酸。

④ 将 T-101 和 T-102 中的酸全部退料到 V-102 中，供精馏开车。

⑤ 重新由 V-102 向 T-101 进酸，T-101 液位达 30% 后向 T-102 进料，精馏系统正常出料，建立全系统酸运大循环。

（6）全系统大循环和精馏系统闭路循环：

① 氧化系统酸洗合格后，要进行全系统大循环：

$$V\text{-}402 \rightarrow T\text{-}101 \rightarrow T\text{-}102 \rightarrow E\text{-}201 \rightarrow T\text{-}201$$
$$\downarrow \qquad\qquad\qquad\qquad\qquad\qquad \uparrow$$
$$T\text{-}202 \rightarrow T\text{-}203 \rightarrow V\text{-}209$$
$$\downarrow$$
$$E\text{-}206 \rightarrow V\text{-}204 \rightarrow V\text{-}402$$

② 在氧化塔配制氧化液和开车时，精馏系统需闭路循环。脱水塔 T-203 全回流操作，成品醋酸泵 P-204 向成品醋酸储罐 V-402 出料，P-402 将 V-402 中的酸送到氧化液中间罐 V-102，由氧化液输送泵 P-102 送往氧化液蒸发器 E-201 构成下列循环（属另一工段）：

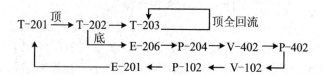

等待氧化开车正常后逐渐向外出料。

（7）第一氧化塔配制氧化液。

向 T-101 中加醋酸，见液位后（LIC101 约为 30%），停止向 T-101 进酸。向其中加入少量醛和催化剂，同时打开泵 P-101A/B 打循环，开 E-102A 通蒸气，为氧化液循环液通蒸气加热，循环流量保持在 700 000 kg/h（通氧前），氧化液温度保持在 70～76 ℃，直到使浓度符合要求（醛含量约为 7.5%）。

（8）第一氧化塔投氧开车：

① 开车前联锁投入自动。

② 投氧前氧化液温度保持在 70～76 ℃，氧化液循环量 FIC-104 控制在 700 000 kg/h。

③ 控制 FIC-101 N_2 流量为 120 m^3/h。

④ 按如下方式通氧：

a. 用 FIC-110 小投氧阀进行初始投氧，氧量小于 100 m^3/h 开始投。首先特别注意两个参数的变化：LIC-101 液位上涨情况，尾气含氧量 AIA-S101 三块表是否上升。其次，随时注意塔底液相温度、尾气温度和塔顶压力等工艺参数的变化。

如果液位上涨停止然后下降，同时尾气含氧稳定，说明初始引发较理想，逐渐提高投氧量。

b. 当 FIC-110 小调节阀投氧量达到 320 m^3/h 时，启动 FIC-114 调节阀，在 FIC-114 增大投氧量的同时减小 FIC-110 小调节阀投氧量直到关闭。

c. FIC-114 投氧量达到 1 000 m^3/h 后，可开启 FIC-113 上部通氧，FIC-113 与 FIC-114 的投氧比为 1∶2。原则要求：投氧在 0～400 m^3/h 之内，投氧要慢。如果吸收状态好，要多次小量增加氧量。投氧在 400～1 000 m^3/h 之内，如果反应状态好要加大投氧幅度，特别注意尾气的变化，及时加大 N_2 量。

d. T-101 塔液位过高时要及时向 T-102 塔出一下料。当投氧到 400 m^3/h 时，将循环量逐渐加大到 850 000 kg/h；当投氧到 1 000 m^3/h 时，将循环量加大到 1 000 m^3/h。循环量要根据投氧量和反应状态的好坏逐渐加大，同时根据投氧量和酸的浓度适当调节醛和催化剂的投料量。

⑤ 调节方式：

a. 将 T-101 塔顶保安 N_2 开到 120 m^3/h，氧化液循环量 FIC-104 调节为 500 000～700 000 kg/h，塔顶 PIC-109A/B 控制为正常值 0.2 MPa。将氧化液冷却器（E-102A/B）中的一台 E-102A 改为投用状态，调节阀 TIC-104B 备用。关闭 E-102A 的冷却水，通入蒸气给氧化液加热，使氧化液温度稳定在 70～76 ℃。调节 T-101 塔液位为 25±5%，关闭出料调节阀 LIC-101，按投氧方式以最小量投氧，同时观察液位、气液相温度及塔顶、尾气中含氧量变化情况。当液位升高至 60% 以上时需向 T-102 塔出料降低一下液位。当尾气含氧量上升时要加大 FIC-101 氮气量，若继续上升氧含量达到 5%（V）打开 FIC-103 旁路氮气，并停止提氧。若液位下降一定量后处于稳定，尾气含氧量下降为正常值后，氮气调回 120 m^3/h，含氧仍小于 5% 并有回降趋势，液相温度上升快，气相温度上升慢，有稳定趋势，此时小量增加通氧量，同时观察各项指标。若正常，继续适当增加通氧量，直至正常。

待液相温度上升至 84 ℃时,关闭 E-102A 加热蒸气。

当投氧量达到 1 000 m³/h 以上时,且反应状态稳定或液相温度达到 90 ℃时,关闭蒸气,开始投冷却水。开 TIC104A,注意开水速度应缓慢,注意观察气液相温度的变化趋势,当温度稳定后再提投氧量。投水要根据塔内温度勤调,不可忽大忽小。在投氧量增加的同时,要对氧化液循环量做适当调节。

b. 投氧正常后,取 T-101 氧化液进行分析,调整各项参数,稳定一段时间后,根据投氧量按比例投醛,投催化剂。液位控制为 35±5% 向 T-102 出料。

c. 在投氧后,来不及反应或吸收不好,液位升高不下降或尾气含氧增高到 5% 时,关小氧气,增大氮气量后,液位继续上升至 80% 或含氧继续上升至 8%,联锁停车,继续加大氮气量,关闭氧气调节阀。取样分析氧化液成分,确认无问题时,再次投氧开车。

(9) 二氧化塔投氧:

① 待 T-102 塔见液位后,向塔底冷却器内通蒸气保持氧化液温度在 80 ℃,控制液位 35±5%,并向蒸馏系统出料。取 T-102 塔氧化液分析。

② T-102 塔顶压力 PIC112 控制在 0.1 MPa,塔顶氮气 FIC-105 保持在 90 m³/h。由 T-102 塔底部进氧口,以最小的通氧量投氧,注意尾气含氧量。在各项指标不超标的情况下,通氧量逐渐加大到正常值。当氧化液温度升高时,表示反应在进行。停蒸气开冷却水 TIC-105、TIC-106、TIC-108、TIC-109 使操作逐步稳定。

(10) 吸收塔投用:

① 打开 V49,向塔中加工艺水湿塔。

② 开阀 V50,向 V105 中备工艺水。

③ 开阀 V48,向 V103 中备料(碱液)。

④ 在氧化塔投氧前开 P103A/B 向 T103 中投用工艺水。

⑤ 投氧后开 P104A/B 向 T103 中投用吸收碱液。

⑥ 如工艺水中醋酸含量达到 80% 时,开阀 V51 向精馏系统排放工艺水。

(11) 氧化塔出料:

当氧化液符合要求时,开 LIC102 和阀 V44 向氧化液蒸发器 E201 出料。用 LIC102 控制出料量。

2. 氧化系统正常停车

① 将 FIC102 切至手动,关闭 FIC-102,停醛。

② 通过 FIC114 逐步将进氧量下调至 1 000 m³/h。注意观察反应状况,当第一氧化塔 T101 中醛的含量降至 0.1 以下时,立即关闭 FIC114、FICSQ106,关闭 T101、T102 进氧阀。

③ 开启 T101、T102 塔底排,逐步退料到 V-102 罐中,送精馏处理。停 P101 泵,将氧化系统退空。

3. 紧急停车

(1) 事故停车:

主要是指装置在运行过程中出现的仪表和设备上的故障而引起的被迫停车。采取的措施如下:

① 首先关掉 FICSQ102、FIC112、FIC301 三个进物料阀,然后关闭进氧进醛线上的塔壁阀。

② 根据事故的起因控制进氮量的多少,以保证尾气中含氧小于 5%(V)。

③ 逐步关小冷却水直到塔内温度降为 60 ℃,关闭冷却水 TIC104A/B。

④ 第二氧化塔关冷却水由下而上逐个关掉并保温 60 ℃。

（2）紧急停车：

生产过程中，如遇突发的停电、停仪表风、停循环水、停蒸气等而不能正常生产时，应做紧急停车处理。

① 紧急停电。

仪表供电可通过蓄电池逆变获得，供电时间 30 分钟所有机泵不能自动供电。

a. 氧化系统。

正常来说，紧急停电 P101 泵自动联锁停车。

ⅰ. 马上关闭进氧进醛塔壁阀。

ⅱ. 及时检查尾气含氧及进氧进醛阀门是否自动连锁关闭。

b. 精馏系统。

此时所有机泵停运。

ⅰ. 首先减小各塔的加热蒸气量。

ⅱ. 关闭各机泵出口阀和各塔进出物料阀。

ⅲ. 视情况对物料做具体处理。

c. 罐区系统。

ⅰ. 氧化系统紧急停车后，应首先关闭乙醛球罐底出料阀，及时将两球罐保压。

ⅱ. 成品进料及时切换至不合格成品罐 V403。

② 紧急停循环水。

停水后立即做紧急停车处理。停循环水时 PI508 压力在 0.25 MPa 连锁动作（目前未投用）。FICSQ102、FIC112、FIC301 三电磁阀自动关闭。

a. 氧化系统停车步骤同事故停车。注意氧化塔温度不能超得太高，加大氧化液循环量。

b. 精馏系统。

ⅰ. 先停各塔加热蒸气，同时向塔内充氮，保持塔内正压。

ⅱ. 待各塔温度下降时，停回流泵，关闭各进出物料阀。

③ 紧急停蒸气同事故停车。

④ 紧急停仪表风。

所有气动薄膜调节阀将无法正常启动，应做紧急停车处理。

a. 氧化系统。

应按紧急停车按钮，手动电磁阀关闭 FIC102、FIC103、FIC106 三个进醛进氧阀。然后关闭醛氧线塔壁阀，塔压力及流量等的控制要通过现场手动副线进行调整控制。

其他步骤同事故停车。

b. 精馏系统。

所有蒸气流量及塔罐液位的控制要通过现场手动进行操作。

4. 岗位操作法

（1）第一氧化塔：

塔顶压力 0.18～0.2MPa（表），由 PIC109A/B 控制。

循环比（循环量与出料量之比）在 110～140 之间，由循环泵进出口跨线截止阀控制，由 FIC104 控制，液位 35±15％，由 LIC101 控制。

进醛量满负荷为 9.86 吨乙醛每小时，由 FICSQ102 控制，根据经验最低投料负荷为 66％，一般不许低于 60% 负荷,投氧不许低于 1 500 m^3/h。

满负荷进氧量设计为 2 871 m^3/h 由 FI108 来计量。进氧、进醛配比为氧:醛=0.35～0.4(wt),根据分析氧化液中含醛量,对氧配比进行调节。氧化液中含醛量一般控制为 $(3～4)×10^{-2}$(wt)。

上下进氧口进氧的配比约为 1:2。

塔顶气相温度控制与上部液相温差大于 13 ℃,主要由充氮量控制。

塔顶气相中的含氧量小于 $5×10^{-2}$,主要由充氮量控制。

根据经验塔顶充氮量一般不小于 80 m^3/h,由 FIC101 调节阀控制。

循环液(氧化液)出口温度 TI103F 为 60±2 ℃,由 TIC104 控制 E102 的冷却水量来控制。

塔底液相温度 TI103A 为 77±1 ℃,由氧化液循环量和循环液温度来控制。

(2) 第二氧化塔(T102):

塔顶压力为 0.1±0.02 MPa,由 PIC112A/B 控制。

液位 35±15%,由 LIC102 控制。

进氧量:0～160 m^3/h,由 FICSQ106 控制。根据氧化液含醛来调节。

氧化液含醛为 $0.3×10^{-2}$ 以下。

塔顶尾气含氧量小于 5%,主要由充氮量来控制。

塔顶气相温度 TI106H 控制与上部液相温差大于 15 ℃,主要由氮气量来控制。

塔中液相温度主要由各节换热器的冷却水量来控制。

塔顶 N_2 流量根据经验一般不小于 60 m^3/h 为好,由 FIC105 控制。

(3) 洗涤液罐:

V103 液位控制 0～80%,含酸大于 $(70～80)×10^{-2}$ 就送往蒸馏系统处理。送完后,加盐水至液位 35%。

5. 联锁停车

开启 INTERLOCK,当 T101、T102 的氧含量高于 8% 或液位高于 80%,V6、V7 关闭,联锁停车。

取消联锁的方法:

若联锁条件没消除(T101、T102 的氧含量高于 8% 或液位高于 80%),点击"INTERLOCK"按钮,使之处于弹起状态,然后点击"RESET"按钮即可。

若联锁条件已消除(T101、T102 的氧含量低于 8% 且液位低于 80%),直接点击"RESET"按钮即可。

(五) 仿真界面

乙酸氧化制醋酸氧化工段仿真界面如图 3.4～图 3.10 所示。

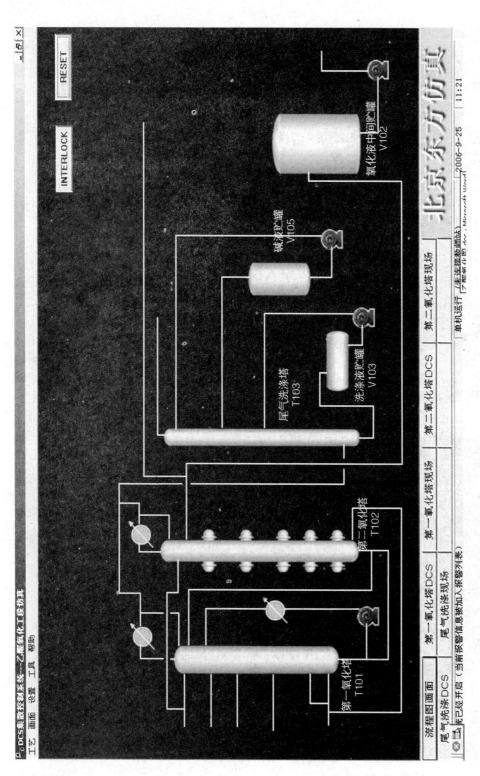

图 3.4　氧化工段流程图

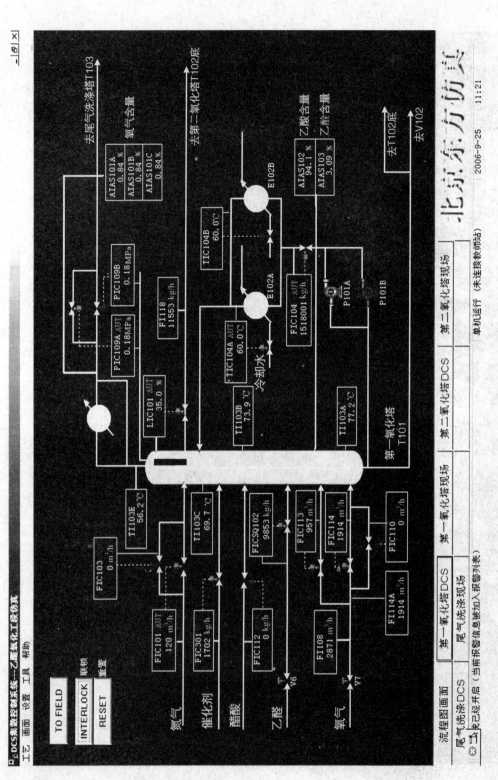

图 3.5　第一氧化塔 DCS 图

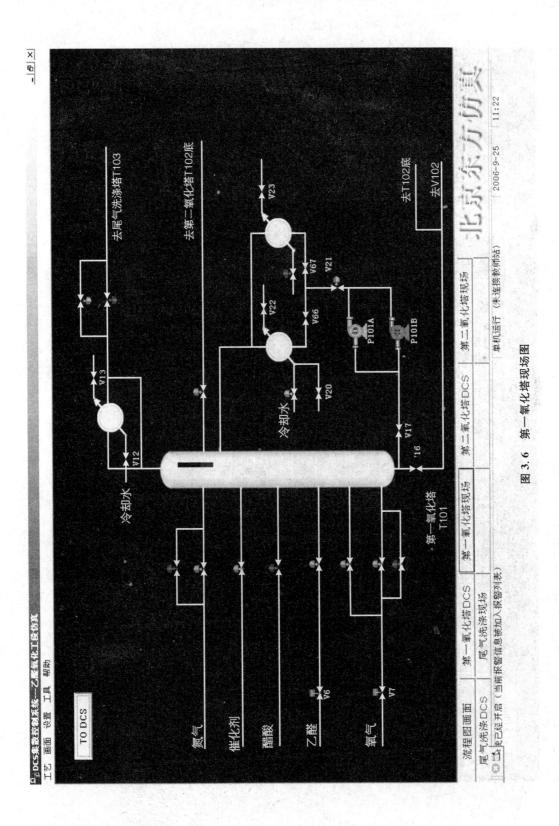

图 3.6　第一氧化塔现场图

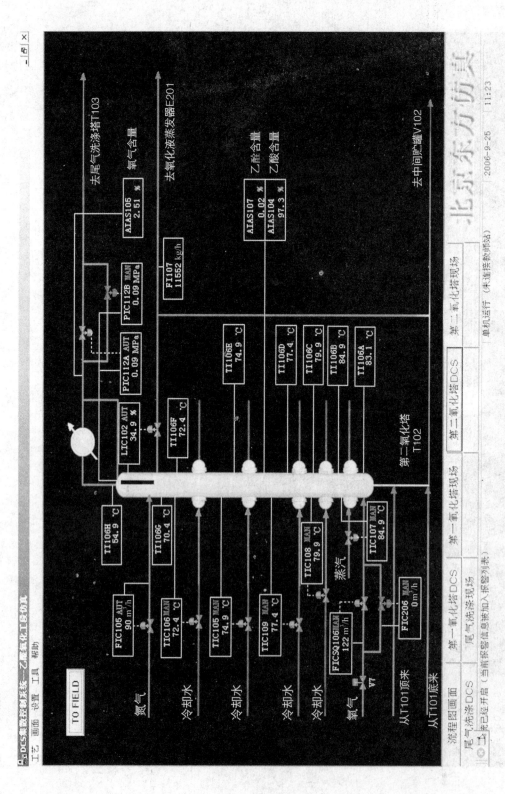

图 3.7 第二氧化塔 DCS 图

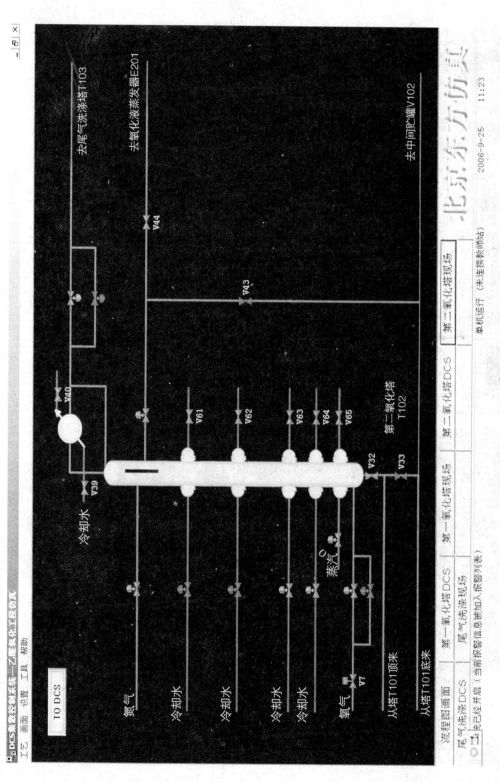

图 3.8 第二氧化塔现场图

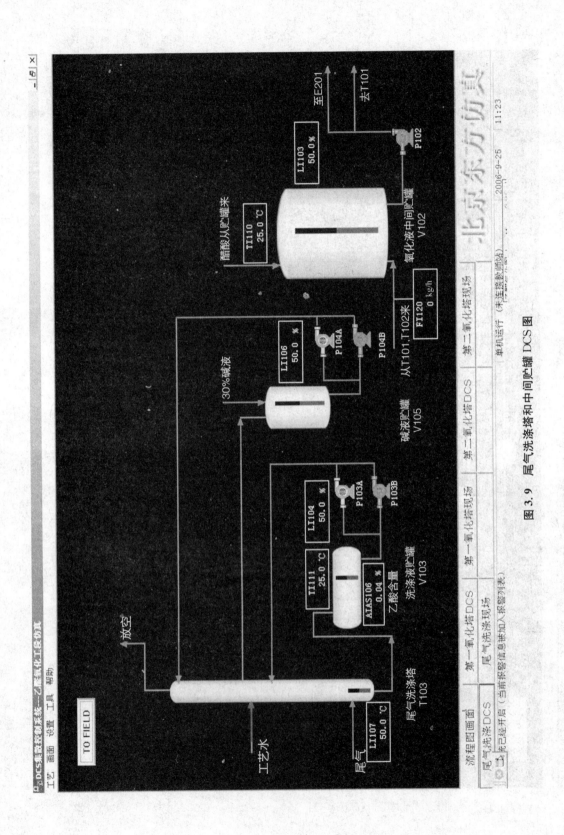

图3.9 尾气洗涤塔和中间贮罐DCS图

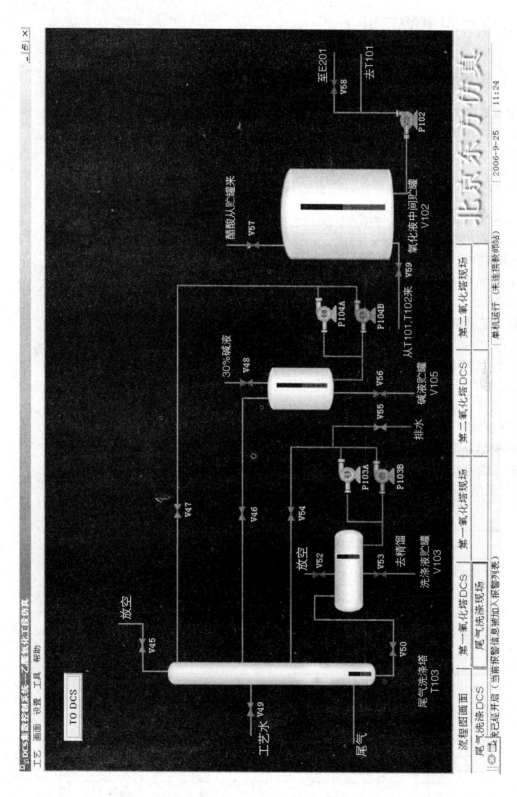

图 3.10 尾气洗涤塔和中间贮罐现场图

三、均苯四甲酸二酐工艺

(一) 装置概述

1. 装置概况说明

装置名称:均苯四甲酸(均苯四甲酸二酐)装置。

本装置以均四甲苯和空气中的氧为原料在催化剂的作用下生成均苯四甲酸二酐。

本装置分下列工序:

(1) 氧化工段

氧化:催化氧化生成均酐及副产物。

捕集:产物捕集。

(2) 水解单元

水解:得到均苯四酸粗产品。

(3) 浓缩单元

浓缩:工艺废液经浓缩处理。

(4) 干燥单元

干燥:得到均苯四酸产品。

(5) 脱水单元

脱水:除去均苯四酸中的水生成粗酐。

(6) 升华单元

升华:重结晶得精均苯四甲酸二酐。

2. 产品说明

(1) 产品信息(表 3.6)

表 3.6　产品信息

产品名称	分子式	缩写	分子量	规模(吨/年)
均苯四甲酸二酐	$C_{10}H_2O_6$	PMDA	218.12	100
均苯四甲酸	$C_{10}H_6O_8$	PMA	256.17	117

(2) 产品规格(表 3.7)

表 3.7　产品规格

性　质	数　据	性　质	数　据
外观	白色或淡黄色结晶状物质	纯度	98.0%~99.0%
熔点	284~287 ℃	沸点	397~400 ℃
比重	1.68(g/cm³)	蒸气压力	4 000 Pa(305 ℃)
均苯四甲酸	0.5%	苯三酸	0.2%

均苯四甲酸二酐（Pyromellitic Dianhydride/PMDA），简称均酐，是一种重要的化工原料，易溶于 DMSO、NMP、DMF，可溶于丙酮、THF，稍溶于水。它和芳香族二胺合成的高分子聚合物——聚酰亚胺是一种耐高温、耐低温、耐辐射、耐冲击和具有优异电绝缘性能和机械性能的新型合成材料，广泛应用于电子、机电及航空工业等方面。目前，PMDA 作为粉末涂料的助剂在国内的用量越来越大。

3. 工艺原理简述

（1）概要

本工艺分为氧化、水解、干燥、浓缩、脱水和升华工序。

① 氧化工序：固体的均四甲苯经加热熔化，气化与热空气混合后，在固定床氧化反应器中，催化氧化生成均酐及副产物，经换热冷却捕集得到均酐粗产品。

② 水解、浓缩工序：粗的均酐产品在水解釜中加一定量的水和活性炭，加热水解后，经热过滤器除去活性炭，冷却结晶再经离心机甩干，得到均苯四酸粗产品，浓缩是将工艺废液经浓缩处理后，水循环使用，废渣可焚烧处理。

③ 脱水、升华工序：四酸粗产品在脱水釜中，在加热、真空条件下除去粗产品中的游离水和分子生成粗酐，同时脱去低沸点副产物脱水后的粗酐在其表面上加一定量的硅胶，在升华釜内加热和高真空的状态下使其升华重结晶，得到产品均苯四甲酸二酐。

④ 干燥：水解工序出的四酸产品直接经旋风干燥器干燥得均苯四甲酸产品，本工艺氧化工序为连续生产。捕集器采用两套切换操作，一套捕集，一套出料备用。水解工序及脱水、升华工序为间歇操作。

（2）机理

① 氧化：均四甲苯与空气在一定温度下，在催化剂床层中催化氧化生成均酐及少量副产物，同时还有均四甲苯完全氧化为二氧化碳和水。整个反应机理较为复杂，现列出主副反应与完全燃烧反应方程式。

主反应：

$$\text{H}_3\text{C}\text{—}\bigcirc\text{—}\text{CH}_3 + 6\text{O}_2 \longrightarrow \text{PMDA} + 6\text{H}_2\text{O} + 2\,140\text{ kJ}$$

副反应：

$$\text{H}_3\text{C}\text{—}\bigcirc\text{—}\text{CH}_3 + 6\text{O}_2 \longrightarrow \text{四酸} + 4\text{H}_2\text{O} + 2\,381\text{ kJ}$$

$$\text{H}_3\text{C}\text{—}\bigcirc\text{—}\text{CH}_3 + \frac{9}{2}\text{O}_2 \longrightarrow \text{二酮二酸} + 4\text{H}_2\text{O} + 1\,165\text{ kJ}$$

$$\text{（均四甲苯）} + 3O_2 \longrightarrow \text{（2,4-二甲基对苯二甲酸）} + 2H_2O + 1\,190\text{ KJ}$$

$$\text{（均四甲苯）} + 3O_2 \longrightarrow \text{（4,5-二甲基邻苯二甲酸酐）} + 3H_2O + 1\,070\text{ kJ}$$

$$\text{（均四甲苯）} + \frac{3}{2}O_2 \longrightarrow \text{（2,4,5-三甲基苯甲酸）} + H_2O + 594\text{ kJ}$$

$$\text{（均四甲苯）} + \frac{27}{2}O_2 \longrightarrow 10CO_2 + 7H_2O + 5\,579.4\text{ kJ}$$

$$\text{（均四甲苯）} + \frac{17}{2}O_2 \longrightarrow 10CO + 7H_2O + 2\,749.7\text{ kJ}$$

② 水解：粗的均酐与水在一定温度下发生水解反应，生成均苯四酸。

③ 精制（脱水、升华）：均苯四酸在一定温度下脱水生成均酐。本工序是通过升华使产品纯度提高。

4. 工艺流程

（1）氧化工段

将原料均四甲苯加入（V0101）均四化料槽中，打开（V0101）蒸气阀及疏水器阀门，蒸气加热熔化均四甲苯，经（P0101）均四输送泵，加入（V0102）均四计量罐中。均四计量罐夹套需通少量蒸气保温至 100 ± 5 ℃。液态均四甲苯经（V0109）均四过滤器过滤后由（P0102）均四计量泵定量地送入（X0101）汽化混合器内。

原料空气经（C0101）罗茨风机、（V0104）空气缓冲罐，经计量后在（V0107）第三捕集器、（V0106）第二捕集器、（V0105）第一捕集器的管件与反应混合气体换热后，再经（E0104）空气预热器、（E0103）第二换热器、（E0102）第一换热器进一步换热后进入（X0101）汽化混合器。

在（X0101）汽化混合器中，均四甲苯与热空气均匀混合汽化后由（R0101）氧化反应器的上部进入。氧化反应器为列管式固定床反应器，列管内均匀填装催化剂，管外由熔盐加热。熔盐在（V0103）熔盐槽中由电热棒加热、控温，经（P0103）熔盐液下泵进入反应器下部，经分配后进入管间，由反应器上部经（E0101）熔盐冷却器管间返回熔盐槽。在反应过程中始终保持熔盐循环。氧化反应产生的多余热量在（E0101）熔盐冷却器中与通入的冷空气换热降温返回熔盐槽。

均四甲苯与空气混合物在氧化反应管内催化剂的作用下，反应生成均酐及副产物及完全氧化产物二氧化碳、水，反应后的反应气经（E0102）第一换热器、（E0103）第二换热器管内与空气换热器降温，再经（E0105）热管换热器降温后依次进入一、二、三、四捕集器，热管换热器冷端为水，水被加热汽化后放空。

捕集器一、二、三捕为列管式捕集器，四捕为隔板折流式，进入捕集器的反应气体与壳程的空气换热器降温后凝华生成固体粗产品，依次经一、二、三、四捕后的反应尾气进入（T0101）水洗塔，水洗后放空。捕集器为二列切换操作，一列捕集，另一列冷却后出料备用。

水洗池中的水经（P0104）水洗泵，由（T0101）水洗塔上部喷入，水洗塔为（三层）湍流吸收塔,尾气经水吸收后放空,水洗液送浓缩釜浓缩处理。

(2) 水解工段

氧化工段得到的粗酐含有一定量的副产物,需经水解、脱水、升华进行精制,根据各捕集器得到粗产品的质量情况分别进行一次或两次水解。

在(R0201)水解釜中加入一定量的粗酐,由(V0204)水计量罐经(P0201)水解泵定量加入水,釜内根据需要加入一定量的活性炭,搅拌下通蒸气加热水解,反应一定时间后,保温下经(V0206)水解过滤器热过滤。过滤前过滤器(V0206)需通蒸气预热。为加速过滤,在过滤后期可向(R0201)水解罐内稍加空气压滤,空气由(C0201)小空压机提供。

热过滤滤液根据水解粗产物的质量不同作不同处理。一般情况下,一捕物料可进入中间槽(V0201)经(P0202)中间槽泵送至(R0202)结晶釜。二捕、三捕产物进入(V0202)结晶槽,自然冷却结晶。

自结晶釜的物料经离心机(M0201)离心分离后,送脱水升华。母液进入母液槽,一次母液有时可循环使用一次。

自结晶槽(V0202)的物料经(M0201)离心分离后视质量情况送脱水、升华工序或返回水解釜二次水解,需进行两次的物料,一般第一次水解时不加活性炭,二次水解时再加活性炭。离心母液进入母液槽。

母液用真空抽吸入(R0203)浓缩釜,真空下加热浓缩,真空由(P0305)水喷射泵及(P0304)水循环泵组成的真空系统提出。蒸出的水经(E0202)冷却后进入(V0203)水接收罐,浓缩后的母液排入废渣池,冷却后作焚烧处理。

(3) 精制工段

来自水解工段的物料,均匀加入不锈钢制小舟中,打开(E0301)脱水釜快开盖,将小舟放入列管中,脱水釜热量由熔盐提供,熔盐由电加热、控制。

脱水在真空状态下进行,真空由(V0304)水槽、(P0305)水喷射泵、(P0304)水循环泵组成的水喷射系统,经(V0301)缓冲罐提供。在一定的温度和真空下脱水、脱副产物,副产物留在釜腔中。

脱水后,小舟从脱水釜取出送至装料间,冷却后在小舟表面加入一定量的硅胶。打开升华釜端盖,依次将小舟送入各列管中。升华釜热量由熔盐提供,熔盐由电加热、控温。

升华在真空状态下进行,由(P0301)真空泵提供,该泵一组供三台升华釜同时使用。为避免升华釜并入真空系统,初期可能大大降低系统的真空度而影响其他釜的正常操作,本工艺设置一套水喷射真空系统(V0304)(P0304)(P0305)作为升华釜的预抽真空系统,待真空基本达到时再切换至真实泵系统。

在一定的真空度、温度、时间里,升华后的产品附在釜结晶腔壁上,打开釜盖,稍冷后清除、取出,送产品包装间、检验、包装、出厂。

(4) 干燥

氧化工段生产的湿物料经加料机与加热后的自然空气(空气由蒸气加热和电加热两种方式加热)同时进入干燥器,二者充分混合,由于热质交换面积大,从而在很短的时间内达到蒸发干燥的目的。干燥后的成品从旋风分离器排出,空气中携带的一小部分飞粉由布袋除尘器得到回收利用。

5. 自动控制及联锁

（1）氧化工段

① 自动控制：

a. 熔盐槽温度控制 TIC103，如图 3.11 所示。

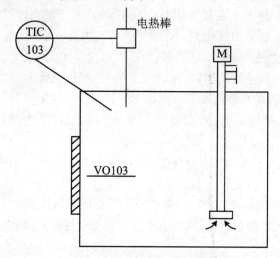

图 3.11　熔盐槽温度控制 TIC103

b. 熔盐冷却器温度控制 TIC106，如图 3.12 所示。

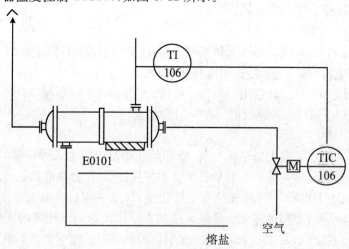

图 3.12　熔盐冷却器温度控制 TIC106

c. 热管换热器温度控制 TC112，如图 3.13 所示。

② 联锁：

a. 熔盐泵冷却水压力–熔盐泵电动机联锁 PS1。

熔盐泵冷却水压力低熔盐泵停机。

b. 熔盐泵出口压力–计量泵电动机联锁 PS2。

熔盐泵出口压力低计量泵停机。

c. 罗茨鼓风机冷却水压力–罗茨鼓风机电动机联锁 PS3。

罗茨鼓风机冷却水压力低罗茨鼓风机电动机停。

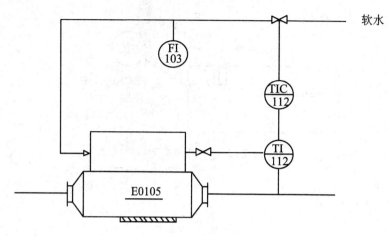

图 3.13　热管换热器

d. 熔盐泵-罗茨风机联锁 PS4。

熔盐泵出口无流量,停熔盐泵罗茨风机。

e. 罗茨风机-计量泵联锁 PS5。

罗茨风机停,停计量泵。

f. 汽化器温度-罗茨风机联锁 TS1。

汽化器温度高,停罗茨风机。

g. 反应器温度(T-108)-计量泵温度联锁 TS2。

反应器温度 T-108 高于 480 ℃,停计量泵。

h. 计量罐液位控制(位式)LC101。

当液位低于下限时,输送泵动作自动加料,到达上限时输送泵自动关闭,停止加料。

i. 水洗池液位控制 LS1。

当液位低于下限时,加水电磁阀动作自动加水,到达上限时电磁阀自动关闭,停止加水。

(2) 水解单元

本单元暂无自控及联锁。

(3) 干燥单元

本单元暂无自控及联锁。

(4) 浓缩单元

本单元暂无自控及联锁。

(5) 脱水单元

脱水单元如图 3.14 所示。

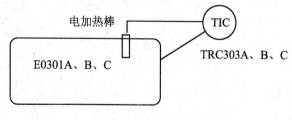

图 3.14　脱水单元

(6) 升华单元

升华单元如图 3.15 所示。

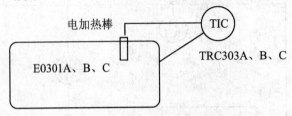

图 3.15　升华单元

6. 主要设备

主要设备如表 3.8 所示。

表 3.8　主要设备

序　号	设备位号	设备名称
氧化		
1	V0101	化料槽
2	P0101	均四输送泵
3	V0102	计量罐
4	E0101	熔盐冷却器
5	V0109	均四过滤器
6	P0102	均四计量泵
7	V0103	熔盐槽
8	R0101	氧化反应器
9	P0103	熔盐泵
10	X0101	汽化器
11	C0101	罗茨风机
12	E0102	第一冷却器
13	E0103	第二冷却器
14	E0104	空气预热器
15	E0105	热管换热器
16、17	V0105A、B	第一捕集器
18、19	V0106A、B	第二捕集器
20、21	V0107A、B	第三捕集器
22、23	V0108A、B	第四捕集器
24	T0101	水洗塔
25、26	P0104A、B	水洗泵

续表

水解		
27	C0201	空气压缩机
28	R0201	水解釜
29	V0205	水解过滤器
30	V0201	水解中间槽
31	P0202	中间槽泵
32	E0201	水解冷凝器
33～36	V0202A、B、C、D	结晶槽
37	R0202	结晶釜
38、39	M0201A、B	离心机
40	P0203	母液泵
浓缩		
41	R0203	浓缩釜
42	V0203	接收罐
43	E0202	浓缩冷凝器
44	V0204	软水罐
45	V0205	真空缓冲罐
46	P0201	水解泵
47	P0304E	水循环泵
48	P0305E	水喷射泵
脱水		
49～51	P0304A、B、C	水循环泵
52～54	P0305A、B、C	水喷射泵
55～57	V0301A、B、C	脱水真空缓冲罐
60～62	E0301A、B、C	脱水釜
63～65	E0302A、B、C	脱水冷却器
升华		
66	P0304D	水循环泵
67	P0305D	水喷射泵
68	V0301D	真空缓冲罐
69～71	E0304A、B、C	升华冷却器
72～74	V0303A、B、C	升华过滤罐
75～77	V0302A、B、C	升华真空缓冲罐
78～80	E0303A、B、C	升华釜
81	P0301	真空泵

干燥		
82	V0401	空气过滤器
83	P0401	送风机(罗茨风机)
84	E0401	加热器
85	V0402	干燥主机
86	M0401	加料器
87	M0402	气锁下料器
88	V0403	旋风分离器
89	P0402	引风机
90	V0404	布袋除尘器

7. 原料、辅助原料、公用工程规格

(1) 原料、辅助原料规格

均酐生产的主要原料为均四甲苯和空气中的氧气,辅助原料为活性炭、硅胶。

① 均四甲苯:白色结晶状物质,熔点为 79.38 ℃。如表 3.9 所示。

表 3.9 均四甲苯

指 标	一级品	二级品
熔点(℃)	76~80	75~80
纯度(℃)	≥97	≥95
状态	白色粉末结晶	白色粉末结晶

② 活性炭:黑色微细粉末,无臭无味。

③ 硅胶:粗孔不规则硅胶($\Phi1$-3)。

④ 空气:空气不含水等杂质。

⑤ 催化剂:V 系催化剂。

(2) 公用工程规格

公用工程规格如表 3.10 所示。

表 3.10 公用工程规格

序 号	名 称	消 耗	能 力
1	蒸气	0.2~0.6 t/h	2.0
2	冷却水	15~45 m³/h	50
3	软水	0.17~0.41 t/h	0.80
4	自来水		10 t/天
5	电	最大量	能力 315 kW

8. 调节器及显示仪表说明

调节器及显示仪表说明如表 3.11 所示。

表 3.11　调节器及显示仪表说明

序号	仪表号	物料名称	温度/℃	压力/MPa	类　型	控制情况
1	TI101	均四甲苯	100	常压	指示	集中
2	TI102	均四甲苯	100	常压	指示	集中
3	TI103	熔盐	400~450	常压	调节、指示	集中
4	TI104	熔盐	400~450	0.05	指示	集中
5	TI105	熔盐	400~450	0.05	指示	集中
6	TI106	熔盐	400~450	0.05	指示	集中
7	TIR107a-c	空气	400~450	常压	指示、记录	集中
8	TIR108a-c	空气	435~445	常压	指示、记录	集中
9	TI109	空气	300	常压	调节、指示	集中
10	TI110	混合气	400	0.05	指示	集中
11	TI111	混合气	300	0.05	指示	集中
12	TI112	混合气	200	0.05	指示	集中
13	TI113a、b	混合气	160	0.03	指示	集中
14	TI114a、b	混合气	130	0.03	指示	集中
15	TI115a、b	混合气	100	0.03	指示	集中
16	TI116a、b	混合气	60	0.03	指示	集中
17	TI117	空气	50	0.06	指示	集中
18	TI118	空气	70	0.05	指示	集中
19	TI119	空气	130	0.05	指示	集中
20	TI120	空气	200	0.05	指示	集中
21	TIR121	均四空气	180	0.05	报警、指示、记录、联锁	集中
22	TI122	软水	80	常压	报警、指示、联锁	现场
23	TI123	水	32	0.3	指示	现场
24	PI101	蒸气	140	0.3	指示	现场
25	PI102	蒸气	110	0.3	指示	现场
26	PI103	空气	200	0.05	指示	现场
27	PI104	蒸气	140	0.3	指示	现场集中
28	PI105	空气	50	0.0588	指示	现场
29	PI106	均四甲苯	100	0.15	指示	现场
30	PI107	均四甲苯	100	1.6	指示	现场
31	PI108	熔盐	400	0.5	指示	现场

序号	仪表号	物料名称	温度/℃	压力/MPa	类　　型	控制情况
32	PI109(a、b)	酸水	常温	0.15	指示	现场
33	PI110	蒸气	140	0.3	指示	现场
34	L1101	均四甲苯	100	常压	指示	集中现场
35	HIC101	空气			指示	
36	HIC102	空气			指示	
37	FI101	均四甲苯	100	0.1	指示	现场
38	FI102	空气	50	0.05	指示、调节	集中
39	FI103	软水	常温	常压	指示	现场
40	FI104	空气	50	0.05	指示、调节	集中
41	TI201	酸水	95	0.1	指示	现场
42	TI202	酸水	95	常压	指示	现场
43	TI203	酸水	95	−0.08	指示	现场
44	PI201	酸水	95	0.1	指示	现场
45	PI202	酸水	95	−0.08	指示	现场
46	PI203	蒸气	140	0.3	指示	现场
47	PI204	蒸气	140	0.3	指示	现场
48	PI205	酸水	常温	−0.08	指示	现场
49	PI206	酸水	常温	−0.08	指示	现场
50	PI207	酸水	90	0.1	指示	现场
51	PI208	酸水	常温	0.1	指示	现场
52	PI209	水	常温	0.2	指示	现场
53	TI301	酸水	40	常压	指示	现场
54	TI302(a-c)	酸汽	100	−0.08	指示	集中现场
55	TI303(a-c)	熔盐	230	常压	指示、调节、记录	集中现场
56	TI304(a-c)	酸汽	200	−0.1	指示	集中现场
57	TI305(a-c)	熔盐	230	常压	指示、调节、记录	集中现场
58	TI306(a-c)	酸水	常温	−0.08	指示	现场
59	PI301(a-d)	酸汽	常温	−0.08	指示	现场
60	PI302(a-c)	酸汽	100	−0.08	指示	现场
61	PI303(a-c)	酸汽	150	−0.1	指示	现场
62	PI304(a-c)	酸汽	常温	−0.1	指示	现场
63	PI305(a-c)	水	40	0.3	指示	现场

（二）工艺仿真范围

1. 工艺仿真范围

本装置仿真培训系统以仿操作（包括 DCS 操作及现场操作）为主，要求能实现各工段和单元的开车，正常运行，停工及事故处理等各种培训项目的操作。调节阀的前后阀及旁路阀如无特殊需要不做模拟。对于一些现场的辅助操作（如化学药品配制等），不做仿真模拟，其中开车操作从各装置进料开始，假定进料前的开车准备工作（包括水、电、蒸汽等）全部就绪。

本工艺主要仿真系统包括：氧化工段、水解单元、浓缩单元、干燥单元、脱水单元、升华单元。各工段和单元的仿真范围以提供的简化流程图为准。

（1）氧化工段的仿真范围

包括化料槽（V0101）、均四输送泵（P0101）、计量罐（V0102）、均四过滤罐（V0109）、均四计量泵（P0102）、熔盐冷却器（E0101）、熔盐槽（V0103）、熔盐泵（P0103）、氧化反应器（R0101）、汽化器（X0101）、罗茨风机（C0101）、空气缓冲罐（V0104）、冷凝器 E0102 和 E0103、热管换热器（E0105）、空气换热器（E0104）、第一捕集器（V0105A、B）、第二捕集器（V0106A、B）、第三捕集器（V0107A、B）、第四捕集器（V0108A、B）、水洗塔（T0101）、水洗泵（P0104A、B）。

（2）水解单元的仿真范围

包括空压机（C0201）、水解过滤器（V0205）、水解釜（R0201）、中间槽（V0201）、中间槽泵（P0202）、水解冷凝器（E0201）、结晶槽（V0202A、B、C、D）、离心机（M0201A、B）、结晶釜（R0202）、母液泵（P0203）。

（3）浓缩单元的仿真范围

包括废液槽、浓缩釜（R0203）、浓缩冷凝器（E0202）、水接收罐（V0203）、软水罐（V0204）、水解泵（P0201）、真空缓冲罐（V0205）、水喷射泵（P0305E）、水循环泵（P0304E）。

（4）干燥单元的仿真范围

空气过滤器（V0401）、送风机（P0401）、加热器（E0401）、干燥主机（V0402）、加料器（M0401）、气锁下料器（M0402）、旋风分离器（V0403）、引风机（P0402）、布袋除尘器（V0404）。

（5）脱水单元的仿真范围

脱水真空缓冲罐（V0301A、B、C）、脱水冷却罐（E0302A、B、C）、脱水釜（E0301A、B、C）、水循环泵（P0304A、B、C）、水喷射泵（P0305A、B、C）。

（6）升华单元的仿真范围

升华真空缓冲罐（V0301D）、升华冷却罐（E0304A、B、C）、升华釜（E0303A、B、C）、升华冷却器（E0305A、B、C）、升华过滤罐（V0303A、B、C）、升华真空缓冲罐（V0302A、V0302B、V0302C）、真空泵（P0301）、水循环泵（P0304D）、水喷射泵（P0305D）。

2. 边界条件

所有各公用工程部分：水、电、气、风等均处于正常平稳状况。以甲方提供的数据为准。

3. 现场操作

现场手动操作的阀、机、泵等，根据开车、停车、事故设定以及现场设备切换的需要等进行设计。现场应实现其基本操作及显示功能。

（三）仿真系统的培训项目/仿真操作

1. 氧化工段培训项目

（1）系统开车

① 开车前的准备工作：简化为机修检查按钮和公用工程准备按钮。

② 熔盐的熔化、升温：

a. 将硝酸钾：亚硝酸钠＝3∶2（重量比）的比例混合后（为了降低熔点）加入（V0103）熔盐槽。

b. 为熔盐槽通电，进行电加热，随熔化随加熔盐至全部加完。熔盐槽的加热为三组加热棒，其中 V0103A、V0103B 为手动开关，TIC103 为自动开关（可设定加热温度），保温时只开 TIC103，升温时可三组全开。

c. 升温，熔化后控制加热量的大小，以 20 ℃/h 的速度升温至 350 ℃。

③ 反应器的预热：

（R0101）反应器填装催化剂后在熔盐循环之前应进行预热，其热量是由（E0104）空气预热器的蒸气提供。

a. 空气通过空气预热器后的高温气体将反应器床层吹热至 100～120 ℃，并保温 3 个小时。

b. 开盐冷器预热阀门，用热空气预热盐冷器到 80 ℃。

c. 停掉空气，停空气预热器蒸气。

d. 停空气后，开熔盐泵冷却水，开熔盐泵将熔化好了的熔盐打入反应器壳程，并循环。循环 30～60 min 后停泵。

e. 停泵后打开反应器上、下手孔，检查反应器上、下管板是否有熔盐渗漏。

④ 催化剂活化：

a. 熔盐泵停下后，熔盐自动返回（V0103）熔盐槽中。在槽中继续升温直至 450～470 ℃。

b. 在此期间间断开启（P0103）熔盐泵，保持反应器内温度。

c. 当熔盐槽升至 460～470 ℃时，开熔盐泵循环熔盐，保证熔盐、热点温度高于 450 ℃。

d. 开（C0101）罗茨风机送空气，空气流量为 600～1 200 m³/h。当床层温度达到 450 ℃时，视为活化开始。在此风量和温度下，保持 6～8 h，活化结束。

e. 停止电加热，使熔盐温度降至 400 ℃，恒温准备投料。

⑤ 均四甲苯标定：

a. 化料：将一定量的均四甲苯投入（V0101）化料槽中，通蒸气加热物料熔化，并保持温度 100～110 ℃。

b. 通蒸气预热（V0102）计量罐、（V0109）过滤罐、（P0102）计量泵及相关管路至 100～110 ℃。

c. （P0102）计量泵标定：开（P0102）计量泵。以实际称量的方法进行标定。

⑥ 投料：

a. 当（R0101）反应器熔盐温度在 380～390 ℃，（X0101）汽化器温度大于 180 ℃，（V0105）捕集器入口在 160 ℃以上时，开（P0104）水洗泵。

b. 空气量调整为 1 000～1 500 m³/h。

c. 开（P0102）均四计量泵，投料试车。观察热点的变化情况。

d. 投料按由低到高逐渐增加的原则进行。在热点已经上升，反应开始正常运行后，逐渐调整熔盐温度及风量至正常操作条件。一般情况下,按下列负荷-时间投料开车:$\frac{1}{3}$负荷 24 h(简化为 10 min);$\frac{1}{2}$负荷 24 h(简化为 10 min);$\frac{3}{4}$负荷 24 h(简化为 10 min);$\frac{4}{4}$负荷每半小时,对各点的温度、压力等记录一次。

(2) 系统正常停车

① 关闭均四甲苯计量泵,停止进料。

② 继续运转 10～15 min,待反应器热点温度低于 400 ℃时,关闭罗茨鼓风机,停风。

③ 关停熔盐泵,使反应器熔盐全部自流回熔盐槽。

④ 停止空气预热器蒸气加热,关掉蒸气阀门。

⑤ 停止送风后,待尾气压力接近常压,关停水洗泵。

⑥ 间歇开动熔盐泵,使反应器温度不低于 200 ℃(保温,有利于下次开车)。

(3) 紧急停车

① 遇有紧急情况,先关停均四甲苯进料泵,然后才可停止其他设备运转。

② 继续运转 10～15 min,待反应器热点温度低于 400 ℃时,关闭罗茨鼓风机,停风。

③ 关停熔盐泵,使反应器熔盐全部自流回路熔盐槽。

④ 停止空气预热器蒸气加热,关掉蒸气阀门。

⑤ 停止送风后,待尾气压力接近常压,关停水洗泵。

⑥ 间歇开动熔盐泵,使反应器温度不低于 200 ℃。

(4) 催化剂活化

① 关均四计量泵停止进料。

② 开电加热,当熔盐槽升至 450～470 ℃时,开熔盐泵循环熔盐。

③ 调整(C0101)罗茨风机送空量,空气流量为 600～1 200 m³/h。当床层温度达到 450 ℃时,视为活化开始。在此风量和温度下,保持 6～8 h,活化结束。

④ 停止电加热,使熔盐温度降至 400 ℃,恒温准备投料。

注意:

(1) 计量泵故障,不打料

① 结果:热点下降,无法控制。

② 原因:a. 蒸气压力过高;b. 均四甲苯含水过多。

③ 处理方法:维修计量泵。

④ 处理结果:能恢复计量泵进料。

(2) 输送泵不进料

① 原因:a. 化料槽无料;b. 输送泵被堵。

② 处理方法:a. 化料槽加料;b. 疏通输送泵,维修班处理。

③ 处理结果:输送泵恢复正常。

(3) 盐冷器调节阀门失灵

① 原因:室外温度过低,调节阀门被冻。

② 处理方法:暖风机吹扫,调节阀门,调节副线阀门。

③ 处理结果:保证盐冷器正常工作。

(4) 床层阻力突然升高(切换混合气易发生)

① 原因:混合气管道被堵(易发生部位:横管,竖管及出口)。

② 处理方法:清理管道堵塞部位(按维修按钮)。

③ 处理结果:床层阻力恢复正常。

(5) 热管换热器 E0105 出口温度 TI112 过高

① 原因:计量罐打入均四量过多。

② 处理方法:根据要求打料,停输送泵。

(6) 反应热点温度波动大

① 原因:a. 均四原料进料不稳;b. 熔盐温度波动;c. 空气量不稳。

② 处理方法:a. 调整进料;b. 控制好盐温;c. 调整风量。

(7) 汽化器内自燃(超过 250 ℃)

① 原因:重组分积累及结焦。

② 处理:a. 清理放出焦油状物和降低汽化温度;b. 停风机停止进料;c. 定时清理汽化器。

(8) 进入氧化反应器的料忽多忽少

① 原因:a. 料中含有水分;b. 计量泵故障。

② 处理方法:a. 对计量罐进行放水;b. 检查泵运行量是否正常,维修计量泵。

(9) 混合气阀门关不死

① 原因:管道物料堵住阀门。

② 处理方法:清理管道物料。

(10) 负荷过高

① 现象:反应器热点升高。

② 处理方法:减少均四甲苯进料。

(11) 熔盐温度偏高

① 现象:反应器热点升高。

② 处理:降低熔盐温度。

(12) 空气量不足

① 现象:反应器热点升高。

② 处理:调整空气量。

(13) 反应器中盐温过高

处理方法:调整盐冷器冷空气量。

2. 水解单元培训项目

(1)一捕来料水解

① 准备工作,简化为机修按钮及公用工程准备按钮。

② 试车:投料前应以水代料进行试车。方法是将本工段各釜加一定量的水,开搅拌,蒸气加热后,从各相应设备管路中放出。观察有无泄漏,顺便冲洗设备和管路。

③ 投料:开(P0201)水解泵,向(R0201)水解釜打入软水 1500 kg,搅拌下加入一捕粗酐 300 kg、活性炭 15 kg,封闭手孔。开(E0201)冷凝器冷凝冷凝水,开蒸气阀加热。

④ 当釜内物料温度升至 95 ℃时,恒温 0.5～1.0 h。待(V0102)过滤器预热后,开釜底阀进行热过滤。当过滤速度慢时,开(C0201)向釜内保压 0.5～1.0 kg/cm²。完毕后,清洗(V0206)过滤器待用。滤液收集在(V0201)中间槽内。

⑤ 开(P0202)中间槽泵,将滤液送入结晶釜搅拌下冷却结晶(开始时冷却速度慢些)。当釜

温冷至 20～30 ℃时,开釜底阀,物料流入(M0201)离心机。间歇放料,间歇离心。离心出的四酸送去脱水、升华工段。

(2) 二捕来料水解

① 准备工作,简化为机修按钮及公用工程准备按钮。

② 试车:投料前应以水带料进行试车。方法是将本工段各釜加一定量的水,开搅拌,蒸气加热后,从各相应设备管路中放出。观察有无泄漏,顺便冲洗设备和管路。

③ 第一次水解:开(P0201)水解泵,向(R0201)水解釜打入软水 1 500 kg,搅拌下加入二捕粗酐 240 kg,封闭手孔。开(E0201)冷凝器冷凝水,开蒸气阀加热。当釜内物料温度升至 95 ℃时,恒温 0.5～1.0 h。待(V0102)过滤器预热后,开釜底阀进行热过滤。当过滤速度慢时,开(C0201)向釜内保压 0.5～1.0 kg/cm²。过滤完毕后,清洗(V0206)过滤器待用。

此时。第一次水解时不加活性炭,水解温度为 95 ℃。其滤液进入结晶槽,自然冷却结晶后去离心。

④ 第二次水解:离心后的产物重新投入水解釜内,加活性炭 15 kg 进行第二次水解,其滤液仍进入结晶槽。冷却结晶,离心分离后送脱水、开华工段。

(3) 三捕来料水解

① 准备工作:机修和公用工程准备好,水解过滤器加好滤布或清洗水解过滤器;启动小空压机给水解釜加压,压力在 0.1～0.15 MPa;检查水解釜的密封性。(实际操作时,投料前应以水带料进行试车。方法是将本工段各釜加一定量的水,开搅拌,蒸气加热后,从各相应设备路中放出。观察有无泄漏,顺便冲洗设备和管路。)

② 第一次水解:开(P0201)水解泵,向(R0201)水解釜打入软水 1 500 kg,搅拌下加入三捕粗酐 200 kg,不加活性炭(实际操作时,封闭手孔)。开(E0201)冷凝器冷凝水,开蒸气阀加热。当釜内物料温度升至 95 ℃时,恒温 120 s(实际操作时,恒温 0.5～1.0 h);待(V0102)过滤器预热后,开釜底阀进行热过滤。当过滤速度慢时,开(C0201)向釜内保压 0.5～1.0 kg/cm²。过滤完毕后,清洗(V0206)过滤器待用。将水解釜卸压,其滤液进结晶槽,自然冷却结晶后去离心,离心液进母液槽。

③ 第二次水解:将一次水解结晶离心后的物料重新投入水解釜内(实际操作时,封闭手孔),开(P0203)母液泵,向(R0201)水解釜打入母液 1 300 kg,搅拌,不加活性炭,开蒸气阀加热。当釜内物料温度升至 95 ℃时,恒温 120 s(实际操作时,恒温 0.5～1.0 h),待(V0102)过滤器预热后,开釜底阀进行热过滤。当过滤速度慢时,开(C0201)向釜内保压 0.5～1.0 kg/cm²。过滤完毕后,清洗(V0206)过滤器待用。将水解釜卸压,其滤液进结晶槽,自然冷却结晶后去离心,离心液进母液槽。

④ 第三次水解:将二次水解结晶离心后的产物重新投入水解釜内,加活性炭 15 kg 及软水 1 500 kg(实际操作时,封闭手孔),进行第三次水解,开蒸气阀加热。当釜内物料温度升至 95 ℃时,恒温 120 s(实际操作时,恒温 0.5～1.0 h),待(V0102)过滤器预热后,开釜底阀进行热过滤,其滤液仍进入结晶槽。当过滤速度慢时,开(C0201)向釜内保压 0.5～1.0 kg/cm²。过滤完毕后,清洗(V0206)过滤器待用。将水解釜卸压,其滤液进结晶槽,自然冷却结晶后去离心,离心出的四酸送去干燥或脱水、升华工段。离心液进母液槽。

注意:

① 结晶产品色泽过深。

原因:a. 水解水量偏低;b. 水解温度偏低;c. 水解时间不够;d. 活性炭加入量不足;e. 活

性炭渗漏。

处理方法：a. 调整物料、水比例；b. 保证水解温度；c. 保证水解时间；d. 增加活性炭量或更换活性炭；e. 换新滤布或更换细密滤布。

② 结晶物料量收率偏低。

原因：a. 结晶时间不足；b. 温度偏高；

处理：a. 增加结晶时间；b. 降低结晶温度。

3. 浓缩单元培训项目

（1）正常生产开车

① 准备工作：

a. 关闭冷凝器到水接收罐阀门；

b. 关闭废液槽到浓缩釜（R0203）阀门；

c. 检查浓缩釜（R0203）放空阀是否关好；

d. 启动水喷射泵（P0305E）。

② 浓缩操作：

a. 关闭冷凝器到水接收罐阀门；

b. 打开废液槽到浓缩釜（R0203）阀门；

c. 启动水喷射泵（P0305E），将废液吸入浓缩釜至 $\frac{2}{3}$ 液位；

d. 打开浓缩釜放空阀；

e. 关闭废液槽到浓缩釜（R0203）处阀门；

f. 停水喷射泵（P0305E）；

g. 通蒸气；

h. 开水喷射泵（P0305E）；

i. 每隔半小时记录一次浓缩釜内压力、温度。

（2）正常生产停车

① 停蒸气。

② 打开浓缩釜放空阀。

③ 关闭水喷射泵（P0305E）。

④ 打开浓缩釜（R0203）排污阀。

注意：

① 釜内温度偏低。

现象：浓缩釜内所提供的蒸气压力偏低。

处理方法：加大蒸气压力（开大蒸汽阀门）。

② 真空度不够，真空装置漏气。

现象：浓缩釜内压力偏高。

处理方法：检查整个真空装置是否有泄露。检查过后，重新抽真空。

4. 脱水单元培训项目

① 准备工作（正常生产开车（一次投料））：

a. 加熔盐，按硝酸钾：亚硝酸钠＝3：2的比例混合后，边加热边不断加入到脱水釜、升华釜列管的管间。此期间加热棒功率要求只使用 $\frac{1}{3}$ ～ $\frac{2}{3}$ 。

b. 检查整个真空系统密封性是否良好,能否达到真空度要求。

c. 检查所有的机动设备,如真空泵、离心水泵、引风机等运转是否正常,润滑系统是否符合要求。

d. 清理脱水釜、升华釜内所有脏物、锈斑,特别是放小舟的列管内、内套筒小舟等。

② 脱水进料:

将水解工序送来的四酸,在装料池内装入小舟内压实刮平,逐一送入脱水釜内列管中,封闭釜端盖。

③ 开喷射真空系统:

开对应的脱水釜喷射真空系统,在熔盐温度保持 230 ℃、真空度保持 −0.095 MPa 下,保持 6~8 h,即可出料。将小舟拉出,稍冷后送回装料间待用。清理釜腔及管路副产物后重新投料。

④ 停车出料:脱水完成后、真空系统,关闭加热系统,开釜盖出料。

注意:

① 脱水不完全:

原因:a. 水解料未干;b. 真空度不够,真空系统不严密,管道不通畅。

处理方法:a. 提高脱水温度或增加脱水时间;b. 及时检查和清理。

② 真空度波动大和达不到要求:

原因:真空泵故障。

处理方法:检修真空泵。

③ 脱水釜温度低,达不到要求:

原因:加热系统故障。

处理方法:检修加热系统。

5. 升华单元培训项目

(1) 正常生产升华釜 A 开车

① 在脱过水后的小舟的物料上均匀撒一层约 1 cm 厚的硅胶,逐一放入升华釜列管中,密封釜端盖。

② 开水喷射泵预抽真空。

③ 开水环-罗茨泵,在熔盐温度为 250 ℃、真空度为 −0.099 5 MPa 下,维持 6~8 h,即可出料。

④ 开釜门,稍冷后清理釜腔壁上的产品,检验、包装。将釜内列管中小舟推出,送至装料间,倒出废硅球,清洗小舟,放好待用。

(2) 正常生产升华釜 B 开车

① 在脱过水后小舟的物料上均匀撒一层约 1 cm 厚的硅胶,逐一放入升华釜列管中,密封釜端盖。

② 开水喷射泵预抽真空。注意不要影响到升华釜 A 的真空度。

③ 开水环-罗茨泵,在熔盐温度为 250 ℃、真空度为 −0.099 5 MPa 下,维持 6~8 小时,即可出料。

④ 开釜门,稍冷后清理釜腔壁上的产品,检验、包装。将釜内列管中小舟推出,送至装料间,倒出废硅球,清洗小舟,放好待用。

（3）停车出料

升华完成后，停加热系统和真空系统，出料。

注意：

① 升华釜温度波动太大。

原因：可能是电热棒烧坏或温控系统出现问题。

处理：及时更换电热棒或请仪表工及时修理，排除故障。

② 真空度波动大和达不到要求。

原因：真空系统有泄漏，真空泵有故障，真空泵油变质，系统管路有物料堵塞现象。

处理：检查真空泵排除故障，调换新油，检查管路系统密封性，清除管路堵塞物料。

6. 干燥单元培训项目

（1）正常生产开车

① 启动电源。

② 启动送风机和启动引风机。

③ 开启主机电机。

④ 开蒸气加热阀门，然后开电加热开关，再开可调电加热开关，调节温度到指定温度。

⑤ 待混合室温度达到预定值后，开启加料器，均匀加料。加料速度应由慢至快，逐步达到正常加料速度。

⑥ 开启脉冲阀，使脉冲工作。

⑦ 检测产品含水量、粒度，调整温度和分级装置，使产品合格。

⑧ 出料：开关风机（气锁下料器）进行出料。

⑨ 手动出料，先关紧上出料阀，开启下出料阀，待料出净后，关闭下出料阀。开启上出料阀。

（2）停机

① 停止加热。

② 关闭加料器，待余料出净后关风机、主机电机及出料阀。然后清理加料器及布袋除尘器。

注意：

① 温度偏低：

现象：进风温度偏低。

处理方法：调节可调电加热旋钮，使进风温度达到正常值。

② 出料口阻塞，不下料：

现象：下料速度慢。

处理方法：a. 调节进风温度；b. 调节分级器；c. 清理出料口。

③ 进料太快：

现象：进料速度过快，主机振动，噪音异常。

处理方法：降低进料电机转速。

④ 热风不畅：

现象：产量不足，风量偏小。

处理方法：疏通过滤器、布袋。

⑤ 粉碎区阻塞：

现象：产量不足。

处理方法：清理粉碎区。

⑥ 搅拌粉碎速度不够：

现象：产量不足。

处理方法：调大转速。

⑦ 风速太高：

现象：成品粒度不均。

处理方法：调小风门。

四、聚氯乙烯生产工艺

(一) 工艺流程说明

1. 生产方法介绍

聚氯乙烯的聚合方法从乳液聚合、溶液聚合发展到悬浮聚合、本体聚合、微悬浮聚合等。国外目前以悬浮聚合（占 $80\%\sim85\%$）和二段本体聚合为主，国内目前以悬浮聚合为主，少量采取乳液聚合法。本仿真流程采用悬浮聚合法。

将各种原料与助剂加入到反应釜内，在搅拌的作用下充分均匀分散，然后加入适量的引发剂开始反应，并不断地向反应釜的夹套和挡板通入冷却水，达到移出反应热的目的。当氯乙烯转化成聚氯乙烯的百分率达到一定时，出现一个适当的压降，即终止反应出料，反应完成后的浆料经汽提脱析出内含 VC 后送到干燥工序脱水干燥。

氯乙烯悬浮聚合反应，属于自由基连锁加聚反应，反应式为

$$nCH_2=CHCl \longrightarrow \begin{array}{c} \left[CH_2-CH \right]_n \\ | \\ Cl \end{array}$$

它的反应一般由链引发剂，链增长，链终止，链转移几种元素反应组成。

2. 工艺流程简介

聚氯乙烯生产过程由聚合、气提、脱水干燥、VCM 回收系统等部分组成，同时还包括主料、辅料供给系统，真空系统等。生产流程如图 3.16 所示。

(1) 进料、聚合

首先向反应器内注入脱盐水，启动反应器搅拌，等待各种助剂的进料，水在氯乙烯悬浮聚合中使搅拌和聚合后的产品输送变得更加容易，也是一种分散剂影响着 PVC 颗粒形态。然后加入的是引发剂，氯乙烯聚合是自由基反应，而对烃类来说只有温度在 $400\sim500$ ℃以上才能分裂为自由基，这样高的温度远远超过正常的聚合温度，不能得到高分子，因而不能采用热裂解的方法来提供自由基，而采用某些可在较适合的聚合温度下，能产生自由基的物质来提供自由基。如偶氮类，过氧化物类。接下来加入分散剂，它的作用是稳定由搅拌形成的单体油滴，并阻止油滴相互聚集或合并。

对聚合釜加热到预定温度后加入 VCM，VCM 原料包括两部分，一是来自氯乙烯车间的新鲜 VCM，二是聚合后回收的未反应的 VCM，这些回收单体可与新鲜单体按一定比例再次加入到聚合釜中进行聚合反应。二者在搅拌条件下进行聚合反应，控制反应时间和反应温度，当聚

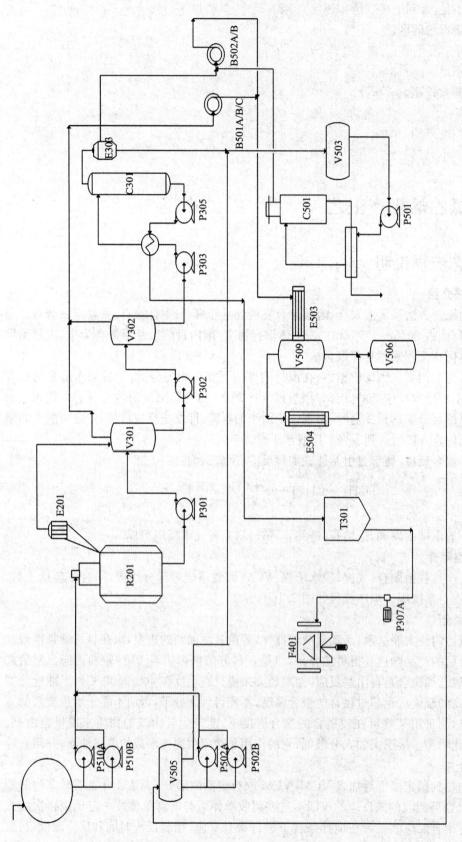

图 3.16 PVC 生产总流程

合釜内的聚合反应进行到比较理想的转化率时,PVC 的颗粒形态结构性能及疏松情况最好,希望此时进行泄料和回收而不是反应继续下去,就要加入终止剂使反应立即终止。当聚合反应特别剧烈而难以控制时,或是釜内出现异常情况,或者设备出现异常都可加入终止剂使反应减慢或是完全终止。

反应生成物称为浆料,转入下道工序,并放空聚合反应釜,用水清洗反应釜后在密闭条件下进行涂壁操作,涂壁剂溶液在蒸气作用下被雾化,冷凝在聚合釜的釜壁和挡板上,形成一层疏油亲水的膜,从而减轻了单体在聚合过程中的黏釜现象,然后重新投料生产。

（2）气提

反应后的 PVC 浆料由聚合釜送至浆料槽,再由汽提塔加料泵送至汽提工序。蒸气总管来的蒸气经蒸气过滤后,对浆料中的 VCM 进行汽提。浆料供料进入到一个热交换器中,并在热交换器中被从汽提塔底部来的热浆料预热。这种浆料之间的热交换的方法可以节省汽提所需的蒸气,并能通过冷却汽提塔浆料的方法,缩短产品的受热时间。VCM 随气提气从浆料中带出。气提气冷凝后,排入气柜或去聚合工序回收压缩机,不合格时排空。冷凝水送至聚合工序废水气提塔。

（3）干燥

气提后的浆料进入脱水干燥系统,以离心方式对物料进行甩干,由浆料管送入的浆料在强大的离心作用下,密度较大的固体物料沉入转鼓内壁,在螺旋输送器推动下,由转鼓的前端进入PVC 储罐,母液则由堰板处排入沉降池。

（4）VCM 回收

生产系统中,含 VCM 的气体均送入气柜暂存贮,气柜的气体经泵送入水分离器,分出液相和气相,液相为水,内含有 VCM 再送到气提器。气相为 VCM 和氮气进入液化器,经加压冷凝使 VCM 液化,液相 VCM 送 VCM 原料贮槽,不液化的气体外排。VCM 回收系统工艺流程如图 3.17 所示。

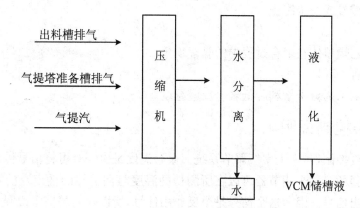

图 3.17　VCM 回收系统工艺流程图

（二）原料简介

1. 主要原料

主要原料为氯乙烯单体,分子式:C_2H_3Cl,结构式为

$$C = C$$

在氯乙烯分子中,有一个双键和一个氯原子,化学反应大都发生在这两个部位。

2. 辅助原料

（1）脱盐水

水在氯乙烯悬浮聚合中,使 VCM 液滴中的反应热传到釜壁和冷却挡板面移出,降低 PVC 浆料的黏度,使搅拌和聚合后的产品输送变得更加容易,也是一种分散剂影响着 PVC 颗粒形态。

（2）分散剂

稳定由搅拌形成的单体油滴,并阻止油滴相互聚集或合并。

（3）消泡剂

消泡剂是一种非离子表面活性剂,在配制分散剂溶液时加入,可保证分散剂溶液配制过程中以及以后的加料、反应过程中,不至于产生泡沫,影响传热及造成管路堵塞。

（4）引发剂

引发剂的选择对 PVC 的生产来说是至关重要的,主要考虑的因素有活性、水溶性、水解性、黏釜性、毒性、储存条件和价格等。

（5）缓冲剂

主要中和聚合体系中的 H^+,保证聚合反应在中性体系中进行,并提供 Ca^{2+},增加分散剂的保胶和分散能力,使 PVC 树脂具有较高的孔隙率。

（6）终止剂

在聚合反应达到理想的转化率,或因其他设备原因等需要立即终止聚合反应时,都可以加入终止剂使反应减慢或完全终止。

（7）涂壁剂

可以减轻氯乙烯单体在聚合过程中的黏釜现象。

（8）链转移剂

用来调节聚氯乙烯分子量和降低聚合反应温度。

（三）复杂控制说明

聚合釜的温度控制,是一个串级调节系统。聚合温度是由一个可将信号传送聚合温度调节器的热电阻体测得的。这个调节器可以在所测得的温度与调节器的设定点的差值的基础上产生一个反作用输出信号。因为这个信号是个反作用信号,所以较高的信号说明聚合釜要求冷却水量较少,反之,较低信号说明聚合釜要求冷却水量较多。聚合釜温度调节器输出信号是分成几个梯度的,这样当聚合放热量较少时,即调节器输出信号在较高的区域时,这个输出信号即可输送到挡板调节阀,并进一步送到副调节器即夹套水温调节器。

聚合温度调节器可以将挡板冷却水调节阀持续打开,直到达到最大经济流量设定点为止。当聚合放热量较高时,聚合釜温度调节器输出信号就会处在要求高冷却水量的范围中即低输出信号区域内。然后,这个聚合釜调节器的输出信号作为一个设定点,输入到副调节器上,这个调节器就会去检测夹套出口水温,打开夹套调节阀,直到达到温度设定点为止。

(四) 重点设备说明

聚合釜操作要按照次序,在一定流量的脱盐水冲洗下,将需要的引发剂在反应器的搅拌混合下,顺序加入引发剂、缓冲剂。然后将配方要求的氯乙烯单体加入到聚合釜中,开始升温反应,反应温度是需要控制的最主要参数。在反应期间,反应釜内的压力和连锁控制的夹套水温分别经历先升后降和先升后降再升的过程,当反应时间满足要求,釜内压力降低至预期值时,反应终点到达。在反应过程中,釜内黏度逐渐变大,因此需要不断向反应器内加水稀释。聚合反应为间歇操作,并需要加入终止剂来控制反应的程度。

(五) 操作规程

1. 冷态开车

(1) 脱盐水的准备

① 打开 T901 进水阀 VD7001。

② 待液位达到 80% 后,关闭阀门 VD7001。

③ 打开泵 P901A/B。

④ 打开泵 P902A/B。

⑤ 打开泵 P903A/B。

(2) 真空系统的准备

① 打开阀门 XV4004,给 V203 加水。

② 待液位为 40 后,关闭 XV4004。

③ 打开阀门 VD4001,给 E201 换热。

(3) 反应器的准备

① 打开 VD1003,给反应器 R201 吹 N_2。

② 当 R201 压力达到 0.5 MPa 后,关闭 N_2 阀门 VD1003。

③ 打开阀门 XV1016。

④ 打开真空泵 B201,给反应器抽真空。

⑤ 当 R201 的压力降为 0.0 MPa 后,停止抽真空。

⑥ 打开阀门 XV1006,给反应器涂壁。

⑦ 待涂壁剂进料量满足要求后,关闭阀门 XV1006,停止涂壁。

(4) V301/2 的准备

① 打开 VD2005,给反应器 V301 吹 N_2。

② 打开 VD2007,给反应器 V302 吹 N_2。

③ V301 压力达到 0.2 MPa 后,关闭 VD2005。

④ V302 压力达到 0.2 MPa 后,关闭 VD2007。

⑤ 打开阀门 VD2003 给 V301 抽真空。

⑥ 打开阀门 VD2002 给 V302 抽真空。

⑦ 当 V301 处于真空状态后,关闭阀门 VD2003 停止抽真空。

⑧ 当 V302 处于真空状态后,关闭阀门 VD2002 停止抽真空。

⑨ 关闭真空泵 B201,停止抽真空。

(5) 反应器加料

① 打开阀门 XV1001,给反应器加水。

② 启动搅拌器开关,开始搅拌。

③ 打开 XV1004,给反应器加引发剂。

④ 打开阀门 XV1005,给反应器加分散剂。

⑤ 打开阀门 XV1007,给反应器加缓冲剂。

⑥ LICA1001 设为自动。

⑦ 打开 LV1001,给新鲜 VCM 罐加料,控制液位在 40%。

⑧ 打开泵 P510 前阀门 XV1011。

⑨ 打开泵 P501 给反应器加 VCM 单体。

⑩ 打开泵 P510 后阀门 XV1014。

⑪ 按照建议进料量,水进料结束后,关闭 XV1001。

⑫ 按照建议进料量,引发剂进料结束后,关闭 XV1004。

⑬ 按照建议进料量,分散剂进料结束后,关闭 XV1005。

⑭ 按照建议进料量,缓冲剂进料结束后,关闭 XV1007。

⑮ 进料结束后,关闭泵 P510。

⑯ 关闭阀门 XV1014。

注意:如果进料过程中,新鲜 VCM 储罐液位打空,属于严重操作失误!

(6) 反应温度控制

注意:不能使反应器 R201 液位高于 80%。若聚合釜压力大于 1.0 MPa,打开 XV1017,向 V301 泄压。

① 打开加热泵 P201。

② 当反应器温度接近 64 ℃时,TIC1002 投自动。

③ TIC1003 投串级。

④ 控制反应釜温度在 64 ℃左右。

⑤ 待反应釜出现约 0.5 MPa 的压力降后,打开终止剂阀门 XV1008。

⑥ 按照建议进料量,终止剂进料结束后,关闭 XV1008。

⑦ 打开泵 P301 前阀 XV1018。

⑧ 打开 P301,泄料。

⑨ 打开泵后阀门 XV2005。

⑩ 泄料完毕后关闭泵 P301。

⑪ 关闭阀门 XV1018。

⑫ 关闭阀门 XV2006。

⑬ 关闭反应器温度控制,TICA1003 的 OP 值设定为 50。

(7) V301/2 操作

① 打开阀门 XV2032,向密封水分离罐 V508 中注入水至液位计显示值为 40。

② 打开阀门 XV2034,向密封水分离罐 V507 中注入水至液位计显示值为 40。

③ 打开 V301 搅拌器。

④ V301 顶部压力调节器投自动,压力设定值为 0.5 MPa。

⑤ 打开阀门 XV2003,向 V301 注入消泡剂。

⑥ 一分钟后关闭阀门 XV2003,停止 V301 注入消泡剂。

⑦ 经过部分单体回收,待 V301 压力基本不变化时,打开泵 P302 前阀门 XV2008。

⑧ 打开 V302 进口阀门 XV2010。

⑨ 启动 P302 泵。

⑩ 打开 V302 搅拌器。

⑪ 如果 V301 液位低于 0.1%,关闭 P302 泵。

⑫ 关闭 V301 搅拌器。

⑬ 打开泵 P303 前阀 XV2015。

⑭ 启动 C301 进料泵 P303,C301 开始运行。

⑮ FIC2001 投自动。

⑯ 将浆料传输量设定为 51 288 kg/h。

⑰ 控制流量为 51 288 kg/h。

⑱ 如果 V302 液位低于 0.1%,关闭 P303 泵。

⑲ 关闭 V302 搅拌器。

⑳ 保持密封水分离罐 V508 的液位在 40% 左右。

㉑ 保持密封水分离罐 V507 的液位在 40% 左右。

(8) C301 的操作

① 蒸气流量控制阀 FIC2002 投自动。

② 设定蒸气流量为 5 t/h。

③ PIC2010 投自动。

④ 将 C301 的压力控制在 0.5 MPa 左右。

⑤ 启动 L、P 单体压缩机 B502。

⑥ 打开换热器 E503 冷水阀 VD6004。

⑦ 打开换热器 E504 冷水阀 VD6003。

⑧ 打开泵 P305 前阀 XV2019。

⑨ 打开泵 P305,向 T301 泄料。

⑩ C301 液位控制阀 LIC2003 投自动。

⑪ C301 液位在 40% 左右。

⑫ 打开 C301 至 T301 阀门,控制液位稳定在 40%。

⑬ 如果 C301 液位低于 0.1%,关闭 P305 泵。

⑭ 气提塔冷凝器 E303 液位控制阀 LIC2004 投自动。

⑮ E303 液位控制在 30% 左右,冷凝水去废水储槽。

(9) 浆料成品的处理

① 打开 T301 出料阀 XV5002。

② 启动离心分离系统的进料泵 P307。

③ 启动离心机,调整离心转速,向外输送合格产品。

(10) 废水气提

① 打开泵 P501,向设备 C501 注废水。

② FIC3003 投自动。

③ FIC3003 流量控制在 5 t 左右。

④ FIC3004 投自动。

⑤ FIC3004 流量控制在 5 t 左右。

⑥ LIC3005 投自动。

⑦ C501 液位控制在 30% 左右。

(11) VC 回收

① 打开阀门 XV2007。

② 启动间歇回收压缩机 B501。

③ 压力控制阀 PIC6001 投自动,未冷凝的 VC 进入换热器 E504 进行二次冷凝。

④ V509 压力控制在 0.5 MPa 左右。

⑤ 液位控制阀 LIC6001 投自动,冷凝后的 VC 进入储罐 V506。

⑥ V509 液位控制在 30% 左右。

2. 操作技巧及注意事项

① 因为聚合反应为间歇操作,所以一釜的反应量难以满足后面的处理量,操作中可以一釜反应完毕泄料后,再反应一釜,逐渐累积反应量,使得后面的处理量能达到要求。

② 聚合釜控制中有严格的要求,当液位大于 80%,压力大于 1.0 MPa 时,属于严重操作不当,要扣分。

③ 聚合反应过程中进行温度控制,因为开始没有反应热,所以要先开启蒸气阀,适当的加热,随着温度升高,聚合反应开始,会放热,所以温度达到设定要求的时候,控制器投自动即可。

④ 聚合釜反应操作要严格按操作步骤操作,否则会出现紊乱和操作失败。

3. 事故处理

(1) 脱盐水泵坏事故

脱盐水泵 P901A 出现事故以后,启动备用泵 P901B 即可。

(2) 未加终止剂事故

① 如果反应完毕后未添加终止剂终止聚合,就泄料,则聚合反应仍然会继续进行,会导致后续设备出现安全隐患,所以要打开终止剂终止聚合,然后再出料。

② 一分钟后,停止添加终止剂。

(六) 仿真界面

如图 3.18、图 3.19 和图 3.20 所示仿真界面。

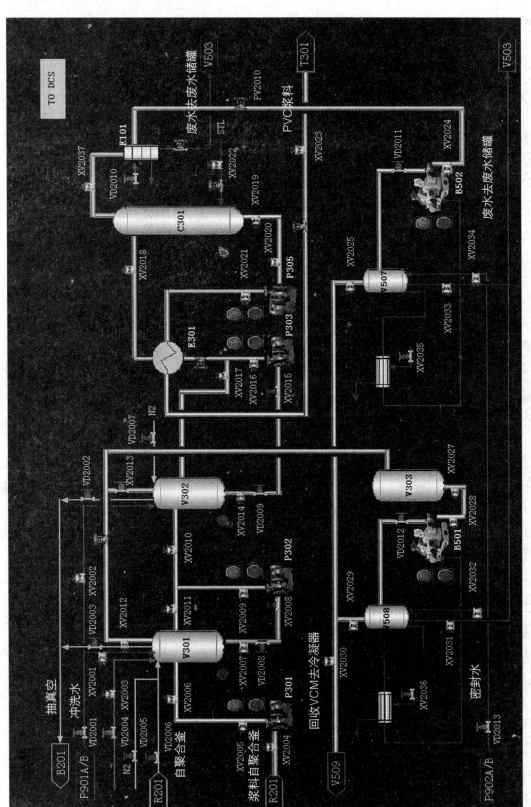

图 3.18　PVC 气提工段 DCS 图

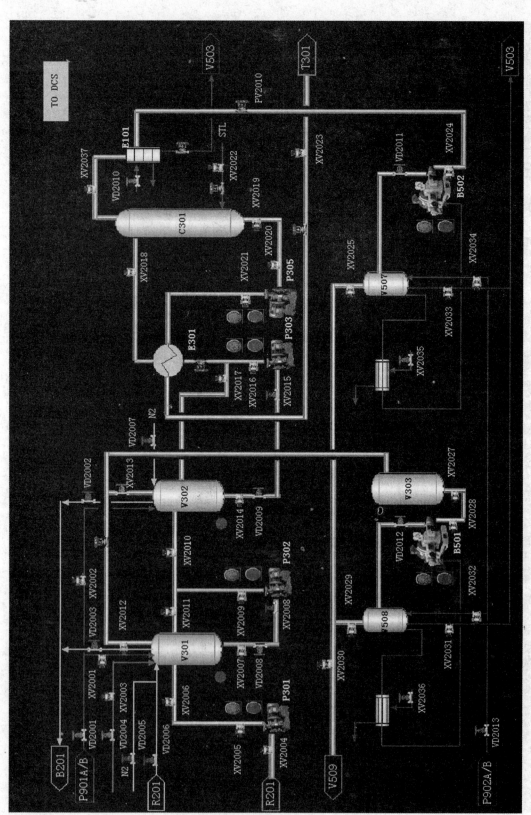

图 3.19　PVC 气提工段现场图

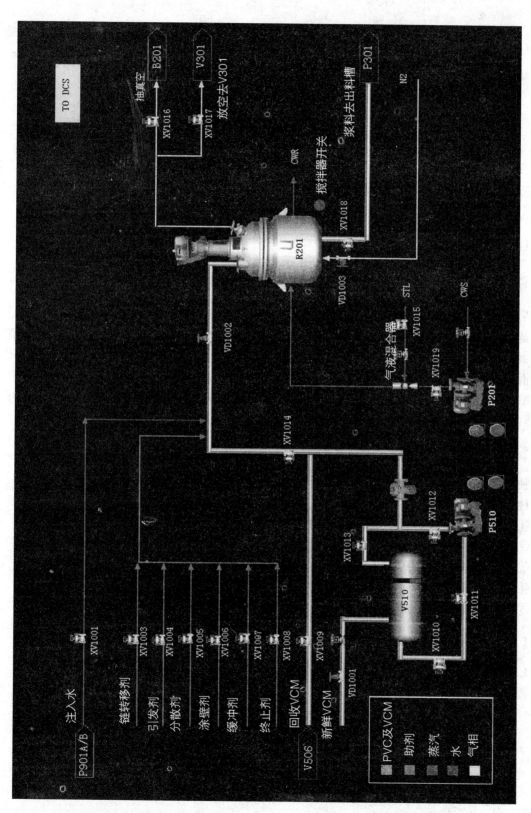

图 3.20　PVC 聚合工段现场图

项目四　有机合成工技能鉴定实操考核项目

一、醋酸乙烯酯乳胶涂料的配制

（一）任务书

任务一　配制涂料

启动分散剂，在搅拌状态下，依次加入 203.0 mL 去离子水、1.5 g 纤维素（3 万）、6.0 g 丙烯酸钠盐、1.5 g 液状石蜡、1.0 g 润湿剂 OP - 10，用 AMP95 有机胺调节 pH 至 7～8 之间，待纤维素溶解完全后，缓慢加入 40.0 g 钛白粉、110.0 g 滑石粉和 280.0 g 碳酸钙。分散一段时间后，检测混合溶液吸毒（细度＜70 μm），搅拌下依次加入 20.0 mL 去离子水、25.0 g 丙二醇、4.5 g 十二醇酯、180.0 g 聚醋酸乙烯酯乳液，继续加入 1.5 g 液状石蜡后，搅拌一段时间，直至搅匀为止，即得白色涂料。

任务二　检测性能

使用仪器检测涂料的容器中状态、黏度、施工性、干燥时间、对比率。

注意事项：

① 量筒、不锈钢桶、吸管、水泥板和软毛刷，无需洗涤。

② 5.0 g 以下的液体原料用减量法称量。

③ 聚酯膜的涂布选择 100 μm 线棒。

④ 石棉水泥板的涂布选择 120 μm 线棒，第二道膜的涂布选择软毛刷。

⑤ 请考生将测对比率的聚酯膜（写上姓名和参赛证号）与试卷一起交给裁判。

（二）报告单

1. 数据记录

数据记录在表 4.1 中。

表 4.1 数据记录表

名 称	数据(单位)	名 称	数据(单位)	
水		碳酸钙		
纤维素(3 万)		细度		
丙烯酸钠盐		水		
液状石蜡		丙二醇		
润湿剂 OP - 10		十二醇酯		
pH		聚醋酸乙烯酯乳液		
钛白粉		液状石蜡		
滑石粉				

2. 结果处理

将数据处理结果填入表 4.2 中。

表 4.2 数据处理表

容器中状态	黏 度	施工性	干燥时间 (min)	$R_W(g/m^3)$	$R_W(g/m^3)$	$R_B(g/m^3)$	$R_B(g/m^3)$
				$R_W(g/m^3)=$		$R_B(g/m^3)=$	
				对比率=( )/( )			

(三) 评分标准

评分标准如表 4.3 所示。

表 4.3 评分标准

序号	内容	考核要点	分值	评分	评分标准
1	准备工作	仪器洗涤	3	1	用肥皂水洗涤烧杯,自来水冲洗,再用蒸馏水洗涤三次
				1	先帮涂布器必须洗涤,表面无残留
		仪器干燥		1	烧杯、线棒涂布器放置烘箱内烘干

序号	内容	考核要点	分值	评分	评分标准
2	物质称量	药品量取	7	2	量筒使用正确、读数正确、明示裁判员
		电子天平的使用		1	电子天平使用前须预热
				1	正确称取,样品不散落
		药品称量		2	纤维素和粉体准确称量:液状石蜡、丙烯酸钠盐、OP-10和十二醇脂可过量0.1 g
				1	正确选择称量纸或烧杯(低于10 g的固体用称量纸,其他用烧杯)
3	复配过程	调漆前	24	4	多用机不能空转:启动状态下,不得调整搅拌或料筒的位置,启动下叶盘不得接触料筒,只可调动变频器面板上的启动、停止和调速旋转控制
				1	投料顺序正确(先分散助剂,再分散粉体,粉体顺序正确;助剂中的纤维素必须第一个被加)
				2	胶头滴管不得伸入不锈钢料筒内,用过后放回滴瓶
				1	涂料时,不洒落原料(药品必须全部放入反应器中)
				1	调漆前加水次数小于或等于3
				1	pH调节到规定范围内(7~8)
				1	加钛白粉时搅拌速度控制合适,不包轴,器壁无粉料。全部加完后明示裁判
				2	加滑石粉时搅拌速度控制合适(不包轴1分,器壁无粉料1分)。全部加完后明示裁判
				2	加碳酸钙时搅拌速度控制合适(不包轴1分,器壁无粉料1分)。全部加完后明示裁判
				1	粉体包轴后正确处理
				2	分散机在启动状态下,玻璃棒和调漆刀不得伸入料筒中
				1	细度测量时,刮刀轻轻刮下,不能有响声
				1	漆样量充满沟槽而平板上不留有过多余漆
				2	5秒钟内读数平行测定3次
				2	考生刮一次细度给裁判员看,细度小于70 μm即可
		调漆	9	2	乳液加入量(180±2) g(超出此范围不得分)
				3	加入乳液时不沾壁(沾壁不得分)
				3	乳液不包轴3分,包轴后处理正确2分,包轴不处理0分
				1	多用机转数调到0后才能关闭
		终点控制	3	3	料液均匀,无明显破乳现象(破乳不得分)

续表

序号	内容	考核要点	分值	评分	评分标准
4	产品检测	容器中状态	29	3	搅拌无硬块,混合均匀,流动性好(玻璃棒测试)3分;有硬块,流动性好2分;有硬块,流动性不好0分
		黏度		2	黏度计操作正确(搅拌桨叶安装到位)
				1	检测方法正确(液面达到刻度线)
				2	温度为25℃(1分),读取第一次显示数据(1分)。请裁判做好标示
		施工性		3	工具选择、安装(选择错误,安装牢固得1分;选择错误,安装不牢固不得分。第一道选择120 um线棒,第二道选择软毛刷)。选择错误,裁判做好标示
				2	涂刷面积>15 cm×10 cm(小于此面积不得分)
				2	测定表面干燥时间方法正确(指触法)
				2	刷涂二道无障碍(不卷边、不剥离底材为合格)
		对比率		3	线棒选择、安装(选择错误,安装牢固的1分;选择错误,安装不牢固不得分。(应选择100 um线棒)。选择错误,裁判做好标示
				2	料液要润湿线棒表面
				2	线棒均匀移动(移动过程线棒勿转动及横向移动)
				2	样板须实干后检查对比率。明示裁判
				3	校正标准值(黑白标准板各校准三次,否则不得分)
				说明	聚酯膜涂后漆膜无裂痕,如有裂痕请裁判做好标示
5	结束工作	仪器、药品及工作台面	5	1	仪器及时洗涤
				2	线棒正确洗涤,表面无涂料残留
				1	及时切断水电
				1	仪器药品归位,实施过程中及结束后台面保持整洁
6	实验结果	数据记录	20	2	及时记录数据(1分),单位正确(1分)
		细度 黏度		3	实验结果取两次相近读数的算术平均值(1分),两次读数误差不应大于仪器的最小分度值
		表干时间 对比率		4	水浴25℃测试黏度,黏度值87.0≤u≤93.0得4分,85.0≤u<87.0得2分,93.0<u≤95.0得2分,其余不得分
		数据处理 报告		3	表干时间t在规定范围内(4~6分钟),3≤t<4的得2分,6<t≤8得2分,其余不得分
				4	检测数据在规定范围内,0.900≤对比率<0.930得2分,0.930≤对比率<0.950得3分,0.950以上得4分
				2	数据处理正确的得1分,有效数字保留正确的得1分
				2	报告完整、规范、整洁

续表

序号	内容	考核要点	分值	评分	评分标准
7	裁判标示	黏度			是否 25 ℃
					是否第一次读数
		干燥时间			第一次涂刷水泥板的线棒是否选择 120 um
		对比率			线棒是否选择 100 um
					聚酯膜漆膜是否有裂痕
8	安全文明操作	① 每损坏一件仪器扣 5 分			
		② 发生安全事故扣 20 分			
		③ 乱倒(丢)废液/废纸扣 5 分			
		④ 多余药品倒回原药品中扣 3 分			
		⑤ 重做一次扣 10 分			
		⑥ 超时(t/分钟)扣分 $t<5$；$5 \leqslant t<10$，扣 3 分；$10 \leqslant t<15$，扣 5 分；$15 \leqslant t<20$，扣 7 分；20 分钟后终止比赛，扣 10 分			

二、邻苯二甲酸二丁酯(DBP)的合成

(一) 任务书

任务一　酯化

① 合上电源开关,打开反应釜,加入苯酐 1 000.00 g、正丁醇 1 600.0 mL 和催化剂 $(NaHSO_4 \cdot H_2O)$ 22.00 g,升釜并均匀上紧螺栓,密封反应釜。

② 打开计算机,进入操作系统。

③ 打开换热器及搅拌轴的冷凝水,开动搅拌,设置加热油温 220 ℃ 左右,控制精馏塔顶温度 90~98 ℃,反应至精馏塔顶无水分出。

④ 打开釜内冷却水,冷却至 80 ℃ 以下,收集油水分离器中的油相和水相于量筒中。

任务二　分离精制

① 用烧杯取 100.00 g 左右物料,在 65~70 ℃ 用 10% Na_2CO_3 溶液中和至 pH 7~8,分去水相。

② 用去离子水洗涤油相 3 次。

③ 再用饱和氯化钠溶液洗涤油相 3 次。

④ 加适量的无水 Na_2SO_4 干燥、抽滤。

⑤ 在 50 ℃左右用活性炭脱色,抽滤得产品。

⑥ 用气相色谱检测产品的纯度,并计算原料消耗定额。

注意事项:

① 原子量:C 为 12,H 为 1,O 为 16。

② $\rho_{正丁醇} = 0.81\ g/mL$。

③ 所有记录的数据必须经裁判核实。

④ 反应釜初始加热油温参照操作台提示。

(二) 报告单

1. 数据记录

① 投料量:苯酐____克,正丁醇____mL,催化剂____克。

② 精馏塔顶出料总计____克。

③ 取料量____克。

④ 10%Na_2CO_3溶液的配制:Na_2CO_3____克,水____克。

⑤ 中和后的 pH 为____。

⑥ 产品:

产品质量____克,产品纯度____。

2. 原料消耗定额计算过程

_____

3. 结果

苯酐____;正丁醇____,总消耗定额____。

(三) 评分标准

评分标准如表 4.4 所示。

表 4.4 评分标准

序号	内 容	考核要点	分值	评分	评分标准
1	实验准备	玻璃仪器的洗涤和干燥	4	1	用肥皂水洗净后,用自来水或蒸馏水洗涤,不挂水珠
				1	需要干燥的仪器在烘箱内干燥
		反应釜的洗涤		1	合上设备总开关,打开反应釜
				1	用指定的丁醇冲洗反应釜一次,无滴漏

序号	内 容	考核要点	分值	评分	评分标准
2	合成过程	药品的称量和量取	28	1	称量和量取的方法正确、准确,不洒落
				2	记录准确、及时,明示裁判员
		投料		1	加完正丁醇和苯酐后加催化剂
				1	不洒落,不黏附反应器口
		反应釜盖的密封		3	对角拧紧螺栓,反应过程不漏气
		冷却水的开关		3	投料结束打开冷却水,出料结束关闭冷却水
		进入操作系统		1	打开计算机,进入操作系统
		设置转速		1	设置转速,频率为 30 Hz 左右
		设置温度		1	正确设置夹套温度
		精馏塔塔顶温度的控制		4	通过调节夹套温度,控制精馏塔顶温度 90~95 ℃
		反应终点		1	终点判断正确,1 分钟内无水滴出
		终止反应		2	通过设置釜内温度、夹套温度终止加热
				2	通冷却水,釜内温度降到 80 ℃后出料
		出料		2	取 100 g 左右物料于烧杯中用于分离,不漏料
				2	将分水器中物料放入收集水的量筒中
				1	及时称量、记录,明示裁判员
3	分离精制	中和	32	2	配置碱液,不洒落
				3	在烧杯中用碱液中和至 pH 7~8,明示裁判员
		分液操作		3	将待分离液转入分液漏斗,旋转振荡,放气,继续振荡
				3	静置分成两层后,打开分液漏斗的上口瓶塞,再缓缓旋开下端的活塞,使下层液体流入烧杯中,上层液体从上口倒出。
		水洗		3	分液过程不漏液
		盐洗		2	用蒸馏水洗涤
				2	正确配置饱和食盐水,明示裁判员
		脱水		2	用饱和食盐水洗涤
				2	用无水硫酸钠脱水
		抽滤操作		2	润湿滤纸
				2	打开循环水泵,倒入待滤液
				2	停止时先泄压,然后关水循环泵
		脱色		2	操作过程不洒落
				2	用适量活性炭再脱色,抽滤

序号	内　容	考核要点	分值	评分	评分标准
4	结束工作	拆卸装置	6	2	关冷却水,放空物料,断开控制台总电源
		玻璃仪器洗涤		1	用自来水洗涤即可
		药品仪器归位		1	药品仪器放回原位
		工作场地整洁		2	操作过程及结束后的工作场地保持整洁
5	实验结果	产品外观	30	3	无固体颗粒,液珠
		产品纯度		2	无色
				10	分5挡:纯度≥98%,97%≤纯度<98%,96%≤纯度<97%,95≤纯度<96%,纯度<95%
		产品消耗定额		15	分10挡:总消耗定额<1.40,1.40≤总消耗定额<1.45,1.45≤总消耗定额<1.50,1.50≤总消耗定额<1.55,1.55≤总消耗定额<1.60,1.60≤总消耗定额<1.65,1.65≤总消耗定额<1.70,1.70≤总消耗定额<1.75,1.75≤总消耗定额<1.80,总消耗定额≥1.80

项目五 有机合成工技能竞赛模拟试卷

模拟试卷(一)

(一) 单选题(40 分)

1. 在安全疏散中,厂房内主通道宽度不应少于(   )。
   A. 0.5 m   B. 0.8 m   C. 1.0 m   D. 1.2 m

2. 有一套管换热器,环隙中有 119.6 ℃的蒸气冷凝,管内的空气从 20 ℃被加热到 50 ℃,管壁温度应接近(   )。
   A. 20 ℃   B. 50 ℃   C. 77.3 ℃   D. 119.6 ℃

3. 精馏操作时,若其他操作条件均不变,只将塔顶的泡点回流改为过冷液体回流,则塔顶产品组成 X_D 变化为(   )。
   A. 变小   B. 不变   C. 变大   D. 不确定

4. 影响干燥速率的主要因素除了湿物料、干燥设备外,还有一个重要因素是(   )。
   A. 绝干物料   B. 平衡水分   C. 干燥介质   D. 湿球温度

5. 下列烯烃中哪个不是最基本的有机合成原料"三烯"中的一个?(   )
   A. 乙烯   B. 丁烯   C. 丙烯   D. 1,3-丁二烯

6. 能区分伯、仲、叔醇的实验是(   )。
   A. N-溴代丁二酰亚胺实验   B. 酰化实验
   C. 高碘酸实验   D. 硝酸铈实验

7. 某化合物溶解性试验呈碱性,且溶于 5%的稀盐酸,与亚硝酸作用时有黄色油状物生成,该化合物为(   )。
   A. 乙胺   B. 脂肪族伯胺   C. 脂肪族仲胺   D. 脂肪族叔胺

8. 指出下列滴定分析操作中,规范的操作是(   )。
   A. 滴定之前,用待装标准溶液润洗滴定管三次
   B. 滴定时摇动锥形瓶有少量溶液溅出
   C. 在滴定前,锥形瓶应用待测液淋洗三次
   D. 滴定管加溶液不到零刻度 1 cm 时,用滴管加溶液到溶液弯月面最下端与"0"刻度相切

9. 在工业生产中,芳伯胺的水解可看做是羟基氨解反应的逆过程,方法有(   )。
   A. 酸性水解法   B. 碱性水解法
   C. 亚硫酸氢钠水解法   D. 以上都对

10. 换热器中冷热流体一般为逆流流动,这主要是为了(   )。

　　A. 提高传热系数　　　　　　　　　　　B. 减少冷却剂用量

　　C. 提高对数平均温度差　　　　　　　　D. 减小流动阻力

11. 在化工厂供电设计时,对于正常运行时可能出现爆炸性气体混合物的环境定为
(　　)。

　　A. 0 区　　　　　　B. 1 区　　　　　　C. 2 区　　　　　　D. 危险区

12. 按被测组分含量来分,分析方法中常量组分分析指含量(　　)。

　　A. <0.1%　　　　　B. >0.1%　　　　　C. <1%　　　　　　D. >1%

13. 二次蒸气为(　　)。

　　A. 加热蒸气　　　　　　　　　　　　　B. 第二效所用的加热蒸气

　　C. 第二效溶液中蒸发的蒸气　　　　　　D. 无论哪一效溶液中蒸发出来的蒸气

14. 最小回流比(　　)。

　　A. 回流量接近于零　　　　　　　　　　B. 在生产中有一定应用价值

　　C. 不能用公式计算　　　　　　　　　　D. 是一种极限状态,可用来计算实际回流比

15. 吸收操作的目的是分离(　　)。

　　A. 气体混合物　　　　　　　　　　　　B. 液体均相混合物

　　C. 气液混合物　　　　　　　　　　　　D. 部分互溶的均相混合物

16. 离心泵的安装高度有一定限制的原因主要是(　　)。

　　A. 防止产生"气缚"现象　　　　　　　　B. 防止产生气蚀

　　C. 受泵的扬程的限制　　　　　　　　　D. 受泵的功率的限制

17. 与降尘室的生产能力无关的是(　　)。

　　A. 降尘室的长　　　B. 降尘室的宽　　　C. 降尘室的高　　　D. 颗粒的沉降速度

18. 下列用来分离气-固非均相物系的是(　　)。

　　A. 板框压滤机　　　　　　　　　　　　B. 转筒真空过滤机

　　C. 滤袋器　　　　　　　　　　　　　　D. 三足式离心机

19. 对处理易溶气体的吸收,为了显著地提高吸收速率,应增大(　　)的流速。

　　A. 气相　　　　　　B. 液相　　　　　　C. 气液两相　　　　D. 不确定

20. 精馏的操作线是直线,主要基于原因(　　)。

　　A. 理论板假定　　　B. 理想物系　　　　C. 塔顶泡点回流　　D. 恒摩尔流假设

21. 蒸发操作的目的是将溶液进行(　　)。

　　A. 浓缩　　　　　　　　　　　　　　　B. 结晶

　　C. 溶剂与溶质的彻底分离　　　　　　　D. 回收溶剂

22. 某一套管换热器用管间饱和蒸气加热管内空气,设饱和蒸气温度为 100 ℃,空气进口
温度为 20 ℃,出口温度为 80 ℃,问此套管换热器内壁温度(　　)。

　　A. 接近空气的平均温度　　　　　　　　B. 接近饱和蒸气与空气的平均温度

　　C. 接近饱和蒸气的温度　　　　　　　　D. 接近室温

23. 对于某些热敏性物料的加热而言,为避免出口温度过高而影响产品质量,冷热流体采
用(　　)操作。

　　A. 逆流　　　　　　　　　　　　　　　B. 并流

　　C. 逆流或并流都可以　　　　　　　　　D. 以上都不正确

24. 盖布瑞尔合成法可用来合成下列哪种化合物?(　　)

    A. 纯伯胺　　　　　　B. 纯仲胺　　　　　　C. 伯醇　　　　　　D. 混合醚

25. 能将酮羰基还原成亚甲基(—CH_2—)的还原剂为(　　)。

    A. H_2/Raney　　　B. Fe/HCl　　　　　C. Zn‑Hg/HCl　　　D. 保险粉

26. 转化率、选择性和收率间的关系是(　　)。

    A. 转化率×选择性＝收率　　　　　　　B. 转化率×收率＝选择性

    C. 收率×选择性＝转化率　　　　　　　D. 没有关系

27. 磺化反应中将废酸浓度以三氧化硫的重量百分数表示称为(　　)。

    A. 废酸值　　　　　B. 磺化 θ 值　　　C. 磺化 π 值　　　D. 磺化 β 值

28. 用作还原剂的铁粉，一般采用(　　)。

    A. 含硅铸铁粉　　　B. 含硅熟铁粉　　　C. 钢粉　　　　　　D. 化学纯铁粉

29. 能选择还原羧酸的优良试剂是(　　)。

    A. 硼氢化钾　　　　B. 氯化亚锡　　　　C. 氢化铝锂　　　　D. 硼烷

30. 硫酸二甲酯可用作(　　)。

    A. 烷基化剂　　　　B. 酰基化剂　　　　C. 还原剂　　　　　D. 氧化剂

31. 下列烷基自由基的稳定性，稳定性最小的是(　　)。

    A. $\overset{\cdot}{C}H_2CH_3$　　　　　　　　　　B. $Ph\overset{\cdot}{C}H_2$

    C. $Ph_2\overset{\cdot}{C}H$　　　　　　　　　　D. $CH_3\overset{\cdot}{C}H=CHCH_2$

32. 不能发生烷基化反应的物质是(　　)。

    A. 苯　　　　　　　B. 甲苯　　　　　　C. 硝基苯　　　　　D. 苯胺

33. 下列叙述正确的是(　　)。

    A. 难溶电解质的溶度积越大，溶解度也越大

    B. 加入过量沉淀剂，沉淀的溶解度将越小

    C. 酸效应使沉淀的溶解度增大

    D. 盐效应使沉淀的溶解度减小

34. 下列基团中，能使苯环钝化程度最大的是(　　)。

    A. —NH_2　　　　　B. —$NHCH_3$　　　C. —CHO　　　　　D. —NO_2

35. "三剂"是(　　)、添加剂和溶剂的俗称。

    A. 催化剂　　　　　B. 水处理剂　　　　C. 净水剂　　　　　D. 防腐剂

36. 在温度‑组成($t-x-y$)图中的气液共存区内，当温度增加时，液相中易挥发组分的含量会(　　)。

    A. 增大　　　　　　B. 增大及减少　　　C. 减少　　　　　　D. 不变

37. 以下说法正确的是(　　)。

    A. 冷液进料理 $q=1$　　　　　　　　　B. 气液混合进料 $0<q<1$

    C. 过热蒸气进料 $q=0$　　　　　　　　D. 饱和液体进料 $q<1$

38. 尼龙‑6是下列哪组物质的聚合物？(　　)

    A. 己二酸与己二胺　　　　　　　　　　B. 己内酰胺

    C. 对苯二甲酸与乙二醇　　　　　　　　D. 苯烯

39. 检查煤气管道是否漏气，常用的方法是加入少量哪种物质？(　　)

    A. 甲醛　　　　　　B. 低级硫醇　　　　C. 乙醛　　　　　　D. 甲醇

40. 下列化合物不能发生傅列德尔-克拉夫茨酰基化反应的有（　　）。

　　A. 噻吩　　　　　　B. 呋喃　　　　　　C. 硝基苯　　　　　D. 甲苯

（二）多选题（20 分）

1. "三苯"指的是（　　）。

　　A. 甲苯　　　　　　B. 苯　　　　　　　C. 二甲苯　　　　　D. 乙苯

2. 有机合成原料"三烯"指的是（　　）。

　　A. 乙烯　　　　　　B. 丁烯　　　　　　C. 丙烯　　　　　　D. 1,3-丁二烯

3. 有关精馏操作叙述正确的是（　　）。

　　A. 精馏实质是多级蒸馏

　　B. 精馏装置的主要设备有精馏塔、再沸器、冷凝器、回流罐和输送设备等

　　C. 精馏塔以进料板为界，上部为精馏段，下端为提馏段

　　D. 精馏是利用各组分密度不同，分离互溶液体混合物的单元操作

4. 燃烧具有三要素，下列是发生燃烧的必要条件是（　　）。

　　A. 可燃物质　　　　B. 助燃物质　　　　C. 点火源　　　　　D. 明火

5. 离心泵的主要性能参数是（　　）。

　　A. 叶轮直径　　　　B. 流量　　　　　　C. 扬程　　　　　　D. 效率

6. 往复泵适用于（　　）。

　　A. 小流量　　　　　B. 小扬程　　　　　C. 大流量　　　　　D. 高扬程

7. 影响吸收操作的因素有（　　）。

　　A. 气流速度　　　　B. 吸收剂流量　　　C. 吸收剂纯度　　　D. 温度/压力

8. 设备、管道保温的作用有（　　）。

　　A. 减少热量损失　　B. 防冻　　　　　　C. 提高生产能力　　D. 提高防火等级

9. 氯苯的合成中，可以通过控制（　　）来控制反应产物组成。

　　A. 温度　　　　　　B. 反应时间　　　　C. 反应液密度　　　D. 加辅助剂

10. 安全检查中的"月查"由车间领导组织职能人员进行月安全检查，查领导、查思想和（　　）。

　　A. 查隐患　　　　　B. 查纪律　　　　　C. 查产量　　　　　D. 查制度

11. 芳香烃可以发生（　　）。

　　A. 取代反应　　　　B. 加成反应　　　　C. 氧化反应　　　　D. 硝化反应

12. 丁二烯既能进行 1,2 加成，也能进行 1,4 加成，至于哪一种反应占优势，则取决于（　　）。

　　A. 试剂的性质　　　B. 溶剂的性质　　　C. 反应条件　　　　D. 无法确定

13. 下列物质既是饱和一元醇，又属脂肪醇的是（　　）。

　　A. $CH_2\!=\!CH\!-\!OH$ 　　　　　　　　　B. C_3H_7OH

　　C. $HO\!-\!CH_2\!-\!CH_2\!-\!OH$ 　　　　　　D. C_4H_9O

14. 精馏塔操作中，可引起塔釜温度降低的因素有（　　）。

　　A. 降低回流量　　　B. 提高回流量　　　C. 降低加热蒸气量　D. 提高塔顶压力

15. 评价精馏操作的主要指标是（　　）。

　　A. 产品的纯度　　　　　　　　　　　　　B. 调节回流比

　　　　C. 组分回收率　　　　　　　　　　D. 塔顶冷凝器换热介质流量

16. 吸收剂的选择应注意(　　)。
　　A. 溶解度、选择性、黏性、挥发度　　B. 化学稳定性
　　C. 易回收　　　　　　　　　　　　D. 无毒、不易燃、不发泡、冰点低

17. 下列换热器中属于间壁式换热器的有(　　)。
　　A. 蛇管式　　　　B. 螺旋板式　　　C. 板翅式　　　D. 夹套式

18. 可利用(　　)组成的卢卡斯试剂来区别伯醇、仲、叔醇。
　　A. 浓盐酸　　　　B. 浓硫酸　　　　C. 无水氯化锌　　D. 无水氯化镁

19. 在管路计算中,无论是简单管路还是复杂管路,其主要计算工具有(　　)。
　　A. 连续性方程　　B. 伯努利方程　　C. 动量守恒方程　D. 阻力计算式

20. 按酸碱质子理论,下列属于酸的是(　　)。
　　A. HCl　　　　　B. NH_3　　　　C. Cl^-　　　　D. NH_4^+

(三) 判断题(40 分)

1. (　　)全回流时理论塔板数最多。
2. (　　)离心泵开车之前,必须打开进口阀和出口阀。
3. (　　)根据相平衡理论,低温高压有利于吸收,因此吸收压力在一定范围内越高越好。
4. (　　)根据反应机理的不同可将卤化反应分为取代卤化、加成卤化以及置换卤化三类。
5. (　　)酰化反应是个完全反应。
6. (　　)N-烷基化及 O-烷基化多采用相转移催化方法。
7. (　　)重氮盐的水解宜采用盐酸和重氮盐酸盐。
8. (　　)干球温度是空气的真实温度。
9. (　　)有相变的传热系数小于无相变的传热系数。
10. (　　)与塔底相比,精馏塔的塔顶易挥发组分浓度最大,且气、液流量最少。
11. (　　)通常用来衡量一个国家石油化工发展水平的标志是石油产量。
12. (　　)选择性是目的产品的理论产量以参加反应的某种原料量为基准计算的理论产率。
13. (　　)酯化反应必须采取边反应边脱水的操作才能将酯化反应进行到底。
14. (　　)衡量一个反应效率的好坏,不能单靠某一指标来确定,应综合转化率和产率两个方面的因素来评定。
15. (　　)油脂在碱性条件下的水解称为皂化反应。
16. (　　)当有少量过氧化物存在时,HCl 与烯烃的加成反应是按马氏规律进行的。
17. (　　)SN_2反应是指卤代烃发生取代反应时,旧键的断裂和新键的形成是分两步进行的。
18. (　　)具有-N=N-结构的化合物称为偶氮化合物。
19. (　　)皂化值越大,油脂的平均分子量越大。
20. (　　)因为卤化氢分子中有正电荷和负电荷两部分,因此卤化氢与烯烃的加成反应,既是亲电加成反应,又是亲核加成反应。
21. (　　)硝化剂是指能生成 NO_3^- 的反应试剂。
22. (　　)醇与硫酸的反应是可逆反应,其平衡常数与醇的性质有关。

23.（　　）在芳烃的亲电取代反应中,萘环比苯环活泼。

24.（　　）季铵盐类的相转移催化剂只适用于液液两相的相转移过程。

25.（　　）油脂的水解、氧化和受微生物侵害,是油脂酸败的主要原因。

26.（　　）每100克油脂所吸收的碘的克数,称为该油脂的碘值。

27.（　　）因为卤化氢分子中有带正电荷和负电荷两部分,因此卤化氢与烯烃的加成反应,既是亲电加成反应,又是亲核加成反应。

28.（　　）有毒气体气瓶的燃烧扑救,应站在下风口,并使用防毒用具。

29.（　　）国家明确规定氢气钢瓶为深绿色,氧气钢瓶为天蓝色,氮气钢瓶则为黑色。

30.（　　）凡是烃基和羟基相连的化合物都是醇。

31.（　　）根据双膜理论,吸收过程的主要阻力集中在两流体的双膜内。

32.（　　）实现规定的分离要求,所需实际塔板数比理论塔板数多。

33.（　　）根据恒摩尔流的假设,精馏塔中每层塔板液体的摩尔流量和蒸气的摩尔流量均相等。

34.（　　）实现稳定的精馏操作必须保持全塔系统的物料平衡和热量平衡。

35.（　　）吸收进行的依据是混合气体中各组分的溶解度不同。

36.（　　）亨利系数随温度的升高而减小,由亨利定律可知,当温度升高时,表明气体的溶解度增大。

37.（　　）当气体溶解度很大时,吸收阻力主要集中在液膜上。

38.（　　）含有多元官能团的化合物的相对密度总是大于1.0的。

39.（　　）甲酸能发生银镜反应,乙酸则不能。

40.（　　）有机官能团之间的转化反应速度一般较快,反应是不可逆的。

模拟试卷(二)

(一) 单选题(40 分)

1. 液体的液封高度的确定是根据(　　)。
   A. 连续性方程　　　B. 物料衡算式　　　C. 静力学方程　　　D. 牛顿黏性定律

2. 拟采用一个降尘室和一个旋风分离器来除去某含尘气体中的灰尘,则较适合的安排是(　　)。
   A. 降尘室放在旋风分离器之前　　　B. 降尘室放在旋风分离器之后
   C. 降尘室和旋风分离器并联　　　D. 方案 A、B 均可

3. 精馏操作时,若其他操作条件均不变,只将塔顶的泡点回流改为过冷液体回流,则塔顶产品组成 x_D 变化为(　　)。
   A. 变小　　　B. 不变　　　C. 变大　　　D. 不确定

4. 在冷浓硝酸中最难溶的金属是(　　)。
   A. Cu　　　B. Ag　　　C. Al　　　D. Au

5. 不同电解质对铁屑还原速率影响最大的(　　)。
   A. NH_4Cl　　　B. $FeCl_2$　　　C. $NaCl$　　　D. $NaOH$

6. 卤烷烷化能力最强的是（　　）。

    A. RI　　　　　　　　B. RBr　　　　　　　　C. RCl　　　　　　　　D. RF

7. 尼龙-6 是下列哪组物质的聚合物？（　　）

    A. 己二酸与己二胺　　　　　　　　B. 己内酰胺

    C. 对苯二甲酸与乙二醇　　　　　　D. 苯烯

8. 拟采用一个降尘室和一个旋风分离器来除去某含尘气体中的灰尘,则较适合的安排是（　　）。

    A. 降尘室放在旋风分离器之前　　　B. 降尘室放在旋风分离器之后

    C. 降尘室和旋风分离器并联　　　　D. 方案 A、B 均可

9. 下列不能提高对流传热膜系数的是（　　）。

    A. 利用多管程结构　　　　　　　　B. 增大管径

    C. 在壳程内装折流挡板　　　　　　D. 冷凝时在管壁上开一些纵槽

10. 吸收操作的目的是分离（　　）

    A. 气体混合物　　　　　　　　　　B. 液体均相混合物

    C. 气液混合物　　　　　　　　　　D. 部分互溶的均相混合物

11. 在管道布置中,为安装和操作方便,管道上的安全阀布置高度可为（　　）。

    A. 0.8 m　　　　　　B. 1.2 m　　　　　　C. 2.2 m　　　　　　D. 3.2 m

12. 某液体在内径为 d_0 的水平管路中稳定流动,其平均流速为 u_0,当它以相同的体积流量通过等长的内径为 $d_2(d_2 = \frac{d_0}{2})$ 的管子时,若流体为层流,则压降 D_P 为原来的（　　）倍。

    A. 4　　　　　　　　B. 8　　　　　　　　C. 16　　　　　　　　D. 32

13. 精馏的操作线是直线,主要基于以下哪种原因？（　　）

    A. 理论板假定　　　B. 理想物系　　　C. 塔顶泡点回流　　　D. 恒摩尔流假设

14. 管路中流体流动的压强降 ΔP 与对应的沿程阻力 $\rho h f$ 数值相等的条件是（　　）。

    A. 管道等径,滞流流动　　　　　　B. 管路平直,管道等径

    C. 平直管路,滞流流动　　　　　　D. 管道等径,管路平直,滞流流动

15. 将床层空间均匀分成边长等于球形颗粒直径的方格,每一方格放置一颗固体颗粒,现有直径为 d 和 D 的两种球形颗粒,按上述规定进行填充,高度为 1 m,则两种颗粒层空隙率 ε 之间的关系为（　　）。

    A. 相等　　　　B. 直径大的 ε 大　　　C. 直径小的 ε 小　　　D. 无法比较

16. 物料在干燥过程中,其恒速干燥阶段和降速阶段区分的标志是（　　）。

    A. 平衡水分　　　B. 结合水分　　　C. 自由水分　　　D. 临界含水量

17. 在符合亨利定律的气液平衡系统中,溶质在气相中的摩尔浓度与其在液相中的摩尔浓度的差值为（　　）。

    A. 正值　　　　　　B. 负值　　　　　　C. 零　　　　　　　D. 不确定

18. 下列化合物氢化热最低的是？（　　）

    A. 1,3-戊二烯　　B. 1,4-戊二烯　　C. 1,3-丁二烯　　D. 2,4-己二烯

19. 液液萃取操作是分离（　　）。

    A. 气体混合物　　B. 均相液体混合物　　C. 固体混合物　　　D. 非均相液体混合物

20. 重氮盐低温下与酚类化合物的偶联反应属于（　　）。

　A. 亲电加成反应　　B. 亲电取代反应　　C. 亲核加成反应　　D. 亲核取代反应

21. 无色无味的毒性气体是(　　)。

　A. Cl_2　　　　　　B. H_2　　　　　　C. CO　　　　　　D. NO_2

22. 不能发生烷基化反应的物质是(　　)。

　A. 苯　　　　　　　B. 甲苯　　　　　　C. 硝基苯　　　　　D. 苯胺

23. 由苯合成 4-硝基-2-溴苯甲酸,最佳的合成路线是(　　)。

　A. 苯→烷基化→溴化→硝化→氧化　　　　B. 苯→烷基化→硝化→溴化→氧化

　C. 苯→溴化→烷基化→硝化→氧化　　　　D. 苯→硝化→溴化→烷基化→氧化

24. 已知 $pK_a(HAc)=4.75$,$pK_b(NH_3)=4.75$。将 0.1 mol/L HAc 溶液与 0.1 mol/L NH_3 溶液等体积混合,则混合溶液的 pH 为(　　)

　A. 4.75　　　　　　B. 6.25　　　　　　C. 7.00　　　　　　D. 9.25

25. 空气、水、铁的导热系数分别是 λ_1、λ_2、λ_3,其大小顺序是(　　)。

　A. $\lambda_1>\lambda_2>\lambda_3$　　B. $\lambda_2<\lambda_3<\lambda_1$　　C. $\lambda_2>\lambda_3>\lambda_1$　　D. $\lambda_1<\lambda_2<\lambda_3$

26. 用无水 Na_2CO_3 作一级标准物质标定 HCl 溶液时,如果 Na_2CO_3 中含少量中性杂质,则标定出 HCl 溶液的浓度会(　　)。

　A. 偏高　　　　　　B. 偏低　　　　　　C. 无影响　　　　　D. 不能确定

27. 滴定管、移液管、刻度吸管和锥形瓶是滴定分析中常用的四种玻璃仪器,在使用前不必用待装溶液润洗的是(　　)。

　A. 滴定管　　　　　B. 移液管　　　　　C. 刻度吸管　　　　D. 锥形瓶

28. 在日常生活中,常用作灭火剂、干洗剂的是(　　)。

　A. $CHCl_3$　　　　　B. CCl_4　　　　　C. CCl_2F_2　　　　D. CH_2Cl_2

29. 下列各组化合物中沸点最高的是(　　)。

　A. CH_3CONH_2　B. $CH_3CH_2CH_2OH$　C. CH_3CH_2CHO　D. CH_3COOH

30. 能将酮羰基还原成亚甲基(—CH_2—)的还原剂为(　　)。

　A. $H_2/RaneyNI$　B. Fe/HCl　　　　C. $Zn-Hg/HCl$　　D. 保险粉

31. 下列化合物发生硝化时,反应速度最快的是(　　)

　A. 　　B. 　　C. 　　D.

32. 用于制备解热镇痛药"阿司匹林"的主要原料是(　　)。

　A. 水杨酸　　　　　B. 碳酸　　　　　　C. 苦味酸　　　　　D. 安息香酸

33. 卤代烷的水解反应属于(　　)反应历程。

　A. 亲电取代　　　　B. 自由基取代　　　C. 亲核加成　　　　D. 亲核取代

34. 在一个低浓度液膜控制的逆流吸收塔中,若其他条件不变,而液量与气量同时成比例增加,则液体出口组成将(　　)。

　A. 增加　　　　　　B. 减小　　　　　　C. 不定　　　　　　D. 不变

35. 下列哪一个烃基是烯丙基?(　　)

　A. —$CH_2CH_2CH_3$　　　　　　　　　B. —$CH(CH_3)_2$

　C. —$CH=CHCH_3$　　　　　　　　　D. —CH_2—$CH=CH_2$

36. 下列物质中既能被氧化,又能被还原,还能发生缩聚反应的是(　　)。

　　A. 甲醇　　　　　　　B. 甲醛　　　　　　　C. 甲酸　　　　　　　D. 苯酚

37. 硫酸二甲酯可用作（　　）。

　　A. 烷基化剂　　　　　B. 酰基化剂　　　　　C. 还原剂　　　　　　D. 氧化剂

38. 合成乙酸乙酯时，为了提高收率，最好采取何种方法？（　　）

　　A. 在反应过程中不断蒸出水　　　　　　B. 增加催化剂用量

　　C. 使乙醇过量　　　　　　　　　　　　D. 选项 A 和 C 并用

39. 下列化合物中，碱性最小的是（　　）

　　A. NH_3　　　　　B. CH_3CH_2　　　　C. $CH_3CH_2NH_2$　　　　D. 苯-NH_2

40. 对于电对 Zn^{2+}/Zn，增大其 Zn^{2+} 的浓度，则其标准电极电势将（　　）。

　　A. 增大　　　　　　B. 减小　　　　　　C. 不变　　　　　　D. 无法判断

（二）多选题（20分）

1. "三苯"指的是（　　）。

　　A. 甲苯　　　　　　B. 苯　　　　　　C. 二甲苯　　　　　　D. 乙苯

2. 以下能提高传热速率的途径是（　　）。

　　A. 延长传热时间　　B. 增大传热面积　　C. 增加传热温差　　D. 提高传热系数 K

3. 下列属于酰化剂是（　　）。

　　A. 羧酸　　　　　　B. 醛　　　　　　C. 酯　　　　　　D. 酰胺

4. 实验室中皮肤上浓碱时立即用大量水冲洗，然后用（　　）处理。

　　A. 5%硼酸溶液　　　　　　　　　　　B. 5%小苏打溶液

　　C. 2%的乙酸溶液　　　　　　　　　　D. 0.01%高锰酸钾溶液

5. 下列反应具有连串反应特征的是（　　）。

　　A. 苯取代反应制取氯苯　　　　　　　B. 磺化

　　C. 甲苯侧链氯化　　　　　　　　　　D. 胺类用醇烷基化

6. 可逆反应 $C(s)+H_2O \rightleftharpoons CO(g)+H_2(g)$，$\Delta_r H_m^\ominus > 0$，下列说法不正确的是（　　）。

　　A. 达到平衡时，反应物的浓度和生成物的浓度相等

　　B. 达到平衡时，反应物和生成物的浓度不再随时间而变化

　　C. 由于反应前后分子数相等，所以增加压力对平衡没有影响

　　D. 加入正催化剂可以使化学平衡向正反应方向移动

7. HSE 管理体系规定，事故的报告、（　　）、事故的调查、责任划分、处理等程序应按国家的有关规定执行。

　　A. 事故的分类　　B. 事故的等级　　　C. 损失计算　　　　D. 事故赔偿

8. 能与环氧乙烷反应的物质是（　　）。

　　A. 水　　　　　　B. 酚　　　　　　C. 胺　　　　　　D. 羧酸

9. 甲烷在漫射光照射下和氯气反应，生成的产物是（　　）。

　　A. 一氯甲烷　　　B. 二氯甲烷　　　C. 三氯甲烷　　　D. 四氯化碳

10. 影响过滤器除尘效率的因素主要有（　　）。

　　A. 粉尘特性　　　B. 滤料性能　　　C. 操作参数　　　D. 清灰方式

11. 下列四种流量计，属于差压式流量计的是（　　）。

    A. 孔板流量计   B. 旋转活塞流量计 C. 转子流量计   D. 文丘里流量计

12. 下列命题中正确的是( )。

    A. 上升气速过大会引起漏液   B. 上升气速过大会引起液泛

    C. 上升气速过大会使塔板效率上升   D. 上升气速过大会造成过量的液沫夹带

13. 通过一换热器用一定温度的饱和蒸气加热某油品。经过一段时间后发现油品出口温度降低。究其原因可能是( )。

    A. 油的流量变大   B. 油的初温下降

    C. 管内壁有污垢积存   D. 管内气侧有不凝气体产生

14. 以下化合物酸性比苯酚大的是( )。

    A. 乙酸   B. 乙醚   C. 硫酸   D. 碳酸

15. ( )是有机化合物的特性。

    A. 易燃   B. 易熔   C. 易溶于水   D. 结构复杂

16. 下列化合物比苯容易发生硝化反应的有( )。

    A. 噻吩   B. 呋喃   C. 硝基苯   D. 甲苯

17. 属于邻对位定位基的是( )

    A. —X   B. —OH   C. —NO$_2$ D. —COOH

18. 相平衡在吸收操作中的作用很重要,其应用有( )。

    A. 判断吸收过程的方向   B. 指明过程有极限

    C. 计算过程的推动力   D. 推算吸收过程的速率

19. 安装有泵的管路的输液量,即管路的流量的调节方法有( )。

    A. 在离心泵出口管路上安装调节阀,改变调节阀开度

    B. 改变泵的特性曲线

    C. 改变泵的组合方式

    D. 泵的并联组合流量总是优于串联组合流量

20. 磺化产物的常见分离方法有( )等。

    A. 加水稀释法   B. 直接盐析法   C. 中和盐析法   D. 脱硫酸钙法

(三) 判断题(40 分)

1. ( )全回流时理论塔板数最多。

2. ( )化工管路中通常在管路的相对低点安装有排液阀。

3. ( )离心泵开车之前,必须打开进口阀和出口阀。

4. ( )甲酸能发生银镜反应,乙酸则不能。

5. ( )吸收操作中,所选用的吸收剂的黏度要低。

6. ( )多效蒸发的目的是节约加热蒸气。

7. ( )在精馏操作中,雾沫夹带是不可避免的,会影响传热传质效果和板效率。

8. ( )根据双膜理论,在气液两相界面处传质无阻力。

9. ( )H$_3$BO$_3$是三元弱酸。

10. ( )苯中毒可使人昏迷、晕倒、呼吸困难,甚至死亡。

11. ( )干燥过程即是传热过程又是传质过程。

12. ( )换热器生产过程中,物料的流动速度越大,换热效果越好,故流速越大越好。

13. （　　）卤化氢与烯烃的离子型加成机理是反马氏规则的。

14. （　　）甲酸分子中既含羧基,又含醛基,因此它既具有羧酸的性质,又具有醛的性质。在饱和一元酸中,甲酸的 pH 最小。

15. （　　）乙酰乙酸乙酯是酮酸的酯,具有酮和酯的基本性质,也具有烯酮的性质。

16. （　　）苯酚跟甲醛发生缩聚反应时,如果苯酚苯环上的邻位和对位上都能跟甲醛起反应,则得到体型的酚醛树脂。

17. （　　）通常用来衡量一个国家石油化工发展水平的标志是石油产量。

18. （　　）与碱金属相比,碱土金属表现出较强的金属性。

19. （　　）当反应物浓度不变时,改变温度,反应速率也不变。

20. （　　）甲醛与格氏试剂加层产物水解后得到伯醇,其他的醛和酮与格氏试剂加成产物水解后得到的都是仲醇。

21. （　　）板式塔性能的好坏主要取决于塔板的结构。

22. （　　）在雷击天巡检时,不要穿潮湿的衣服靠近或站在露天金属框架上。

23. （　　）蒸馏的原理是利用液体混合物中各组分溶解度的不同来分离各组分的。

24. （　　）1-甲基-4-叔丁基环己烷最稳定的构象为 $(H_3C)_3C\diagdown\diagup\diagdown CH_3$。

25. （　　）在化学分析中,萃取分离法常用于低含量组分的分离或富集,也可用于清除大量干扰元素。

26. （　　）当一种元素有多种氧化态时,具有中间氧化态的化合物既可作氧化剂,也可作还原剂。

27. （　　）火灾、爆炸产生的主要原因是明火和静电摩擦。

28. （　　）苯酚跟甲醛发生缩聚反应时,如果苯酚苯环上的邻位和对位上都能跟甲醛起反应,则得到体型的酚醛树脂。

29. （　　）理想的进料板位置是其气体和液体的组成与进料的气体和液体组成最接近。

30. （　　）吸收塔在停车时,先卸压至常压后方可停止吸收剂。

31. （　　）烯烃的加成反应,都属于亲核加成反应。

32. （　　）影响气体溶解度的因素有溶质、溶剂的性质和温度、压强等。

33. （　　）如果苯环上连有—NO_2 等强吸电子基,则不能完成烷基化反应。

34. （　　）重铬酸钠在中性或碱性介质中可以将芳香环侧链上末端甲基氧化成羧基。

35. （　　）芳香烃化合物易发生亲核取代反应。

36. （　　）当有少量过氧化物存在时,HCl 与烯烃的加成反应是按马氏规律进行的。

37. （　　）酰胺与次氯酸钠或次溴酸钠的碱溶液作用时,脱去羰基使碳链减少一个碳原子而生成伯胺的这类反应称为黄鸣龙反应。

38. （　　）季铵盐类的相转移催化剂只适用于液液两相的相转移过程。

39. （　　）叔卤代烃在发生氨基化反应的同时会发生消除副反应而生成大量副产物烯烃,故不宜用其制备叔胺。

40. （　　）一般来说,SN2 反应是通过碳正离子中间体来完成的。

模拟试卷(三)

(一) 单选题(40 分)

1. 精馏操作时,若其他操作条件均不变,只将塔顶的泡点回流改为过冷液体回流,则塔顶产品组成 x_D 变化为(　　)。
  A. 变小   B. 不变   C. 变大   D. 不确定

2. 拟采用一个降尘室和一个旋风分离器来除去某含尘气体中的灰尘,则较适合的安排是(　　)。
  A. 降尘室放在旋风分离器之前 B. 降尘室放在旋风分离器之后
  C. 降尘室和旋风分离器并联 D. 方案 A、B 均可

3. 在二元混合液的精馏中,为达一定分离要求所需理论板数随回流比的增加而(　　)。
  A. 增加   B. 减少   C. 不变   D. 先增加后降低

4. 甲烷和氯气在光照的条件下发生的反应属于(　　)。
  A. 自由基取代 B. 亲核取代 C. 亲电取代 D. 亲核加成

5. 下列酰化剂在进行酰化反应时,活性最强的是(　　)。
  A. 羧酸   B. 酰氯   C. 酸酐   D. 酯

6. 下类芳香族卤化合物在碱性条件下最易水解生成酚类的是(　　)。

7. 合成乙酸乙酯时,为了提高收率,最好采取何种方法?　(　　)
  A. 在反应过程中不断蒸出水 B. 增加催化剂用量
  C. 使乙醇过量   D. A 和 C 并用

8. 下列用来分离气固非均相物系的是(　　)。
  A. 板框压滤机   B. 转筒真空过滤机
  C. 滤袋器   D. 三足式离心机

9. 下列不能提高对流传热膜系数的是(　　)。
  A. 利用多管程结构   B. 增大管径
  C. 在壳程内装折流挡板 D. 冷凝时在管壁上开一些纵槽

10. 吸收操作的目的是分离(　　)。
  A. 气体混合物   B. 液体均相混合物
  C. 气液混合物   D. 部分互溶的均相混合物

11. 在一水平变径管路中,在小管截面 A 和大管截面 B 连接一 U 型压差计,当流体流过该管时,压差计读数 R 值反映(　　)。
  A. A、B 两截面间的压强差 B. A、B 两截面间的流动阻力
  C. A、B 两截面间动压头变化 D. 突然扩大或缩小的局部阻力

12. 某液体在内径为 d_0 的水平管路中稳定流动,其平均流速为 u_0,当它以相同的体积流量通过等长的内径为 $d_2(d_2=\frac{d_0}{2})$ 的管子时,若流体为层流,则压降 D_P 为原来的(　　)倍。

     A. 4   B. 8   C. 16   D. 32

13. 精馏的操作线是直线,主要基于原因(　　)。

     A. 理论板假定   B. 理想物系   C. 塔顶泡点回流   D. 恒摩尔流假设

14. 管路中流体流动的压强降 ΔP 与对应的沿程阻力 ρhf 数值相等的条件是(　　)

     A. 管道等径,滞流流动   B. 管道平直,管道等径

     C. 平直管路,滞流流动   D. 管道等径,管路平直,滞流流动

15. 某一套管换热器用管间饱和蒸气加热管内空气,设饱和蒸气温度为 100 ℃,空气进口温度为 20 ℃,出口温度为 80 ℃,问此套管换热器内壁温度(　　)。

     A. 接近空气的平均温度   B. 接近饱和蒸气与空气的平均温度

     C. 接近饱和蒸气的温度   D. 接近室温

16. 物料在干燥过程中,其恒速干燥阶段和降速阶段的区分的标志是(　　)

     A. 平衡水分   B. 结合水分   C. 自由水分   D. 临界含水量

17. 混酸是(　　)的混合物。

     A. 硝酸、硫酸   B. 硝酸、醋酸   C. 硫酸、磷酸   D. 醋酸、硫酸

18. 下列活化基的定位效应强弱次序正确的是(　　)。

     A. —NH_2>—OH>—CH_3 B. —OH>—CH_3>—NH_2

     C. —OH>—NH_2>—CH_3 D. —NH_2>—CH_3>—OH

19. 搅拌的作用是强化(　　)。

     A. 传质   B. 传热   C. 传质和传热   D. 流动

20. 活性炭常作为催化剂的(　　)。

     A. 主活性物   B. 辅助成分   C. 载体   D. 溶剂

21. 不能用作烷基化试剂是(　　)。

     A. 氯乙烷   B. 溴甲烷   C. 氯苯   D. 乙醇

22. 不能发生烷基化反应的物质是(　　)。

     A. 苯   B. 甲苯   C. 硝基苯   D. 苯胺

23. 用熔融碱进行碱熔时,磺酸盐中无机盐的含量要求控制在(　　)。

     A. 5%以下   B. 10%以下   C. 15%以下   D. 20%以下

24. 已知 $pK_a(HAc)=4.75$,$pK_b(NH_3)=4.75$。将 0.1 mol/L HAc 溶液与 0.1 mol/L NH_3 溶液等体积混合,则混合溶液的 pH 为(　　)。

     A. 4.75   B. 6.25   C. 7.00   D. 9.25

25. 难溶硫化物如 FeS、CuS、ZnS 等有的溶于盐酸溶液,有的不溶于盐酸溶液,主要是因为它们的(　　)。

     A. 酸碱性不同   B. 溶解速率不同   C. K_{sp}不同   D. 晶体晶型不同

26. 用无水 Na_2CO_3 作一级标准物质标定 HCl 溶液时,如果 Na_2CO_3 中含少量中性杂质,则标定出 HCl 溶液的浓度会(　　)。

     A. 偏高   B. 偏低   C. 无影响   D. 不能确定

27. 滴定管、移液管、刻度吸管和锥形瓶是滴定分析中常用的四种玻璃仪器,在使用前不必

用待装溶液润洗的是(　　　)。

  A. 滴定管　　　　　B. 移液管　　　　　C. 刻度吸管　　　　D. 锥形瓶

28. 下列各组元素的原子半径按大小排列,正确的是(　　　)。

  A. F>O>N　　　B. F>Cl>Br　　　C. K>Ca>Mg　　　D. Li>Na>K

29. 下列各组化合物中沸点最高的是(　　　)。

  A. 乙醚　　　　　B. 溴乙烷　　　　　C. 乙醇　　　　　D. 丙烷

30. 在光照条件下,甲苯与溴发生的是(　　　)。

  A. 亲电取代　　　B. 亲核取代　　　C. 自由基取代　　　D. 亲电加成

31. 下列化合物发生硝化时,反应速度最快的是(　　　)

  A.　　　　　　B.　　　　　　C.　　　　　　D.

32. 下列化合物中,苯环上两个基团的定位效应不一致的是(　　　)

  A. 1-溴丙烷　　　B. 2-溴丙烷　　　C. 溴乙烷　　　D. 2-甲基-2-溴丙烷

33. 卤代烷的水解反应属于(　　　)反应历程。

  A. 亲电取代　　　B. 自由基取代　　　C. 亲核加成　　　D. 亲核取代

34. 以苯为原料要制备纯的 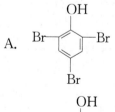,最佳合成路线是(　　　)。

  A. 苯→烷基化→磺化→氯代→水解　　　　B. 苯→烷基化→氯代

  C. 苯→氯代→烷基化　　　　　　　　　　D. 苯→磺化→氯代→烷基化→水解

35. 火灾使人致命的最主要原因是(　　　)。

  A. 被人践踏　　　B. 中毒和窒息　　　C. 烧伤　　　　D. 高温

36. 下列物质中既能被氧化,又能被还原,还能发生缩聚反应的是(　　　)

  A. 甲醇　　　　　B. 甲醛　　　　　C. 甲酸　　　　　D. 苯酚

37. 炸药 TNT 是(　　　)。

  A. 2,4,6-三溴苯酚结构

  B. 2,4,6-三硝基甲苯结构

  C. 2,4,6-三硝基苯酚结构

  D. 邻羟基苯甲酸结构

38. 某离心泵运行一年后发现有气缚现象,应(　　　)。

  A. 停泵,向泵内灌液　　　　　　B. 降低泵的安装高度

  C. 检查进口管路是否有泄漏现象　　D. 检查出口管路阻力是否过大

39. 在化工厂供电设计时,对于正常运行时可能出现爆炸性气体混合物的环境定为

(　　　)。

  A. 0 区   B. 1 区   C. 2 区   D. 危险区

40. 下列属于剧毒物质的是(   )。

  A. 一氧化碳   B. 甲烷   C. 光气   D. 氢气

(二) 多选题(20 分)

1. 电气设备火灾时可以用(   )灭火器

  A. 泡沫   B. 卤代烷   C. 二氧化碳   D. 干粉

2. 在酸碱质子理论中,可作为酸的物质是(   )

  A. NH_4^+ B. HCl   C. H_2SO_4 D. OH^-

3. 离心泵使用时出现异常响声,可能的原因为(   )

  A. 离心泵轴承损坏   B. 离心泵泵轴间隙大小不标准

  C. 液位过高   D. 无空气

4. 实验室中皮肤上浓碱时立即用大量水冲洗,然后用(   )处理。

  A. 5%硼酸溶液   B. 5%小苏打溶液

  C. 2%的乙酸溶液   D. 0.01%高锰酸钾溶液

5. 影响气体溶解度的因素有溶质、溶剂的性质和(   )。

  A. 温度   B. 压强   C. 体积   D. 质量

6. 下列(   )条件发生变化后,可以引起化学平衡发生移动。

  A. 温度   B. 压力   C. 浓度   D. 催化剂

7. 芳香烃可以发生(   )。

  A. 取代反应   B. 加成反应   C. 氧化反应   D. 硝化反应

8. 能与环氧乙烷反应的物质是(   )。

  A. 水   B. 酚   C. 胺   D. 羧酸

9. 甲苯在硫酸的存在下,和硝酸作用,主要生成(   )。

  A. 间氨基甲苯   B. 对氨基甲苯   C. 邻硝基甲苯   D. 对硝基甲苯

10. 正常生产时,影响精馏塔操作压力的主要因素有(   )。

  A. 精馏塔的回流量

  B. 精馏塔的入料量

  C. 精馏塔再沸器加热介质量

  D. 精馏塔入料组分及回流槽的压力

11. 吸收剂的选择应注意(   )。

  A. 溶解度、选择性、黏性、挥发度   B. 化学稳定性

  C. 易回收   D. 无毒、不易燃、不发泡、冰点低

12. 提高精馏塔回流比,对精馏塔的影响有(   )。

  A. 塔温下降   B. 塔压下降   C. 塔釜液位上升   D. 塔釜液位下降

13. 在一二元连续精馏塔的操作中,进料量及组成不变,再沸器热负荷恒定,若回流比减少,则塔底低沸点组分浓度(   ),塔顶低沸点组分浓度 (   )。

  A. 升高   B. 下降   C. 不变   D. 不确定

14. 以下化合物酸性比苯酚大的是(   )。

  A. 乙酸   B. 乙醚   C. 硫酸   D. 碳酸

15. 对于任何一个可逆反应,下列说法正确的是(　　　)。

    A. 达平衡时反应物和生成物的浓度不发生变化

    B. 达平衡时正反应速率等于逆反应速率

    C. 达平衡时反应物和生成物的分压相等

    D. 达平衡时反应自然停止

16. 在适当条件下,不能与苯发生取代反应的是(　　　)。

    A. 氢气　　　　　　　B. 氯气　　　　　　　C. 水　　　　　　　D. 浓硝酸

17. 属于邻对位定位基的是(　　　)。

    A. —X　　　　　　　B. —OH　　　　　　C. —NO$_2$　　　　D. —COOH

18. 温度高低影响反应的主要特征是(　　　)。

    A. 反应速率　　　　B. 反应组成　　　　C. 反应效果　　　　D. 能源消耗

19. 安装有泵的管路的输液量,即管路的流量的调节方法有(　　　)

    A. 在离心泵出口管路上安装调节阀,改变调节阀开度

    B. 改变泵的特性曲线

    C. 改变泵的组合方式

    D. 泵的并联组合流量总是优于串联组合流量

20. 选择吸收剂的原则有(　　　)。

    A. 对混合气中被分离组分有较大的溶解度,而对其他组分的溶解度要小

    B. 混合气中被分离组分在溶剂中的溶解度应对温度的变化比较敏感

    C. 混合气中被分离组分在溶剂中的溶解度应对温度的变化比较不敏感

    D. 溶剂的蒸气压、黏度低、化学稳定性好

(三) 判断题(40 分)

1. (　　　)单环芳烃类有机化合物一般情况下与很多试剂易发生加成反应,不易进行取代反应。

2. (　　　)硝基属于供电子基团。

3. (　　　)离心泵开车之前,必须打开进口阀和出口阀。

4. (　　　)甲酸能发生银镜反应,乙酸则不能。

5. (　　　)液体流量和气体流量过大,都会引起液泛现象。

6. (　　　)离心泵的扬程就是流体升扬高度。

7. (　　　)在精馏操作中,雾沫夹带是不可避免的,会影响传热传质效果和板效率。

8. (　　　)用硫酸作为磺化剂时,随着反应的进行当硫酸的浓度降到一定程度时,磺化反应事实上已经停止,此时的硫酸称为“废酸”,将废酸的浓度折算成三氧化硫的质量分数称为 Π 值,那么易于磺化的值要求较高,难于磺化的 Π 值要求较低。

9. (　　　)物质燃烧危险性取决于其闪点、自燃点、爆炸(燃烧)极限及燃烧热四个要素。

10. (　　　)天然气的主要成分是 CO。

11. (　　　)干燥过程既是传热过程又是传质过程。

12. (　　　)降尘室的生产能力只与沉降面积和颗粒沉降速度有关,而与高度无关。

13. (　　　)有机化合物是含碳元素的化合物,所以凡是含碳的化合物都是有机物。

14. (　　　)所有的磺化反应,不论采用何种磺化剂,都是可逆反应。

15. （　　）醇与 HX 酸作用,羟基被卤原子取代,制取卤代烷。

16. （　　）醇羟基被卤素置换比酚羟基困难,需要活性很强的卤化剂,如五氯化磷和三氯氧磷等。

17. （　　）叔卤代烃在发生氨基化反应的同时会发生消除副反应而生成大量副产物烯烃,故不宜用其制备叔胺。

18. （　　）苯中毒可使人昏迷、晕倒、呼吸困难,甚至死亡。

19. （　　）尘毒物质对人体的危害与个人体质因素无关。

20. （　　）甲醛与格氏试剂加成产物水解后得到伯醇,其他的醛和酮与格氏试剂加成产物水解后得到的都是仲醇。

21. （　　）吸收是根据液体混合物中各组分在某溶剂中溶解度的不同而达到分离的目的。

22. （　　）根据恒摩尔流假定,在精馏塔内,在没有进料和出料的塔段中,各板上上升的摩尔流量相等(恒摩尔气流)、各塔板上下降的液体的摩尔流量相等(恒摩尔液流)。

23. （　　）干燥过程按传热方式可分为传导干燥,对流干燥,辐射干燥。

24. （　　）根据双膜理论,在气液两相界面处传质无阻力。

25. （　　）在化学分析中,萃取分离法常用于低含量组分的分离或富集,也可用于清除大量干扰元素。

26. （　　）催化剂只能使平衡较快达到,而不能使平衡发生移动。

27. （　　）甲酸分子中既含羧基,又含醛基,因此它既具有羧酸的性质,又具有醛的性质。在饱和一元酸中,甲酸的 pH 最小。

28. （　　）苯酚跟甲醛发生缩聚反应时,如果苯酚苯环上的邻位和对位上都能跟甲醛起反应,则得到体型的酚醛树脂。

29. （　　）换热器实际采用的传热面积和计算得到的传热面积相等就可以。

30. （　　）求理论塔板数通常有两种方法,即逐板计算法和简易图解法。两种方法的基本依据是不同的。

31. （　　）烯烃的加成反应,都属于亲核加成反应。

32. （　　）选择性是目的产品的理论产量以参加反应的某种原料量为基准计算的理论产率。

33. （　　）有毒气体气瓶的燃烧扑救,应站在下风口,并使用防毒用具。

34. （　　）保温层应该选用导热系数小的绝热材料。

35. （　　）芳香烃化合物易发生亲核取代反应。

36. （　　）当有少量过氧化物存在时,HCl 与烯烃的加成反应是按马氏规律进行的。

37. （　　）SN2 反应是指卤代烃发生取代反应时,旧键的断裂和新键的形成是分两步进行的。

38. （　　）每 100 克油脂所吸收的碘的克数,称为该油脂的碘值。

39. （　　）醇与硫酸的反应是可逆反应,其平衡常数与醇的性质有关。

40. （　　）离心泵的效率随着 q_v 增大而增大。

附录 答 案

一、无机化学

(一) 单选题

题号	1	2	3	4	5	6	7	8	9	10
答案	C	A	B	D	B	D	D	C	C	C
题号	11	12	13	14	15	16	17	18	19	20
答案	B	A	A	B	D	B	C	B	D	C
题号	21	22	23	24	25	26	27	28	29	30
答案	D	A	B	A	D	C	C	C	C	D
题号	31	32	33	34	35	36	37	38	39	40
答案	C	A	D	B	C	D	B	C	D	D
题号	41	42	43	44	45	46	47	48	49	50
答案	D	C	B	C	A	C	D	C	C	B
题号	51	52	53	54	55	56	57	58	59	60
答案	A	C	A	A	D	D	B	D	B	A
题号	61	62	63	64	65	66	67	68	69	70
答案	B	B	B	C	D	C	B	C	A	C
题号	71	72	73	74	75	76	77	78	79	80
答案	B	C	C	D	B	A	A	A	B	C
题号	81	82	83	84	85	86	87	88	89	90
答案	B	B	B	B	C	C	D	D	B	D
题号	91	92	93	94	95	96	97	98	99	100
答案	C	B	B	C	D	D	D	D	A	C
题号	101	102	103	104						
答案	B	B	B	C						

（二）多选题

题号	1	2	3	4	5	6	7	8	9	10
答案	ABC	AC	AB	ABC	AB	ABD	ABCD	BCD	ACD	BCD
题号	11	12	13	14	15	16	17	18	19	20
答案	BC	ABC	BCD	ABC	ABC	ACD	ACD	ACD	ACD	BC
题号	21	22	23	24	25	26	27	28	29	30
答案	ACD	ACD	CD	ABD	ABCD	ABC	AC	ACD	ABD	ABC
题号	31	32	33	34	35	36	37	38	39	40
答案	ACD	ABC	AB	BD	ACD	CD	AD	AD	ACD	ABD
题号	41	42	43	44	45	46	47	48	49	50
答案	ACD	ABD	ABD	AC	BC	BCD	ABC	ABD	ACD	CD
题号	51	52	53	54	55	56	57	58	59	60
答案	AB	AB	ACD	ABC	ABC	BCD	ACD	AD	ABC	BD
题号	61	62	63	64	65	66	67	68	69	70
答案	ACD	ABC	AC	CD	BD	CD	AB	AB	AB	AB
题号	71	72	73	74	75	76	77	78	79	80
答案	ACD	AC	BD	ACD	ACD	AD	CD	BC	AE	EB
题号	81	82	83	84	85	86	87			
答案	AD	BE	ACD	DE	CE	BD	AE			

（三）判断题

题号	1	2	3	4	5	6	7	8	9	10
答案	×	×	√	×	√	√	×	√	×	×
题号	11	12	13	14	15	16	17	18	19	20
答案	×	√	√	×	×	×	×	√	√	√
题号	21	22	23	24	25	26	27	28	29	30
答案	√	×	√	√	×	√	√	×	√	√
题号	31	32	33	34	35	36	37	38	39	40
答案	×	×	×	×	√	√	×	√	√	×
题号	41	42	43	44	45	46	47	48	49	50
答案	√	×	√	×	√	×	×	×	×	×
题号	51	52	53	54	55	56	57	58	59	60
答案	√	√	×	√	×	√	√	√	×	×

题号	题号	61	62	63	64	65	66	67	68	69
答案	√	×	×	√	×	√	√	√	√	×
题号	71	72	73	74	75	76	77	78	79	80
答案	√	√	×	√	×	√	×	×	√	×
题号	81	82	83	84	85	86	87	88	89	90
答案	√	√	×	√	×	√	×	×	×	×
题号	91	92	93	94	95	96	97	98		
答案	√	√	√	√	√	√	√	√		

二、有机化学

(一) 单选题

题号	1	2	3	4	5	6	7	8	9	10
答案	B	D	B	A	A	B	A	C	B	A
题号	11	12	13	14	15	16	17	18	19	20
答案	B	D	C	B	C	D	C	A	B	A
题号	21	22	23	24	25	26	27	28	29	30
答案	A	D	D	A	A	D	B	D	B	B
题号	31	32	33	34	35	36	37	38	39	40
答案	A	C	C	B	B	C	B	B	B	B
题号	41	42	43	44	45	46	47	48	49	50
答案	D	A	A	C	A	C	D	B	A	A
题号	51	52	53	54	55	56	57	58	59	60
答案	C	B	B	C	A	B	B	A	C	D
题号	61	62	63	64	65	66	67	68	69	70
答案	A	C	D	D	B	A	D	B	D	B
题号	71	72	73	74	75	76	77	78	79	80
答案	D	B	C	B	B	A	A	B	D	C
题号	81	82	83	84	85	86	87	88	89	90
答案	C	A	A	D	C	D	D	C	D	B
题号	91	92	93	94	95	96	97	98	99	100
答案	A	C	D	A	D	D	B	D	B	C

题号	101	102	103	104	105	106	107	108	109
答案	D	D	B	A	B	A	C	C	C

(二) 多选题

题号	1	2	3	4	5	6	7	8	9	10
答案	ACD	BD	ABD	BD	CD	ACD	ABC	BCD	ABCD	AD
题号	11	12	13	14	15	16	17	18	19	20
答案	ABD	ABD	ABCD	CD	ACD	AC	AB	ABC	AD	ABCD
题号	21	22	23	24	25	26	27	28	29	30
答案	CD	ABC	AC	ABC	ABCD	ABD	BCD	BCD	AB	AC
题号	31	32	33	34	35	36	37	38	39	40
答案	BD	AD	AB	ABD	ABD	AD	ACD	BCD	ABC	ABC
题号	41	42	43	44	45	46	47	48	49	50
答案	ABD	AD	ABC	AC	AC	AB	BD	ABCD	ABD	BCD
题号	51	52	53	54	55	56	57	58	59	60
答案	ABC	ABC	ACD	BCD	ACD	AB	ACD	ACD	ABC	ACD
题号	61	62	63	64	65	66	67	68	69	70
答案	ABC	AB	ABCD	ABD	CD	ABC	ABD	ACD	ABC	CD
题号	71	72	73	74	75	76	77	78	79	80
答案	BCD	BCE	BCD	ACD	ABC	CD	AB	ABD	AD	AB
题号	81	82	83	84	85	86				
答案	BCD	AB	CD	AC	ABCD	CD				

(三) 判断题

题号	1	2	3	4	5	6	7	8	9	10
答案	×	√	√	×	×	√	×	√	√	×
题号	11	12	13	14	15	16	17	18	19	20
答案	×	×	√	√	√	√	√	×	×	√
题号	21	22	23	24	25	26	27	28	29	30
答案	×	√	√	×	×	√	√	√	√	×
题号	31	32	33	34	35	36	37	38	39	40
答案	×	×	×	×	×	√	√	×	√	√

题号	41	42	43	44	45	46	47	48	49	50
答案	×	×	×	√	√	×	√	√	√	×
题号	51	52	53	54	55	56	57	58	59	60
答案	√	×	×	√	×	√	√	√	×	×
题号	61	62	63	64	65	66	67	68	69	70
答案	×	√	√	×	√	×	√	√	√	×
题号	71	72	73	74	75	76	77	78	79	80
答案	×	√	×	√	×	×	×	√	×	√
题号	81	82	83	84	85	86	87	88	89	90
答案	√	√	√	×	√	×	×	√	×	√
题号	91	92	93	94	95	96	97	98	99	
答案	√	√	×	√	√	√	√	√	×	

三、分析化学

(一) 单选题

题号	1	2	3	4	5	6	7	8	9	10
答案	A	B	D	C	B	C	C	D	A	B
题号	11	12	13	14	15	16	17	18	19	20
答案	A	D	D	B	C	A	A	C	B	D
题号	21	22	23	24	25	26	27	28	29	30
答案	A	D	D	C	B	C	B	B	D	B
题号	31	32	33	34	35	36	37	38	39	40
答案	B	B	C	D	A	C	C	A	B	D
题号	41	42	43	44	45	46	47	48	49	50
答案	D	C	B	A	B	A	C	D	C	B
题号	51	52	53	54	55	56	57	58	59	60
答案	D	A	C	B	B	C	D	C	D	D
题号	61	62	63	64	65	66	67	68		
答案	C	A	B	A	C	D	D	A		

(二) 多选题

题号	1	2	3	4	5	6	7	8	9	10
答案	ABCE	ADE	ABCD	ABCD	BD	CDE	ACE	ABDE	ABDE	ACD
题号	11	12	13	14	15	16	17	18	19	20
答案	BC	ABCE	BCDE	ACDE	BCE	CD	BC	AE	ABCE	AC
题号	21	22	23	24	25	26	27	28	29	30
答案	ABDE	ABCDE	ACDE	ABD	CDE	ADE	ACDE	ABCDE	BE	ABD
题号	31	32	33	34	35	36	37	38	39	40
答案	ABCDE	ABCDE	BCDE	AB	ABDE	ACDE	AD	BD	ABCD	BCE
题号	41	42	43	44	45	46	47	48	49	50
答案	DE	ACE	ABCE	AB	BCDE	ABCD	BCE	AD	AE	ABDE
题号	51	52	53	54	55	56	57	58	59	60
答案	ABDE	CD	CE	ACD	ABC	ABCDE	BDE	ABC	ACDE	BCDE
题号	61	62	63	64	65	66	67	68		
答案	BE	ABE	BCE	ABC	ABD	ABDE	ABCDE	ACD		

(三) 判断题

题号	1	2	3	4	5	6	7	8	9	10
答案	√	×	×	×	√	×	√	√	√	×
题号	11	12	13	14	15	16	17	18	19	20
答案	×	√	×	×	×	√	√	√	×	√
题号	21	22	23	24	25	26	27	28	29	30
答案	×	×	√	×	×	√	×	√	×	×
题号	31	32	33	34	35	36	37	38	39	40
答案	√	×	√	√	√	√	×	×	√	√
题号	41	42	43	44	45	46	47	48	49	50
答案	×	√	√	√	×	√	√	√	×	√
题号	51	52	53	54	55	56	57	58	59	
答案	×	√	√	√	×	×	×	×	√	

四、化学实验技术

（一）单选题

题号	1	2	3	4	5	6	7	8	9	10
答案	C	D	D	A	D	A	B	B	B	A
题号	11	12	13	14	15	16	17	18	19	20
答案	C	A	C	C	B	D	B	C	A	C
题号	21	22	23	24	25	26	27	28	29	30
答案	C	B	A	C	C	A	B	C	B	B
题号	31	32	33	34	35					
答案	D	C	C	A	D					

（二）多选题

题号	1	2	3	4	5	6	7	8	9	10
答案	BD	AB	ABD	ABC	ACD	AD	AB	ABC	ABC	BD
题号	11	12	13	14	15	16	17	18	19	20
答案	ABD	AC	ABCD	BCD	ABD	AB	ACD	ACD	BC	BC
题号	21	22	23	24	25	26	27	28	29	30
答案	ABD	ACD	ABC	BCD	BCD	ABC	AD	BC	ABC	ABC
题号	31	32	33							
答案	BC	ABD	AD							

（三）判断题

题号	1	2	3	4	5	6	7	8	9	10
答案	√	√	√	×	√	√	×	×	×	×
题号	11	12	13	14	15	16	17	18	19	20
答案	√	√	√	√	√	√	×	×	×	×
题号	21	22	23	24	25	26	27	28	29	30
答案	×	√	×	×	√	×	×	×	√	×

五、化工制图

(一) 选择题

题号	1	2	3	4	5	6	7	8	9	10
答案	B	C	C	B	A	B	A	C	B	C
题号	11	12	13	14	15	16	17	18	19	20
答案	C	A	D	D	A	C	C	D	B	B
题号	22	23	24	25	26	27	28	29	30	22
答案	D	D	C	A	A	C	D	C	D	D
题号	31	32	33	34	35	36	37	38	39	40
答案	A	C	C	D	C	D	B	D	B	C
题号	41	42	43	44	45	46	47	48	49	50
答案	B	D	D	B	B	A	C	C	A	C
题号	51	52	53	54	55	56	57	58	59	60
答案	B	B	B	B	C	B	A	B	D	D
题号	61	62	63	64	65	66	67	68	69	70
答案	B	C	D	D	D	C	C	B	B	D
题号	71	72	73	74	75	76	77	78	79	80
答案	B	D	A	A	B	B	C	B	C	A
题号	81	82								
答案	B	C								

(二) 判断题

题号	1	2	3	4	5	6	7	8	9	10
答案	×	√	√	√	×	√	×	×	×	×
题号	11	12	13	14	15	16	17	18	19	20
答案	×	×	√	√	×	√	×	√	√	√
题号	21	22	23	24	25	26	27	28	29	30
答案	×	√	×	√	×	×	√	√	×	√
题号	31	32	33	34	35	36	37	38	39	40
答案	√	×	×	√	×	√	√	×	√	×

六、化工单元过程与设备

（一）单选题

题号	1	2	3	4	5	6	7	8	9	10
答案	A	C	A	B	A	D	C	B	C	A
题号	11	12	13	14	15	16	17	18	19	20
答案	D	D	B	B	D	B	A	B	C	A
题号	21	22	23	24	25	26	27	28	29	30
答案	D	C	A	D	C	D	A	D	D	D
题号	31	32	33	34	35	36	37	38	39	40
答案	C	C	C	A	C	A	B	D	B	C
题号	41	42	43	44	45	46	47	48	49	50
答案	A	B	B	C	A	B	D	A	B	B
题号	51	52	53	54	55	56	57	58	59	60
答案	B	A	D	B	D	C	A	C	C	C
题号	61	62	63	64	65	66	67	68	69	70
答案	C	D	D	C	B	A	B	B	B	B
题号	71	72	73	74	75	76	77	78	79	80
答案	B	A	B	C	A	D	C	D	B	B
题号	81	82	83	84	85	86	87	88	89	90
答案	A	A	A	B	B	D	B	C	D	C
题号	91	92	93	94	95	96	97	98	99	100
答案	C	C	B	B	C	C	D	B	A	B
题号	101	102	103	104	105	106	107	108	109	110
答案	C	A	A	A	C	C		D	C	D
题号	111	112	113	114	115	116	117	118	119	120
答案	D	A	B	A	A	C	A	A	A	D
题号	121	122	123	124	125	126	127	128	129	130
答案	D	B	A	C	A	A	A	A	B	A
题号	131	132	133	134	135	136	137	138	139	140
答案	A	B	B	C	A	A	C	A	D	B
题号	141	142	143	144	145	146	147	148	149	150
答案	B	B	A	B	D	B	A	D	C	B

题号	151	152	153	154	155	156	157	158	159	160
答案	B	D	C	D	B	B	C	D	A	A
题号	161	162	163	164	165	166	167	168	169	170
答案	B	C	C	D	C	C	A	B	B	D
题号	171	172	173	174	175	176	177	178	179	180
答案	C	A	A	C	A	C	C	A	A	B
题号	181	182	183	184	185	186	187			
答案	A	B	A	A	A	C	C			

（二）多选题

题号	1	2	3	4	5	6	7	8	9	10
答案	BCD	AB	AD	BD	AC	BC	AD	BD	CD	ABC
题号	11	12	13	14	15	16	17	18	19	20
答案	ABCD	ABCD	ABD	ABC	BCD	ABCD	AD	ACD	ABC	ABCD
题号	21	22	23	24	25	26	27	28	29	30
答案	ABCD	ABC	ABC	ABC	BC	ABC	AC	BCD	BC	ACD
题号	31	32	33	34	35	36	37	38	39	40
答案	BD	ABCD	ABCD	ABC	ABC	AB	BCD	ABD	AB	BCD
题号	41	42	43	44	45	46	47	48	49	50
答案	AC	AB	ABD	BCD	ABC	ABD	ABD	AC	ABC	ABCD
题号	51	52	53	54	55	56	57	58	59	60
答案	ABCD	BCD	ABD	ACD	ACD	ABC	ABD	CB	BCD	ABCD
题号	61	62	63	64	65	66	67	68	69	
答案	ABD	ABC	AC	AB	ACD	ABC	ABCD	ABC	AC	

（三）判断题

题号	1	2	3	4	5	6	7	8	9	10
答案	√	√	×	√	×	×	×	√	√	×
题号	11	12	13	14	15	16	17	18	19	20
答案	√	×	√	√	×	×	×	×	√	×
题号	21	22	23	24	25	26	27	28	29	30
答案	×	×	×	√	×	√	×	×	√	√
题号	31	32	33	34	35	36	37	38	39	40
答案	×	×	√	×	×	×	√	√	√	√

题号	41	42	43	44	45	46	47	48	49	50
答案	×	√	×	×	√	×	×	√	×	√
题号	51	52	53	54	55	56	57	58	59	60
答案	√	×	×	×	×	×	×	√	×	×
题号	61	62	63	64	65	66	67	68	69	70
答案	×	√	√	×	√	×	√	×	×	×
题号	71	72	73	74	75	76	77	78	79	80
答案	×	√	√	√	√	×	√	×	√	√
题号	81	82	83	84	85	86	87	88	89	90
答案	×	√	×	×	×	×	√	√	×	×
题号	91	92	93	94	95	96	97	98	99	100
答案	√	√	×	√	×	×	√	√	×	√
题号	101	102	103	104	105	106	107	108	109	110
答案	×	×	√	×	√	×	√	×	×	×
题号	111	112	113	114	115	116	117	118	119	120
答案	×	√	√	√	×	√	√	√	×	×
题号	121	122	123	124	125	126	127	128	129	130
答案	×	√	×	√	√	×	×	√	×	×
题号	131	132	133	134	135	136	137	138	139	140
答案	√	√	×	√	√	√	√	√	√	×
题号	141	142	143	144	145	146	147	148	149	150
答案	√	×	×	×	√	×	×	√	×	×
题号	151	152	153	154	155	156	157	158	159	160
答案	×	×	√	×	×	×	√	×	√	√

七、精细化学品分析

单选题

题号	1	2	3	4	5	6	7	8	9	10
答案	A	C	A	C	C	C	A	B	B	B
题号	11	12	13	14	15	16	17	18	19	20
答案	D	C	B	C	B	C	A	B	D	D
题号	21	22	23	24	25	26	27	28	29	30
答案	B	B	C	C	B	C	D	B	D	C

题号	31	32	33	34	35	36	37	38	39	40
答案	A	B	D	A	C	B	B	D	A	B
题号	41	42	43	44	45	46	47	48	49	50
答案	A	A	C	A	A	C	B	D	C	B
题号	51	52	53	54	55	56	57	58	59	60
答案	C	B	B	A	D	C	B、A	D	B	C
题号	61	62	63	64	65	66	67	68	69	70
答案	A	A	D	C	D	B	B	C	D	D
题号	71	72	73	74	75	76	77	78	79	80
答案	A	C	D	D	D	D	A	B	C	B
题号	81	82	83	84	85					
答案	A	B	C	D	A					

八、精细有机合成技术

(一) 单选题

题号	1	2	3	4	5	6	7	8	9	10
答案	D	C	C	C	A	D	A	D	C	D
题号	11	12	13	14	15	16	17	18	19	20
答案	C	A	B	A	A	A	A	D	D	B
题号	21	22	23	24	25	26	27	28	29	30
答案	A	A	C	B	A	B	C	B	A	B
题号	31	32	33	34	35	36	37	38	39	40
答案	B	A	A	A	A	B	D	B	D	C
题号	41	42	43	44	45	46	47	48	49	50
答案	C	A	A	B	D	A	D	B	C	C
题号	51	52	53	54	55	56	57	58	59	60
答案	B	B	B	C	C	D	A	B	B	A
题号	61	62	63	64	65	66	67	68	69	70
答案	B	B	D	C	D	C	C	A	C	C
题号	71	72	73	74	75	76	77	78	79	80
答案	A	B	C	A	D	A	D	B	A	D

题号	81	82	83	84	85	86	87	88	89	90
答案	D	C	C	A	A	D	D	A	D	D
题号	91	92	93	94	95	96	97	98	99	100
答案	B	C	C	C	D	B	B	A	B	B
题号	101	102	103	104	105	106	107	108	109	110
答案	C	C	B	C	C	C	D	A	C	A
题号	111	112	113	114	115	116	117	118	119	120
答案	D	A	C	B	B	A	D	C	D	B
题号	121	122	123	124	125	126	127	128	129	130
答案	D	B	C	C	B	C	A	A	B	D
题号	131	132	133	134	135	136	137	138	139	140
答案	B	C	A	B	A	A	D	C	B	A
题号	141	142	143	144	145	146	147	148	149	150
答案	D	A	B	A	A	D	A	B	C	A
题号	151	152	153	154	155	156	157	158	159	160
答案	A	A	A	A	B	D	A	D	A	A
题号	161	162	163	164	165	166	167	168	169	170
答案	B	A	D	B	D	C	B	C	D	D
题号	171	172	173	174	175	176	177	178	179	180
答案	A	D	C	A	C	D	B	A	A	C
题号	181	182	183	184	185	186	187	188	189	190
答案	B	A	C	C	A	D	A	A	C	A
题号	191	192	193	194	195	196	197	198	199	200
答案	A	B	C	B	C	C	A	C	A	A
题号	201	202	203	204	205	206	207	208	209	210
答案	A	C	A	B	A	C	C	C	B	A
题号	211	212	213	214	215	216	217	218	219	220
答案	B	B	C	C	D	C	D	D	A	B
题号	221	222	223	224	225	226	227	228	229	230
答案	D	C	C	A	D	C	B	B	C	D
题号	231	232	233	234	235	236	237	238	239	240
答案	C	C	B	A	B	D	A	D	B	C

题号	241	242	243	244	245	246	247	248	249	250
答案	A	D	A	A	D	B	C	D	D	B
题号	251	252	253	254	255	256	257			
答案	B	B	A	D	A	D	C			

(二) 多选题

题号	1	2	3	4	5	6	7	8	9	10
答案	AB	ABC	BC	ACD	BCD	ABC	ABC	ABD	ABCDE	BC
题号	11	12	13	14	15	16	17	18	19	20
答案	ABC	AB	ABC	ACD	BC	ABCD	ACD	BCD	BCD	AB
题号	21	22	23	24	25					
答案	ABCD	AC	ABD	AB	ABCD					

(三) 判断题

题号	1	2	3	4	5	6	7	8	9	10
答案	√	√	√	×	×	×	√	√	×	×
题号	11	12	13	14	15	16	17	18	19	20
答案	×	√	√	√	√	√	√	×	√	√
题号	21	22	23	24	25	26	27	28	29	30
答案	√	√	√	√	√	×	√	√	√	×
题号	31	32	33	34	35	36	37	38	39	40
答案	×	×	√	√	×	√	√	√	√	√
题号	41	42	43	44	45	46	47	48	49	50
答案	×	×	×	√	√	√	√	√	√	√
题号	51	52	53	54	55	56	57	58	59	60
答案	×	√	√	√	×	√	×	√	√	×
题号	61	62	63	64	65	66	67	68	69	70
答案	√	√	×	×	×	×	√	√	×	√
题号	71	72	73	74	75	76	77	78	79	80
答案	×	×	√	√	√	×	√	×	√	√
题号	81	82	83	84	85	86	87	88	89	90
答案	√	√	√	√	×	√	√	√	√	√

题号	91	92	93	94	95	96	97	98	99	100
答案	×	√	√	√	√	√	√	×	×	×
题号	101	102	103	104	105	106	107	108	109	110
答案	×	√	×	√	√	×	√	√	×	√
题号	111									
答案	×									

九、精细化工工艺学

（一）单选题

题号	1	2	3	4	5	6	7	8	9	10
答案	D	B	A	C	B	D	C	B	C	A
题号	11	12	13	14	15	16	17	18	19	20
答案	C	D	B	A	B	D	C	B	A	C
题号	21	22	23	24	25	26	27	28	29	30
答案	D	A	B	A	A	A	D	D	C	A
题号	31	32	33	34	35					
答案	C	B	C	D	A					

（二）多选题

题号	1	2	3	4	5	6	7	8	9	10
答案	ACD	CD	BCD	ABCD	ABC	AC	ABC	ABCDEF	AC	ACE
题号	11	12	13	14	15	16	17	18	19	20
答案	ABDEF	ABC	BCD	AE	BCDEF	ACDE	ABCEF	ACDE	ABDEF	AC
题号	21	22	23	24	25	26	27	28	29	30
答案	ABCD	ACEF	ABD	AC	ABCDE	ABCDE	BC	ABC	ABD	ABD
题号	31	32	33	34	35					
答案	ABD	ABCD	AB	ACD	ABD					

（三）判断题

题号	1	2	3	4	5	6	7	8	9	10
答案	√	√	√	√	√	×	×	√	√	×
题号	11	12	13	14	15	16	17	18	19	20
答案	√	×	√	√	×	√	√	×	√	×
题号	21	22	23	24	25					
答案	√	√	×	×	√					

十、化工仪表自动化

（一）单选题

题号	1	2	3	4	5	6	7	8	9	10
答案	A	B	A	B	C	B	D	B	A	A
题号	11	12	13	14	15	16	17	18	19	20
答案	C	A	C	A	B	A	D	B	B	C
题号	21	22	23	24	25	26	27	28	29	30
答案	A	B	C	B	C	C	B	C	B	A
题号	31	32	33	34	35	36	37	38	39	40
答案	C	B	C	B	C	B	A	C	B	A
题号	41	42								
答案	A	D								

（二）判断题

题号	1	2	3	4	5	6	7	8	9	10
答案	×	√	×	×	√	×	×	√	√	×
题号	11	12	13	14	15					
答案	√	√	×	×	√					

十一、化工环保安全技术

(一) 单选题

题号	1	2	3	4	5	6	7	8	9	10
答案	C	A	C	C	B	C	D	C	A	B
题号	11	12	13	14	15	16	17	18	19	20
答案	B	D	C	D	A	B	C	D	C	A
题号	21	22	23	24	25	26	27	28	29	30
答案	C	B	D	A	A	D	B	B	B	A
题号	31	32	33	34	35	36	37	38	39	40
答案	C	C	B	D	B	C	B	B	B	C
题号	41	42	43	44	45	46	47	48	49	50
答案	A	A	B	A	A	A	B	A	A	D
题号	51	52	53	54	55	56	57	58	59	
答案	A	B	D	C	C	A	D	A	C	

(二) 判断题

题号	1	2	3	4	5	6	7	8	9	10
答案	×	√	×	√	√	√	×	√	√	×
题号	11	12	13	14	15	16	17	18	19	20
答案	×	√	×	√	√	√	×	√	×	×
题号	21	22	23	24	25	26	27	28	29	30
答案	√	×	√	×	×	√	√	×	√	×

十二、仪器分析

(一) 单选题

题号	1	2	3	4	5	6	7	8	9	10
答案	A	A	D	C	A	C	A	B	C	D

题号	11	12	13	14	15	16	17	18	19	20
答案	D	B	C	C	A	D	B	D	C	D
题号	21	22	23	24	25	26	27	28	29	30
答案	D	B	A	D	C	C	C	A	C	C
题号	31	32	33	34	35	36	37	38	39	40
答案	D	B	D	D	B	B	A	C	B	C
题号	41	42	43	44	45	46	47	48	49	50
答案	C	A	B	B	B	C	C	B	A	B
题号	51	52	53	54	55	56	57	58	59	60
答案	B	A	C	B	B	B	C	A	C	C
题号	61	62	63	64	65	66	67	68	69	70
答案	C	C	D	A	A	B	D	D	C	C
题号	71	72	73	74	75	76	77	78	79	80
答案	B	A	D	A	D	C	C	A	C	D
题号	81	82	83	84	85	86	87	88	89	90
答案	A	A	D	A	D	B	C	D	D	B
题号	91	92	93	94	95	96	97	98	99	100
答案	D	D	A	A	C	C	C	B	B	B
题号	101	102	103	104	105	106	107	108	109	110
答案	C	D	C	B	B	B	D	A	A	D
题号	111	112	113	114	115	116	117	118	119	120
答案	C	A	C	D	C	B	A	C	B	C
题号	121	122	123	124	125	126	127	128	129	130
答案	D	C	C	A	A	C	C	A	A	B
题号	131	132	133	134	135	136	137	138	139	140
答案	B	B	C	D	B	A	C	C	C	A
题号	141	142	143	144	145	146	147	148	149	150
答案	D	A	A	A	B	B	D	C	C	A
题号	151	152	153	154	155	156	157	158	159	160
答案	D	C	B	A	A	B	B	A	D	B
题号	161	162	163	164	165	166	167	168	169	170
答案	B	D	B	A	A	A	A	B	D	C
题号	171	172	173	174	175	176	177	178	179	180
答案	D	A	B	B	C	B	C	A	A	B

题号	181	182	183	184	185	186	187	188	189	190
答案	D	B	A	B	B	D	B	A	D	D
题号	191	192	193	194	195	196	197	198	199	200
答案	C	A	D	D	D	C	A	C	B	A
题号	201	202	203	204	205	206	207	208	209	210
答案	C	D	C	D	D	A	C	D	D	B
题号	211	212	213	214	215	216	217	218	219	
答案	B	A	A	B	C	B	D	C	A	

（二）多选题

题号	1	2	3	4	5	6	7	8	9	10
答案	ABCD	AC	ABCD	ABC	ABCD	BC	BCD	ABD	ABC	ACD
题号	11	12	13	14	15	16	17	18	19	20
答案	ACD	ABD	ABCD	ABD	ACD	ABCD	ABD	AB	AC	ABC
题号	21	22	23	24	25	26	27	28	29	30
答案	BC	ABD	ABCD	BD	ABCD	ABCD	ABCD	BCD	ABE	ABC
题号	31	32	33	34	35	36	37	38	39	40
答案	ABCD	AB	CD	ABCD	ABC	AB	ACDE	ABCD	AD	ABCD
题号	41	42	43	44	45	46	47	48	49	50
答案	BC	ABCD	AB	ABCD	BC	CD	BC	ABCD	ABC	ABCD
题号	51	52	53	54	55	56	57	58	59	60
答案	ABCD	ABCD	ABCD	ABCE	BC	AB	BCD	BD	ABCDE	ABCD
题号	61	62	63	64	65	66	67	68	69	70
答案	ABCD	ABCD	AB	ABCD	BD	ABD	AC	AC	AD	BC
题号	71	72	73	74	75	76	77	78	79	80
答案	AB	ABCD	ABC	AC	ABD	BD	CBD	AC	ABC	ACD
题号	81	82	83	84	85	86	87	88	89	90
答案	ABD	ACD	ABC	ABC	BCD	ABCD	ABC	ABCD	AC	ABC
题号	91	92	93	94	95	96	97	98	99	100
答案	ABCDE	ACD	ABCD	ABC	ABCD	ABC	ABD	ABCD	ABD	ABCD
题号	101	102	103	104	105	106	107	108	109	110
答案	ABD	AD	ABCD	ABD	ABD	ABC	BD	ABD	ABC	ABCD
题号	111	112	113	114	115	116	117	118	119	120
答案	ABC	BC	ABD	ABCD	ABCDE	ABC	BD	ABC	ABCD	ABCD

题号	121	122	123	124	125	126	127	128	129	130
答案	AC	ABD	ABCD	ABC	ABD	AC	ABCD	ABCD	AC	BC
题号	131	132	133	134	135	136	137	138	139	140
答案	BC	AD	AB	ABCD	ABCD	ABC	BC	ABCD	AD	BC
题号	141	142	143	144	145	146	147	148	149	150
答案	BCD	AD	ABCE	ABCD	ABC	AC	ABC	AB	ABC	ABCD
题号	151	152	153	154	155	156	157	158	159	160
答案	ABD	ABDE	AB	ACD	ACD	ABC	CD	ABC	ABC	ACD
题号	161	162	163	164	165	166	167	168	169	170
答案	BC	AC	ABD	ABD	ACD	ABC	ABDE	ABCD	ABCD	ABCD
题号	171	172	173	174	175	176	177	178	179	180
答案	BCD	CD	AB	CD	BCD	ABCD	AD	AC	ABCD	ABCD
题号	181	182	183	184	185	186	187	188	189	190
答案	ABCD	ABCD	AB	ABCD	AC	ABCD	ABCD	ABC	AC	ABC
题号	191	192	193							
答案	ABD	ABCD	ABC							

（三）判断题

题号	1	2	3	4	5	6	7	8	9	10
答案	√	×	×	√	×	×	×	√	√	√
题号	11	12	13	14	15	16	17	18	19	20
答案	×	√	√	√	×	×	×	√	×	×
题号	21	22	23	24	25	26	27	28	29	30
答案	×	×	×	×	×	×	×	×	√	√
题号	31	32	33	34	35	36	37	38	39	40
答案	×	√	√	×	×	√	√	×	√	√
题号	41	42	43	44	45	46	47	48	49	50
答案	√	×	√	√	×	√	×	√	√	×
题号	51	52	53	54	55	56	57	58	59	60
答案	×	√	√	×	√	√	√	√	×	×
题号	61	62	63	64	65	66	67	68	69	70
答案	√	×	√	√	×	×	×	√	√	√
题号	71	72	73	74	75	76	77	78	79	80
答案	√	√	√	×	×	×	√	√	√	×

题号	81	82	83	84	85	86	87	88	89	90
答案	√	√	√	√	√	√	×	√	√	√
题号	91	92	93	94	95	96	97	98	99	100
答案	×	×	×	√	×	×	×	×	√	×
题号	101	102	103	104	105	106	107	108	109	110
答案	√	√	√	×	×	√	×	×	√	×
题号	111	112	113	114	115	116	117	118	119	120
答案	√	√	×	√	×	×	√	×	×	×
题号	121	122	123	124	125	126	127	128	129	130
答案	×	√	√	×	√	√	×	×	√	√
题号	131	132	133	134	135	136	137	138	139	140
答案	×	√	×	√	√	√	√	×	√	×
题号	141	142	143	144	145	146	147	148	149	150
答案	√	√	√	×		×	√	×	×	√
题号	151	152	153	154	155	156	157	158	159	160
答案	√	×	×	√	√	√	√	×	√	√
题号	161	162	163	164	165	166	167	168	169	170
答案	√	√	√	√	√	√	√	√	√	√
题号	171	172	173	174	175	176	177	178	179	180
答案	×	√	√	×	×	×	×	×	×	×
题号	181	182								
答案	√	√								

模拟试卷(一)

(一) 单选题(40 分)

题号	1	2	3	4	5	6	7	8	9	10
答案	D	D	C	C	B	A	C	A	D	C
题号	11	12	13	14	15	16	17	18	19	20
答案	B	D	D	D	A	B	C	C	A	D
题号	21	22	23	24	25	26	27	28	29	30
答案	A	C	B	A	C	A	C	A	D	A

题号	31	32	33	34	35	36	37	38	39	40
答案	A	C	C	D	A	C	B	B	B	C

(二) 多选题(20分)

题号	1	2	3	4	5	6	7	8	9	10
答案	ABC	ACD	ABC	ABC	BCD	AD	ABCD	ABCD	ABCD	ABD
题号	11	12	13	14	15	16	17	18	19	20
答案	ABCD	ABC	BD	BC	AB	ABD	ABCD	AC	ABD	AD

(三) 判断题(40分)

题号	1	2	3	4	5	6	7	8	9	10
答案	×	×	√	√	×	√	×	×	×	×
题号	11	12	13	14	15	16	17	18	19	20
答案	×	√	√	√	√	√	×	√	√	×
题号	21	22	23	24	25	26	27	28	29	30
答案	×	√	√	√	√	√	×	×	√	×
题号	31	32	33	34	35	36	37	38	39	40
答案	√	√	×	√	√	×	×	√	√	×

模拟试卷(二)

(一) 单选题(40分)

题号	1	2	3	4	5	6	7	8	9	10
答案	C	B	C	C	A	A	D	C	B	D
题号	11	12	13	14	15	16	17	18	19	20
答案	A	C	D	B	C	D	A	A	C	C
题号	21	22	23	24	25	26	27	28	29	30
答案	C	C	B	C	D	A	D	B	A	C
题号	31	32	33	34	35	36	37	38	39	40
答案	B	A	D	B	D	B	A	D	C	C

(二) 多选题(20 分)

题号	1	2	3	4	5	6	7	8	9	10
答案	ABC	BCD	ACD	AC	ABC	ACD	ABC	ABCD	CD	ABC
题号	11	12	13	14	15	16	17	18	19	20
答案	ABD	ABC	AB	ACD	ABD	ACD	ABC	ABCD	ABC	ABCD

(三) 判断题(40 分)

题号	1	2	3	4	5	6	7	8	9	10
答案	×	√	×	√	√	√	√	×	×	√
题号	11	12	13	14	15	16	17	18	19	20
答案	√	×	×	√	√	√	×	×	×	×
题号	21	22	23	24	25	26	27	28	29	30
答案	√	×	×	√	√	√	√	√	√	×
题号	31	32	33	34	35	36	37	38	39	40
答案	×	√	√	√	×	√	×	√	√	×

模拟试卷(三)

(一) 单选题(40 分)

题号	1	2	3	4	5	6	7	8	9	10
答案	A	B	B	A	B	D	D	C	B	D
题号	11	12	13	14	15	16	17	18	19	20
答案	A	C	D	B	C	D	A	A	C	C
题号	21	22	23	24	25	26	27	28	29	30
答案	C	C	B	C	C	A	D	C	C	C
题号	31	32	33	34	35	36	37	38	39	40
答案	B	A	D	A	B	B	B	C	B	C

(二) 多选题(20 分)

题号	1	2	3	4	5	6	7	8	9	10
答案	BCD	ABC	AB	AC	AB	ABC	ABCD	ABCD	CD	ABC

题号	11	12	13	14	15	16	17	18	19	20
答案	ABD	ABC	AB	ACD	AB	AC	ABCD	ABD	ABC	ABD

(三) 判断题(40 分)

题号	1	2	3	4	5	6	7	8	9	10
答案	×	×	×	√	√	×	√	×	√	×

题号	11	12	13	14	15	16	17	18	19	20
答案	√	√	×	√	×	×	√	√	×	×

题号	21	22	23	24	25	26	27	28	29	30
答案	×	√	√	√	√	√	√	√	×	×

题号	31	32	33	34	35	36	37	38	39	40
答案	×	√	×	√	×	√	×	√	√	×